沼 气 工

（基础知识）

艾 平 王 海 万小春 孟 亮 主编
农业农村部农业生态与资源保护总站 组编

U0395123

中国农业出版社
北 京

内 容 简 介

本书是按照"沼气工"（职业编码5-05-03-01）国家职业技能标准（2019年版）编写的职业技能培训与鉴定考核配套教材。本书分为三个系列：在《沼气工：基础知识》主要介绍了职业道德、专业基础知识和安全知识等基本要求；《沼气工：初级、中级、高级》针对初级工、中级工和高级工的职业技能培训和考核要求，介绍了户用沼气、中小型沼气工程的基础知识、运行管理、维修维护以及三沼综合利用的相关知识；《沼气工：技师、高级技师》针对技师和高级技术的职业技能要求，介绍了大型沼气工程及特大型沼气工程的工程施工、设备、维护运行、技术培训、安全管理等方面的相关知识。

本书可供各级沼气工职业技能鉴定机构组织考核和申请参加技能鉴定人员学习使用，对于各类相关专业学校师生、相关工程技术人员和管理人员也有一定参考价值。

农业农村部农业生态与资源保护总站　组编

《沼气工》（基础知识）
编委会

主　　任：严东权

副 主 任：李惠斌　付长亮　张衍林

委　　员：孙玉芳　谢驾阳　王　海　李垚奎　万小春

主　　编：艾　平　王　海　万小春　孟　亮

副 主 编：孙玉芳　王媛媛　李垚奎

编写人员：（按姓氏笔画排序）

万小春	王　海	王丽辉	王金兴	王绍轩	王媛媛
牛文娟	尹　鹏	艾　平	朱　琳	朱铭强	刘　念
刘培文	刘婷婷	纪　龙	孙玉芳	孙国涛	杨选民
杨高中	李　刚	李　强	李　攀	李垚奎	邱　凌
邱洪臣	何海霞	张玉磊	张妍妍	张顺利	张衍林
张健军	张浩睿	陈　妮	陈鹤予	易宝军	金柯达
郑　颖	孟　亮	胡迎超	姚丁丁	姚义清	贺清尧
袁畅镝	贾世江	晏水平	郭晓慧	席新明	彭宇志
彭靖靖	漆　馨				

前　言

发展沼气产业，是实现我国有机废弃物资源化利用、构建清洁低碳新能源体系的重要举措，也是推动绿色循环农业发展、促进农业减排固碳的有效手段。我国政府一直高度重视沼气产业发展，当前我国正处于从沼气大国迈向沼气强国的关键阶段，不但在沼气推广规模上为世界前沿，而且形成了一系列自主创新技术和具有特色的发展模式，为我国加大可再生能源利用和实现农业"双碳"目标做出了重大贡献。随着我国沼气产业的蓬勃发展和沼气工程新技术的不断应用，对沼气从业人员的技术素质提出了更高要求，因此，加强沼气技术人员的职业技能培训，推进沼气行业的职业技能人员的知识更新和技能提升，是实现我国沼气持续健康发展的重要支撑。

职业培训是提高劳动者技能水平和就业、创业能力的重要途径，党的二十大报告提出"健全终身职业技能培训制度"，促进高质量充分就业需要紧贴社会、产业、企业、个人发展需求，完善职业技能培训制度，培养高素质技术技能人才。为适应职业技能培训的需要，本次《沼气工》职业技能培训教材编写，基于"以职业活动为导向、以职业能力为核心"的指导思想，立足沼气产业高质量发展和农业绿色低碳新兴方向，基于沼气技术人员的岗位核心能力和工作任务编写本套教材内容，以切实推动沼气技术人员适应新时代沼气产业转型升级需求，希望本书能在沼气工种的职业技能培训中发挥积极作用。

本书编写以《沼气工国家职业技能标准》（2019 年版）为依据，教材内容全面涵盖 2019 年版的沼气工职业技能标准要求，遵循其"职业等级制划分"的 5 个等级，将教材分为《沼气工：基础知识》（适用于 5 个等级）、《沼气工：初级、中级、高级》（适用于五级/初级工、四级/中级工、三级/高级工等 3 个等级）、《沼气工：技师、高级技师》（适用于二级/技师、一级/高级技师等 2 个等级）等 3 本具有明显等级梯度区分内容的教材，以循序渐进的覆盖 2019 年版沼气工标准的技能和知识点要求。教材编写中紧随当前沼气行业发展，紧密联系生产实际，以模块化方法介绍具体的操作方法和步骤，旨在通过本教材学习和技能锻炼，使沼气从业人员具备相应职业技能等级要求的专业技术能力。

本书由农业农村部农业生态与资源保护总站组织力量编写并进行策划，编委会在编写过程中得到了农业生态与资源保护总站信息与培训处和农村能源职业技能鉴定指导站的业务指导与大力支持，也得到了有关省市的沼气主管部门、沼气行业优秀企业以及沼气同行们的鼎力帮助。本书由艾平、王海、万小春、孟亮、孙玉芳、王媛媛、李垚奎负责主要编写工作，华中农业大学张衍林教授审阅了全书，并提出了许多宝贵修改意见，西北农林科技大学邱凌教授团队为本书编写提供了大量帮助。在此编委会成员对所有给予本书支持和关心的领导们、同仁们和朋友们一并表示衷心的感谢。

本书可作为沼气工职业技能鉴定培训教材，也可作为相关企业的沼气生产管理人员素质培训资料，亦可作为职业院校和大专院校的技能人才培养教材。本书编写过程中，参考了本学科各类文献、标准和规程，力求较好地体现沼气工职业技能培训的知识更新，但由于作者的专业知识水平和掌握的资料有限，加之本书涉及专业面广、综合性强、工作量大，本书的缺点与不足在所难免，敬请读者不吝批评指正，以便进一步修改完善。

编委会

2022 年 10 月

目　　录

教学指南 沼气工基础知识部分涵盖本教程第一至六章,作为沼气工五个等级必须掌握的公共知识,主要学习沼气工职业道德、相关法律基础知识、安全生产知识、材料与建筑基础知识、沼气发酵基础知识、沼气用具及相关设备基本常识、生态家园常识等内容。

第一章 沼气工职业道德

本章的知识点是职业道德基础知识,重点和难点是按照职业道德规范提高沼气工的职业道德和综合素质。

沼气工是从事农村户用沼气池、生活污水净化沼气池和大中型沼气工程的施工、设备安装调试、工程运行、维修及进行沼气生产经营管理的人员。沼气工直接面向广大农村沼气生产第一线,除了应具备系统的沼气生产理论知识和操作技能外,还应树立为人民服务的正确思想,具备应有的职业道德和法律意识。

第一节 职业道德基础知识

学习目标:掌握道德与职业道德的定义和内涵,用职业道德规范职业行为。

一、道德的定义

道德是一定社会、一定阶级向人们提出的处理人和人之间、个人和社会之间、个人和自然之间各种关系的一种特殊的行为规范,例如我国社会主义道德提倡文明礼貌、助人为乐、爱护公物、尊老爱幼、男女平等、勤俭节约、和善友好、不讲脏话等,先人后己、舍己救人、维护正义、反对邪恶、保家卫国、爱护环境等就是日常生活中道德的具体体现。道德通俗地讲就是什么可以做和什么不可以做,以及应该怎样做的行为规范,如邻居之间遇到困难应该相互帮助;教育子女不应该打骂;上街购物应该自觉排队;上车应该依次,不应该拥挤和加塞等。

做人要讲道德，做事要讲公德。人的一生在每一个阶段都有基本的道德要求，例如只有先做好了人，才能做好了事，古今中外历史上出现的许多伟人都非常重视做人。

我国向来就有礼仪之邦之称，中华民族的传统美德源远流长。在社会进步和经济建设中，我国也始终没有放松道德建设，没有放低道德建设的标准，有关道德方面的要求也更加规范，形成的道德体系也发挥了重要的作用与功能。道德已成为治理国家和促进经济发展的重要力量，是体现社会精神文明发展程度的重要标志。

二、职业道德的含义

所谓职业道德就是适应各种职业的要求而必然产生的道德规范，是从事一定职业的人在履行本职工作中所应遵守的行为规范和准则的总和。职业道德从内容上讲包括职业观念、职业情感、职业理想、职业态度、职业技能、职业纪律、职业良心和职业作风等。职业道德是道德体系的重要组成部分，它是职业人员从事职业活动过程中形成的一种内在的、非强制性的职业约束规则，是从业人员应该自觉遵守的道德准则，也是职业人员做好职业工作及能够长久从事职业的基础。规范和良好的职业道德可以促进职业行业的良性和健康发展，有利于形成职业员工诚信服务及公平竞争市场，从根本上保证职业人员共同利益，提高行业整体从业水平与服务水平。

职业是谋生的手段，职业活动中总是离不开职业道德问题，在经济越发达的社会，职业道德与个人利益、企业发展息息相关。一个职业道德高尚的人，才能在事业中取得成功，一个崇尚职业道德品质的企业，才能是一个发展前途远大的企业。某集团总裁曾经说过，铸造企业文化精神，要注重提高职工的职业道德。

第二节　沼气工职业道德

学习目标：掌握沼气工职业道德行为规范，并应用于职业活动。

沼气工除了具备与沼气相关的技术与技能外，还要遵循基本的道德规范。随着物质文明和精神文明建设的深入发展，对农村职业行业的服务要求标准也在不断提高，加之沼气能够有效地协调与统一经济效益、社会效益和生态效益，对带动农村全面发展具有非常重要的作用。因此，一个合格的沼气工应该成为一个重岗位责任、讲职业道德、遵守职业规范、掌握职业技能、树立行业新风的德才兼备的农村能源建设队伍中的一员。沼气工的职业道德包括：

一、文明礼貌

文明礼貌是人类社会进步的产物，是从业人员的基本素质，是职业道德的重要规范，也是人类社会发展的重要标志，大体包括思想、品德、情操和修养等方面。沼气工要做精神文明的倡导者，在精神文明建设中起模范带头作用，自觉做有理想、有道德、有文化、有纪律的先进工作者。文明沼气工的基本要求：

第一，热爱祖国，热爱社会主义，热爱共产党，热爱农村。

第二，遵守国家法律。

第三，维护社会公德，履行职业道德。

第四，关心同志，尊师爱徒。

第五，努力学习，提高政治、文化、科技、业务水平。

第六，热爱工作，业务上精益求精，学赶先进。

第七，语言文雅，行为端正，技术熟练。

第八，尊重民风民俗习惯，反对封建迷信。

沼气工的文明礼貌在职业用语中的要求：语感自然，语气亲切，语调柔和，语速适中，语言简练，语意明确，语言上要选择尊称敬语，如"同志""先生""您""请""对不起""请谅解""请原谅""谢谢""再见"等；切忌使用"禁语"，如"嘿""老头儿""交钱儿""我解决不了，愿意找谁找谁去""怎么不提前准备好""后边等着去""现在才来，早干吗来着"等。

沼气工在举止上要求：首先是服务态度恭敬，对待农户态度和蔼，有问必答，不能顶撞，不能随意挑剔农户的缺点与不足。其次是在服务过程中，要热情，要微笑进门，微笑工作，微笑再见。最后是服务要有条不紊，不慌不忙，不急不躁，按部就班，遇见问题要镇静，果断处理。

二、爱岗敬业

爱岗敬业是社会大力提倡的职业道德行为准则，也是每个从业者应当遵守的共同的职业道德。爱岗就是热爱本职工作，敬业就是用一种恭敬严肃的态度对待自己的工作。农业职业的沼气工要提倡"干一行，爱一行，专一行"，只有这样才能有力地推动沼气在农村的使用与推广。

爱岗敬业的重点是强化职业责任，职业责任是任何职业的核心，它是构成职业的基础，往往通过行政的甚至是法律的方式加以确定和维护，它同时也是行业职工从业是否称职、能否胜任工作的尺度。对于沼气工来讲，保证沼气池施工质量、安全用气及沼气工程正常维护与管理等就是职业责任。近几年来，推广部门采取"三包"政策（包技术、包质量、包农户）形式管理沼气工，有效地保证了建设质量，大大减少和降低了废池发生率，因此，加强农村沼气工的职业责任意识，是保证农村沼气工程建设队伍健康发展的基础。

沼气工的爱岗敬业要与职业道德、职业责任、职业技能和职业培训等密切结合起来，同时还要与职工的物质利益直接联系起来，甚至与政策、法律联系起来，推崇奉献精神，鼓励沼气工做好自己的本职工作。

三、诚实守信

诚实守信是为人之本，从业之要。一个讲诚信的人，才能赢得别人的尊重和友善；一个讲诚信的人，才能在自己的行业中取得别人的信任，才能在行业中有所发展，才能永久立于行业之中。

诚实守信，首先是诚实劳动，其次是遵守合同与契约。诚实劳动是谋生的手段，劳动者参与劳动，在一定意义上是为换取与自己劳动相当的报酬，以满足养家或者改善生活。与诚实劳动相对的不诚实劳动现象，如出工不出力、以次充好、专营假冒伪劣产品等，在各种行业中都不同程度存在。它是危害行业的蛀虫，如在沼气生产中曾出现为赶工程进度和施工数量致使沼气池无法使用，而不得不放弃的现象，极大地伤害了农民的利益与积极性，对这种现象应采取严厉的制裁手段。劳动合同与契约是对劳资双方的保障机制和约束机制，双方都享受一定的权力，也承担一定的义务，任何一方都不得无故撕毁劳动合同。沼气工在从业中与用工单位或农户应该有口头或者书面协议作为劳动合同与契约，这既是沼气工的"护身符"，同时又是监督沼气工尽职尽责、保证施工单位或农户利益的有效机制，以保证双方免受经济损失。

诚实劳动十分重要。其一，它是衡量劳动者素质高低的基本尺度；其二，它是劳动者人生态度、人生价值和人生理想的外在反映；其三，它直接涉及劳动者的人生追求和价值的实现。沼气工行业要求从业人员要尽心尽力、尽职尽责、踏踏实实地完成本职工作，自觉做一个诚实的劳动者。

四、团结互助

团结互助指为了实现共同利益与目标，互相帮助，互相支持，团结协作，共同发展，同一行业的从业人员应该顾全大局，友爱亲善，真诚相待，平等尊重，搞好同事之间、部门之间的团结协作，以实现共同发展。良好的团结互助还能激发职工的热情与积极性，而缺少团结精神，相互扯皮，甚至相互拆台，则会影响从业人员的情绪，导致纪律松散，人心涣散，最终一事无成，我国古语所讲"天时不如地利，地利不如人和"就是这个道理。

沼气工从业人员要讲团结互助精神。第一，同事之间要相互尊重。在建设大中型沼气工程，或集中在项目村或乡上建造户用沼气池中，要求融洽相处，不论资历深浅、能力高低、贡献大小，在人格上都是平等的，都应一视同仁，互相爱护；在施工过程中，要相互切磋，求同存异，尊重他人意见，决不可自以为是，固执己见。第二，师徒之间要相互尊重。师傅要关心、爱护、平等对待徒弟，传授技艺毫无保留，循循善诱，严格要求；徒弟要尊敬、爱护师傅，要礼貌待人，虚心学习技艺，提高水平，正确对待师傅的批评指教，自觉克服缺点与不足，还要主动多干重活、累活，帮助师傅多干些辅助性工作，即使学成之后，仍要保持师徒情谊，相互学习，共同提携后人。第三，要尊重农户。农户是沼气工服务的主体，是沼气工生存与发展的基础，因此，应该尊重农户。首先，要对农户一视同仁，不论男女老幼、贫贱富贵，都应真诚相待、热情服务；其次，应运用文明礼貌体态语言，不讲粗话、风凉话，使工作周到细致、恰如其分。

五、勤劳节俭

勤劳节俭是中华民族的传统美德。古人云"一生之计在于勤"，道出勤能生存、勤能致富、勤能发展的道理；节俭是中华民族的光荣传统，民间流传的民谚"惜衣常暖，惜食常饱""家有粮米万石，也怕泼米撒面"，道出了节俭的重要性。勤劳与节俭之所以能够自古至今传扬不衰，就在于无论对修身、持家，还是治国都有重要的意义。

沼气工应该以勤为本，应该勤于动脑、勤于学习、勤于实践，这样才能精益求精，这样才能多建池、建好池，才能造福于农户与农村经济；同时，要勤于劳动，不怕吃苦，才能有所收获，才能致富，切忌游手好闲，贪图安逸。沼气工应该以节俭为怀，在沼气池规划及施工中不要浪费材料，以降低农户的建池成本，同时培养自身节俭持家的习惯。

六、遵纪守法

遵纪守法指每个从业人员都要遵守纪律，遵守国家和相关行业的法规。从业人员遵纪守法，是职业活动正常进行的基本保证，直接关系到个人的前途，关系到社会精神文明的进步。因此，遵纪守法是职业道德的重要规范，是对职业人员的基本要求。法与规对于社会和职业就像规矩之于方圆，没有规矩，则不成方圆。

沼气工遵纪守法，首先，必须认真学习法律知识，树立法制观念，并且了解、明确与自己所从事的职业相关的职业纪律、岗位规范和法律规范，例如《中华人民共和国劳动法》《中华人民共和国环境保护法》《中华人民共和国节约能源法》《中华人民共和国可再生能源法》《中华人民共和国合同法》《中华人民共和国民法典》等，只有懂法，才能守法；只有懂法，才会正确处理和解决职业活动中遇到的问题。其次，要依法做文明公民。懂法重要，守法更重要，只有严格守法，才能实现"法律面前人人平等"，如果谁都懂法，但谁都不守法，即使有再好的法律，也等于一纸空文，起不到丝毫的作用。最后，要以法护法，维护自身的正当权益。在从事沼气工职业活动中如发生侵权现象，要正确使用法律武器，以维护自己的合法权益，切忌使用武力、暴力等行为，这种行为不但不能达到目的，反而会受到法律的严惩。

沼气工在从业过程中，还要遵守行业规范，不要投机取巧，避免不良后果，甚至灾难的发生。沼气工在沼气池施工及管理过程有一系列的具体要求，如建筑施工规范、气密闭性检验、输配管路安装规范、发酵工艺规范、安全生产规范等，要求规范化执行与操作，方能保证安全生产，保障人身和财产的安全，避免不必要的损失。

第三节　沼气工职业道德修养

学习目标：掌握沼气工职业道德修养的定义，提高职业道德修养。

一、职业道德修养的含义

所谓职业道德修养就是从事各种职业活动的人员，按照职业道德的基本原则和规范，在职业活动中所进行的自我教育、自我锻炼、自我改造和自我完善，使自己形成良好的职业道德品质和达到一定的职业道德境界。职业道德修养是从业的基本，是沼气工建立长久诚信的根本。沼气工要加强职业道德修养，树立为国家、为用户服务的责任感，热爱本职工作，并为之奉献。

二、道德修养的途径

（一）确立正确的人生观是职业道德修养的前提

树立正确的人生观，才会有强烈的社会责任感，才能在从事职业活动中形成自觉的职业道德修养，形成良好的职业道德品质，那种只注重金钱、贪图享受则是错误和落后的人生观。

（二）职业道德修养要从培养自己良好的行为习惯着手

古人云"千里之行，始于足下""勿以恶小而为之，勿以善小而不为"，说明良好的习惯要从我做起，从现在做起，从小事做起。只有这样，才能培养社会责任感和奉献精神，生活中不注重"小节"，往往就会失"大节"。

（三）学习先进人物的优秀品质

社会各个行业都有许多值得自己学习的优秀人物，他们为社会和祖国做出了贡献，激励着后人奋发向上。向先进人物学习，一是要学习他们强烈的社会责任感；二是要学习他们的优秀品质，学习他们的先进思想；三是要学习他们严以律己，宽以待人，关心他人，以国家和集体利益为重的无私精神。

三、职业守则

沼气工面向农村户用沼气池、生活污水净化沼气池和大中型沼气工程的施工、设备安装调试、运行、维修及生产经营管理第一线，在职业活动中，要遵守以下职业守则：

第一，遵纪守法，做文明从业的职工。

第二，爱岗敬业，保持强烈的职业责任感。

第三，诚实守信，尽职尽责。

第四，团结协作，精于业务，提高从业综合素质。

第五，勤劳节俭，乐于吃苦，甘于奉献。

第六，加强安全生产意识，严格执行操作规程。

思考与练习题

1. 沼气工是从事什么职业的人员？
2. 什么是道德？它有什么作用？
3. 什么是职业道德？它包含哪些内容？
4. 沼气工的职业道德包括哪些内容？
5. 沼气工如何做好自身的职业道德修养？
6. 沼气工职业守则包括哪些内容？

第二章　相关法律法规常识

本章的知识点是学习消费者权益保护法、劳动法、节约能源法、可再生能源法和环境保护法等基本常识，重点和难点是将所学的法律知识应用于沼气工职业活动。

在沼气工职业活动中，要学习和了解相关法律法规知识，按照法律、规范约束自己的行为，按照法律、规范维护自己的切身利益。

第一节　消费者权益保护法相关知识

学习目标：掌握《中华人民共和国消费者权益保护法》的主要相关内容，并应用于职业活动中。

为保护消费者的合法权益，维护社会经济秩序，促进社会主义市场经济健康发展，1993 年 10 月 31 日第八届全国人民代表大会常务委员会第四次会议通过，1994 年 1 月 1 日起施行《中华人民共和国消费者权益保护法》（以下简称《消费者权益保护法》），2009 年 8 月 27 日第一次修正，2013 年 10 月 25 日第二次修正。

一、概述

（一）消费者的概念和特征

消费者是为了生活消费而要购买、使用商品或者接受服务的个人和单位。

消费者这一概念包含以下三个基本特征：

其一，消费者主要指个人，也包括单位。

其二，消费者须有偿获得商品和服务。这是与无偿取得商品或接受服务相区分的，即该商品和服务具有了有偿性。

其三，消费者消费的内容是生活消费。生活消费指人们为了满足物质文化生活需要而消耗各种物质产品、精神产品和劳动服务的行为和过程。

（二）消费者权益保护法的概念

消费者权益保护法是调整人们生活消费所发生的社会关系的法律规范的总称。消费者权益保护法调整的范围主要包括两个方面：一是消费者为生活消费需要购买、使用商品或者接受服务中产生的社会关系；二是经营者为消费者提供其生产、销售的商品或者提供服务中产生的社会关系。这两方面，前者是确定消费者的法律地位及其权利，后者是确定经营者的义务，通过确定权利、义务来规范相互关系。

（三）《消费者权益保护法》的作用

《消费者权益保护法》的宗旨在于：保护消费者的合法权益，维护社会经济秩序，促进社会主义市场经济的健康发展。其作用主要表现在以下几个方面：

1. 有利于消费者运用法律武器同侵害其合法权益的行为作斗争，以维护其利益 《消费者权益保护法》对消费者的人权、财产安全权、知悉权、选择权、公平交易权等各项权利都做了明确的规定，这就为消费者维护自身的合法权益提供了有力的法律依据。

2. 有利于维护正常社会经济秩序，促进社会主义市场经济健康发展 市场经营者在法律允许的范围内公平竞争，所提供的商品和服务的质量符合法律规定的标准，符合消费者的消费需求，这样才能促进市场经济的发展，维护社会经济秩序。

3. 有利于安定团结，为社会经济的发展创造良好的社会环境 在社会经济活动中，消费者与经营者之间发生的消费纠纷不仅关系到二者的问题，而且也关系到能否为社会经济的发展创造良好的社会环境。因此，如果不能依法及时、合理地解决纠纷，避免矛盾的激化，就会影响到正常的社会秩序。

（四）《消费者权益保护法》的基本原则

1. 经营者与消费者进行交易，应遵循自愿、平等、公平、诚实信用的原则 自愿指经营者与消费者之间的交易行为完全是双方意愿表示一致的结果，不存在强买强卖。平等指当事人之间的法律地位平等，即平等地享有权利、履行义务。公平指当事人之间的权利、义务与责任要公平合理。诚实信用指交易双方意愿表示要真实，对与交易有关的情况不隐瞒，不做虚假表示，双方的目的、行为出于善意。

2. 国家保护消费者的合法权益不受侵害的原则 根据《消费者权益保护法》规定，国家禁止经营者在提供商品和服务时，侵犯消费者的人身权、财产权等其他合法权益。当消费者的人身、人格、财产等权利受到侵害时，国家有关机关应依法追究侵害者的法律责任。

3. 保护消费者的合法权益是全社会的共同责任的原则 经营者和消费者都应该自觉遵守《消费者权益保护法》规定，国家有关机关应积极依法追究侵害者的法律责任。

二、消费者的权利和经营者的义务

（一）消费者的权利

1. 人身、财产安全不受损害的权利 人身、财产安全权是我国宪法赋予每一个公民最基本的权利，是公民人身权、财产所有权的重要组成部分。消费者在购买、使用商品或接受服务时，享有人身、财产安全不受损害的权利。

2. 知悉商品和服务真实情况的权利　消费者在购买、使用商品和接受服务时，有对商品和服务的名称、质量、价格、用途和使用方法等相关情况进行全面的、充分的了解的权利。该项权利是实现其他权利的前提，有着重要的地位。

3. 自主选择商品或服务的权利　选择权是消费者依照国家法律、法规，根据自己的消费需求、爱好和情趣，完全自主地选择自己满意的商品和服务的权利。

4. 公平交易的权利　公平交易权是消费者的基本权利之一，《消费者权益保护法》规定消费者在购买商品或者接受服务时，有权获得质量保障、价格合理、计量正确等公平交易条件，有权拒绝经营者的强制交易。

5. 依法获得赔偿的权利　消费者因购买、使用商品或者接受服务时受到人身、财产损害的，消费者或者使用者可以依法要求商品生产者或经营者、服务提供者承担赔偿责任，并可通过法律规定的方式实现该项权利。

6. 依法成立维护自身合法权益的社会团体的权利　相对于经营者来说，消费者处于弱势地位，当消费者的合法权益受到非法侵害时，会心有余而力不足，无法维护自己的权益。依法成立维护自己合法权益的社会团体，就会形成一种社会力量和声势，消费者在自己的团体帮助和支持下，可依法解决问题，而且对经营者、服务提供者的行为也起到了监督作用。

7. 获得有关消费和消费权益保护方面知识的权利　消费者应当努力掌握所需商品或者服务的知识和使用技能，正确使用商品，提高自我保护意识。

8. 人格尊严、民族风俗习惯得到尊重的权利　消费者在购买、使用商品和接受服务时，享有人格尊严、民族风俗习惯得到尊重的权利，享有个人信息依法得到保护的权利。

9. 对商品和服务以及保护消费者权益工作进行监督的权利　即消费者有权检举、控告侵害消费者权益的行为和国家机关及其工作人员在保护消费者权益工作中的违法失职行为，对保护消费者权益工作提出批评、建议。

（二）经营者的义务

经营者的义务，指经营者在向消费者提供商品和服务时，必须为或不得为的一定行为，根据《消费者权益保护法》规定主要有下列义务：

1. 为消费者行使权利提供便利条件的义务　《消费者权益保护法》规定，经营者应当听取消费者对其提供的商品或者服务的意见，接受消费者的监督。这样才能为消费者行使权利提供可能的条件。

2. 保证商品和服务符合人身、财产安全的义务　经营者所提供的商品和服务可能危及消费者人身、财产安全时，应当向消费者做出真实的说明和明确的警示，并说明和标明正确使用商品和接受服务的方法以及防止危害发生的方法。

3. 提供商品和服务真实信息的义务　经营者不得利用广告或其他方法对商品和服务作虚假或令人误解的虚假宣传，以通行的方式标明有关真实信息，真实、明确地答复消费者的询问。

4. 出具购货凭证或者服务单据的义务　购货凭证和服务单据是消费者购买商品和接受服务的证明，是经营者负有的法律规定义务。

5. 保证商品和服务质量的义务　经营者向消费者提供有关商品或者服务的质量、性能、用途、有效期限等信息应当真实、全面，不得作虚假或者引人误解的宣传。

6. 履行国家规定或者与消费者的约定的义务　按照国家规定或与消费者的约定，承担包修、包换、包退或者其他责任。

7. 尊重消费者人格的义务　不得对消费者进行侮辱、诽谤，更不能采取任何手段限制消费者的人身自由。

三、国家对消费者合法权益的保护及消费者组织

（一）国家对消费者合法权益的保护
国家通过立法保护消费者的合法权益。
国家通过行政手段保护消费者的合法权益。
国家通过司法手段保护消费者的合法权益。

（二）消费者组织
消费者组织是依法成立的对商品和服务进行社会监督的保护消费者合法权益的社会组织。

1936 年，美国消费者联盟组织成立。

目前，我国成立有消费者协会，其职能主要有：

一是向消费者提供消费信息和咨询服务。

二是参与有关行政部门对商品和服务的监督、检查。

三是就有关消费者合法权益问题，向有关行政部门反映、查询，提出建议。

四是受理消费者的投诉，并对投诉事项进行调查、调解。

五是投诉事项涉及商品和服务质量问题的，可以委托具备资格的鉴定人鉴定，鉴定人应当告知鉴定意见。

六是就损害消费者合法权益的行为，支持受损害的消费者提起诉讼。

七是对损害消费者合法权益的行为，通过大众传播媒介予以揭露、批评。

四、消费者权益争议的解决

（一）消费者权益争议的解决途径

1. 协商和解　消费者权益争议发生后，消费者与经营者之间，在平等自愿、互谅互让的基础上，依照法律、法规的规定和约定，经过协商，对争议事项达成一致。

2. 调解　指争议双方在消费者协会的主持下，通过摆事实、讲道理，分清是非，明确责任，在互谅互让的基础上自愿协商、达成协议以解决争议的方式。调解必须遵循自愿、合法的原则。

3. 申诉　即向有关行政职能部门申诉，如工商、物价、技术监督等部门。

4. 仲裁　根据我国《中华人民共和国仲裁法》规定向仲裁委员会申请仲裁，以解决争议。但应注意：必须根据当事人双方达成的仲裁协议，仲裁机构具有民间性质，仲裁裁决是终局裁决。

5. 诉讼　即向人民法院提起诉讼，由人民法院依照法定程序对争议案件进行审理仲裁。

（二）损害赔偿人

在消费时，消费者在购买、使用商品或者接受服务时，如合法权益受到侵害，有权要求损害人赔偿，《消费者权益保护法》规定了以下几种人可以作为损害赔偿人：

一是销售者。消费者在购买、使用商品时，其合法权益受到损害的，可以向销售者要求赔偿。

二是服务者。消费者在接受服务时，其合法权益受到侵害的，可以向服务者要求赔偿。

三是生产者。消费者或其他受害人因商品缺陷造成人身财产损失的，可以向销售者要求赔偿，也可以向生产者要求赔偿。如原企业分立、合并的，可以向变更后承受其权利义务的企业要求赔偿。

四是使用他人营业执照的违法经营者提供商品或者服务，损害消费者合法权益的，消费者可以向其要求赔偿，也可以向营业执照的持有人要求赔偿。

五是消费者在展销会、租赁柜台购买商品或者接受服务，其合法权益受到损害的，可以向销售者或服务者要求赔偿。展销会结束或者柜台租赁期满后，也可以向展销会的举办者、柜台的出租者要求赔偿。

六是消费者因经营者利用虚假广告或者其他虚假宣传方式提供商品或者服务，其合法权益受到损害的，可以向经营者要求赔偿。广告经营者、发布者发布虚假广告的，消费者可以请求行政主管部门予以惩处。广告经营者、发布者不能提供经营者的真实名称、地址和有效联系方式的，应当承担赔偿责任。

五、违反《消费者权益保护法》的法律责任

对于违反《消费者权益保护法》的行为应承担如下法律责任：

第一，经营者提供商品或者服务有下列情形之一的，除《消费者权益保护法》另有规定外，应当按照《中华人民共和国产品质量法》和其他有关法律、法规的规定，承担民事责任。

（1）商品或者服务存在缺陷的。

（2）不具备商品应当具备的作用性能而出售时未作说明的。

（3）不符合在商品或者其包装上注明采用的商品标准的。

（4）不符合商品说明、实物样品等方式表明的质量状况的。

（5）生产国家明令淘汰的商品或销售失效、变质的商品的。

（6）销售的商品数量不足的。

（7）服务的内容和费用违反约定的。

（8）对消费者提出的修理、重做、更换、退货、补足商品数量、退还货款和服务费用或赔偿损失的要求，故意拖延或者无理拒绝的。

（9）法律、法规规定的其他损害消费者权益的情形。

第二，经营者提供商品或者服务，造成消费者或者其他受害人人身伤害的，应当赔偿医疗费、护理费、交通费等为治疗和康复支出的合理费用，以及因误工减少的收入；造成残疾的，还应当赔偿残疾者自助用具费、生活补助费、残疾赔偿金以及由其抚养人所必需的生活费等费用；造成死亡的，应当赔偿丧葬费、死亡赔偿金以及死者生前抚养人所必需的生活费等费用；构成犯罪的，依法追究刑事责任。

第三，经营者提供商品或者服务，造成消费者财产损害的，应当按照其要求，通过修理、重做、更换、退货、补足商品数量、退还货款和服务费用或者赔偿损失等方式承担民事责任。消费者与经营者另行约定的，按照约定履行。

第四，经营者提供商品或者服务有欺诈行为的，应当按照消费者的要求增加赔偿其受到的损失，增加赔偿的金额为消费者购买商品的价款或者接受服务的费用的三倍；增加赔偿的金额不足 500 元的，为 500 元。法律另有规定的，依照其规定。

第五，经营者有下列情形之一的，除承担相应的民事责任外，依照《中华人民共和国产品质量法》和其他法律、法规执行；法律、法规未作规定的，由工商行政管理部门责令改正，可以根据情节单处或者并处警告、没收违法所得，处以违法所得一倍以上十倍以下的罚款，没有违法所得的，处以 50 万元以下的罚款；情节严重的，责令停业整顿、吊销营业执照。

（1）提供的商品或服务不符合保障人身、财产安全要求的。

（2）在商品中掺杂、掺假，以假充真，以次充好，或者以不合格商品冒充合格商品的。

（3）生产国家明令淘汰的商品或者销售失效、变质的商品的。

（4）伪造商品的产地，伪造或者冒用他人的厂名、厂址，篡改生产日期，伪造或者冒用认证标志等质量标志的。

（5）销售的商品应当检验、检疫而未检验、检疫或者伪造检验、检疫结果的。

（6）对商品或者服务做虚假或引人误解的宣传的。

（7）对消费者提出的修理、重做、更换、退货、补足商品数量、退还货款和服务费用或者赔偿损失的要求，故意拖延或者无理拒绝的。

（8）侵害消费者人格尊严或者侵犯消费者人身自由的。

（9）法律、法规规定的对损害消费者权益应当予以处罚的其他情形。

第六，以暴力、威胁等方法阻碍有关行政部门工作人员依法执行职务的，依法追究刑事责任；拒绝、阻碍有关行政部门工作人员依法执行职务，未使用暴力、威胁方法的，由公安机关依照《中华人民共和国治安管理处罚法》的规定处罚。

第七，国家机关人员玩忽职守或者包庇经营者侵害消费者合法权益的行为的，由其所在单位或者上级机关给予行政处分；情节严重，构成犯罪的，依法追究刑事责任。

第二节　劳动法相关知识

学习目标：掌握《中华人民共和国劳动法》的主要相关内容，并应用于职业活动。

为了保护劳动者的合法权益，调整劳动关系，建立和维护适应社会主义市场经济的劳动制度，促进经济发展和社会进步，1994年7月5日第八届全国人民代表大会常务委员会第八次会议通过，1994年7月5日中华人民共和国主席令第28号公布，1995年1月1日起施行《中华人民共和国劳动法》。根据2009年8月27日第十一届全国人民代表大会常务委员会第十次会议通过的《关于修改部分法律的决定》第一次修正；根据2018年12月29日第十三届全国人民代表大会常务委员会第七次会议《关于修改〈中华人民共和国劳动法〉等七部法律的决定》第二次修正。

《中华人民共和国劳动法》最新全文包括总则、促进就业、劳动合同和集体合同、工作时间和休息休假、工资、劳动安全卫生、女职工和未成年工特殊保护、职业培训、社会保险和福利、劳动争议、监督检查、法律责任、附则共十三章一百零七条。

一、概述

《中华人民共和国劳动法》适用于在中华人民共和国境内的企业、个体经济组织和与之形成劳动关系的劳动者。国家机关、事业组织、社会团体和与之建立劳动合同关系的劳动者，依照本法执行。

劳动者享有平等就业和选择职业的权利、取得劳动报酬的权利、休息休假的权利、获得劳动安全卫生保护的权利、接受职业技能培训的权利、享受社会保险和福利的权利、提请劳动争议处理的权利以及法律规定的其他劳动权利。劳动者应当完成劳动任务，提高职业技能，执行劳动安全卫生规程，遵守劳动纪律和职业道德。

用人单位应当依法建立和完善规章制度，保障劳动者享有劳动权利和履行劳动义务。

国家采取各种措施，促进劳动就业，发展职业教育，制定劳动标准，调节社会收入，完善社会保险，协调劳动关系，逐步提高劳动者的生活水平。国家提倡劳动者参加社会义务劳动，开展劳动竞赛和合理化建议活动，鼓励和保护劳动者进行科学研究、技术革新和发明创造，表彰和奖励劳动模范和先进工作者。

劳动者有权依法参加和组织工会。工会代表应维护劳动者的合法权益，依法独立自主地开展活动。劳动者依照法律规定，通过职工大会、职工代表大会或者其他形式，参与民主管理或者就保护劳动者合法权益与用人单位进行平等协商。国务院劳动行政部门主管全国劳动工作。县级以上地方人民政府劳动行政部门主管本行政区域内的劳动工作。

二、社会就业

国家通过促进经济和社会发展，创造就业条件，扩大就业机会；鼓励企业、事业组织、社会团体在法律、行政法规规定的范围内兴办产业或者拓展经营，增加就业；支持劳动者自愿组织起来就业和从事个体经营实现就业。地方各级人民政府应当采取措施，发展多种类型的职业介绍机构，提供就业服务。劳动者就业，不因民族、种族、性别、宗教信仰不同而受歧视。在录用职工时，除国家规定的不适合妇女的工种或者岗位外，不得以性别为由拒绝录用妇女或者提高对妇女的录用标准。残疾人、少数民族人员、退役军人就业，法律、法规有特别规定的，服从其规定。禁止用人单位招用未满16周岁的未成年人。文艺、体育和特种工艺单位招用未满16周岁的未成年人，必须遵守国家有关规定，履行审批手续，并保障其接受义务教育的权利。

三、劳动合同和集体合同

劳动合同是劳动者与用人单位确立劳动关系、明确双方权利和义务的协议。建立劳动关系应当订立劳动合同。

订立和变更劳动合同，应当遵循平等自愿、协商一致的原则，不得违反法律、行政法规的规定。劳动合同依法订立即具有法律约束力，当事人必须履行劳动合同规定的义务。

无效劳动合同指违反法律、行政法规的劳动合同，或采取欺诈、威胁等手段订立的劳动合同。无效的劳动合同，从订立的时候起，就没有法律约束力。确认劳动合同部分无效的，如果不影响其余部分的效力，其余部分仍然有效。劳动合同的无效，由劳动争议仲裁委员会或者人民法院确认。

劳动合同应当以书面形式订立，主要内容包括：①劳动合同期限；②工作内容；③劳动保护和劳动条件；④劳动报酬；⑤劳动纪律；⑥劳动合同终止的条件；⑦违反劳动合同的责任。劳动合同除前七项内容外，当事人可以协商约定其他内容。

劳动合同的期限分为有固定期限、无固定期限和以完成一定的工作为期限。劳动者在同一用人单位连续工作满 10 年以上，当事人双方同意续延劳动合同的，如果劳动者提出订立无固定期限的劳动合同，应当订立无固定期限的劳动合同。

劳动合同可以约定试用期。试用期最长不得超过 6 个月。

劳动合同当事人可以在劳动合同中约定保守用人单位商业秘密的有关事项。

劳动合同期满或者当事人约定的劳动合同终止条件出现，劳动合同即行终止。

经劳动合同当事人协商一致，劳动合同可以解除。

劳动者有下列情形之一的，用人单位可以解除劳动合同：

（1）在试用期间被证明不符合录用条件的。

（2）严重违反劳动纪律或者用人单位规章制度的。

（3）严重失职，营私舞弊，对用人单位利益造成重大损害的。

（4）被依法追究刑事责任的。

有下列情形之一的，用人单位可以解除劳动合同，但是应当提前 30 日以书面形式通知劳动者本人：

（1）劳动者患病或者非因工负伤，医疗期满后，不能从事原工作也不能从事由用人单位另行安排的工作的。

（2）劳动者不能胜任工作，经过培训或者调整工作岗位，仍不能胜任工作的。

（3）劳动合同订立时所依据的客观情况发生重大变化，致使原劳动合同无法履行，经当事人协商不能就变更劳动合同达成协议的。

用人单位濒临破产进行法定整顿期间或者生产经营状况发生严重困难，确需裁减人员的，应当提前 30 日向工会或者全体职工说明情况，听取工会或者职工的意见，经向劳动行政部门报告后，可以裁减人员。用人单位依据本条规定裁减人员，而在 6 个月内又录用人员，应当优先录用被裁减的人员。

解除劳动合同时，用人单位应当依照国家有关规定给予经济补偿。

劳动者有下列情形之一的，用人单位不得解除劳动合同：

（1）患职业病或者因工负伤并被确认丧失或者部分丧失劳动能力的。

（2）患病或者负伤，在规定的医疗期内的。

（3）女职工在孕期、产期、哺乳期内的。

（4）法律、行政法规规定的其他情形。

用人单位解除劳动合同，工会认为不适当的，有权提出意见。如果用人单位违反法律、法规或者劳动合同，工会有权要求重新处理；劳动者申请仲裁或者提起诉讼的，工会应当依法给予支持和帮助。

劳动者解除劳动合同，应当提前 30 日以书面形式通知用人单位。

有下列情形之一的，劳动者可以随时通知用人单位解除劳动合同：

（1）在试用期内的。

（2）用人单位以暴力、威胁或者非法限制人身自由的手段强迫劳动的。

（3）用人单位未按照劳动合同约定支付劳动报酬或者提供劳动条件的。

企业职工一方与企业可以就劳动报酬、工作时间、休息休假、劳动安全、卫生、保险、福利等事项，签订集体合同。集体合同草案应当提交职工代表大会或者全体职工讨论通过。集体合同由工会代表职工与企业签订；没有建立工会的企业，由职工推举的代表与企业签订。

集体合同签订后应当报送劳动行政部门；劳动行政部门自收到集体合同文本之日起 15 日内未提出异议的，集体合同即行生效。

依法签订的集体合同对企业和企业全体职工具有约束力。职工个人与企业订立的劳动合同中劳动条件和劳动报酬等标准不得低于集体合同的规定。

四、工作时间和休息休假

国家实行劳动者每日工作时间不超过 8 小时、平均每周工作时间不超过 44 小时的工时制度。

对实行计件工作的劳动者，用人单位应当根据工时制度合理确定其劳动定额和计件报酬标准。

用人单位应当保证劳动者每周至少休息一日。

用人单位在法定节日期间应当依法安排劳动者休假，法定节日有元旦、春节、国际劳动节、国庆节及法律、法规规定的其他休假节日。

用人单位由于生产经营需要，经与工会和劳动者协商后可以延长工作时间，一般每日不得超过 1 小时；因特殊原因需要延长工作时间的，在保障劳动者身体健康的条件下延长工作时间每日不得超过 3 小时，但是每月不得超过 36 小时。

有下列情形之一的，可以延长工作时间：发生自然灾害、事故或者因其他原因，威胁劳动者生命健康和财产安全，需要紧急处理的；生产设备、交通运输线路、公共设施发生故障，影响生产和公众利益，必须及时抢修的；法律、行政法规规定的其他情形。

有下列情形之一的，用人单位应当按照下列标准支付高于劳动者正常工作时间工资的工资报酬：

（1）安排劳动者延长工作时间的，支付不低于工资的150％的工资报酬。

（2）休息日安排劳动者工作又不能安排补休的，支付不低于工资的200％的工资报酬。

（3）法定节假日安排劳动者工作的，支付不低于工资的 300％的工资报酬。

五、工资与报酬

工资分配应当遵循按劳分配原则，实行同工同酬。工资水平在经济发展的基础上逐步提高。国家对工资总量实行宏观调控。

用人单位根据本单位的生产经营特点和经济效益，依法自主确定本单位的工资分配方式和工资水平。

国家实行最低工资保障制度。最低工资的具体标准由省、自治区、直辖市人民政府规定，报国务院备案。用人单位支付劳动者的工资不得低于当地最低工资标准。

确定和调整最低工资标准应当综合参考下列因素：

（1）劳动者本人及平均赡养人口的最低生活费用。

（2）社会平均工资水平。

（3）劳动生产率。

（4）就业状况。

（5）地区之间经济发展水平的差异。

六、劳动安全卫生

用人单位必须建立、健全劳动安全卫生制度，严格执行国家劳动安全卫生规程和标准，对劳动者进行劳动安全卫生教育，防止劳动过程中的事故，减少职业危害。

劳动安全卫生设施必须符合国家规定的标准。新建、改建、扩建工程的劳动安全卫生设施必须与主体工程同时设计、同时施工、同时投入生产和使用。

用人单位必须为劳动者提供符合国家规定的劳动安全卫生条件和必要的劳动防护用品，对从事有职业危害作业的劳动者应当定期进行健康检查。

从事特种作业的劳动者必须经过专门培训并取得特种作业资格。

劳动者在劳动过程中必须严格遵守安全操作规程。劳动者对用人单位管理人员违章指挥、强令冒险作业，有权拒绝执行；对危害生命安全和身体健康的行为，有权提出批评、检举和控告。

国家建立伤亡事故和职业病统计报告和处理制度。县级以上各级人民政府劳动行政部门、有关部门和用人单位应当依法对劳动者在劳动过程中发生的伤亡事故和劳动者的职业病状况进行统计、报告和处理。

七、职业培训

国家通过各种途径，采取各种措施，发展职业培训事业，开发劳动者的职业技能，提高劳动者素质，增强劳动者的就业能力和工作能力。

各级人民政府应当把发展职业培训纳入社会经济发展的规划，鼓励和支持有条件的企业、事业组织、社会团体和个人进行各种形式的职业培训。

用人单位应当建立职业培训制度，按照国家规定提取和使用职业培训经费，根据本单位实际，有计划地对劳动者进行职业培训。从事技术工种的劳动者，上岗前必须经过培训。

国家确定职业分类，对规定的职业制定职业技能标准，实行职业资格证书制度，由经过政府批准的考核鉴定机构负责对劳动者实施职业技能考核鉴定。

八、劳动争议

用人单位与劳动者发生劳动争议，当事人可以依法申请调解、仲裁、提起诉讼，也可以协商解决。调解原则适用于仲裁和诉讼程序。

解决劳动争议，应当根据合法、公正、及时处理的原则，依法维护劳动争议当事人的合法权益。

劳动争议发生后，当事人可以向本单位劳动争议调解委员会申请调解；调解不成，当事人一方要求仲裁的，可以向劳动争议仲裁委员会申请仲裁。当事人一方也可以直接向劳动争议仲裁委员会申请仲裁。对仲裁裁决不服的，可以向人民法院提起诉讼。

在用人单位内，可以设立劳动争议调解委员会。劳动争议调解委员会由职工代表、用人单位代表和工会代表组成。劳动争议调解委员会主任由工会代表担任。劳动争议经调解达成协议的，当事人应当履行。

劳动争议仲裁委员会由劳动行政部门代表、同级工会代表、用人单位方面的代表组成。劳动争议仲裁委员会主任由劳动行政部门代表担任。

提出仲裁要求的一方应当自劳动争议发生之日起 60 日内向劳动争议仲裁委员会提出书面申请。仲裁裁决一般应在收到仲裁申请的 60 日内做出。对仲裁裁决无异议的，当事人必须履行。

劳动争议当事人对仲裁裁决不服的，可以自收到仲裁裁决书之日起 15 日内向人民法院提起诉讼。一方当事人在法定期限内不起诉又不履行仲裁裁决的，另一方当事人可以申请人民法院强制执行。

因集体合同发生争议，当事人协商解决不成的，当地人民政府劳动行政部门可以组织有关各方协调处理。因履行集体合同发生争议，当事人协商解决不成的，可以向劳动争议仲裁委员会申请仲裁；对仲裁裁决不服的，可以自收到仲裁裁决书之日起 15 日内向人民法院提起诉讼。

九、监督检查

县级以上各级人民政府劳动行政部门依法对用人单位遵守劳动法律、法规的情况进行监督检查，对违反劳动法律、法规的行为有权制止，并责令改正。

县级以上各级人民政府劳动行政部门监督检查人员执行公务，有权进入用人单位了解执行劳动法律、法规的情况，查阅必要的资料，并对劳动场所进行检查。县级以上各级人民政府劳动行政部门监督检查人员执行公务，必须出示证件，秉公执法并遵守有关规定。

县级以上各级人民政府有关部门在各自职责范围内，对用人单位遵守劳动法律、法规的情况进行监督。

各级工会依法维护劳动者的合法权益，对用人单位遵守劳动法律、法规的情况进行监督。任何组织和个人对于违反劳动法律、法规的行为有权检举和控告。

十、法律责任

用人单位制定的劳动规章制度违反法律、法规规定的，由劳动行政部门给予警告，责令改正；对劳动者造成损害的，应当承担赔偿责任。

用人单位违反《中华人民共和国劳动法》规定，延长劳动者工作时间的，由劳动行政部门给予警告，责令改正，并可处以罚款。

用人单位有下列侵害劳动者合法权益情形之一的，由劳动行政部门责令支付劳动者的工资报酬、经济补偿，并可以责令支付赔偿金：

（1）克扣或者无故拖欠劳动者工资的。

（2）拒不支付劳动者延长工作时间工资报酬的。

（3）低于当地最低工资标准支付劳动者工资的。

（4）解除劳动合同后，未依照《中华人民共和国劳动法》规定给予劳动者经济补偿的。

用人单位的劳动安全设施和劳动卫生条件不符合国家规定或者未向劳动者提供必要的劳动防护用品和劳动保护设施的，由劳动行政部门或者有关部门责令改正，可以处以罚款；情节严重的，提请县级以上人民政府决定责令停产整顿；对事故隐患不采取措施，致使发生重大事故，造成劳动者生命和财产损失的，对责任人员依照刑法有关规定追究刑事责任。

用人单位强令劳动者违章冒险作业，发生重大伤亡事故，造成严重后果的，对责任人员依法追究刑事责任。

用人单位非法招用未满16周岁的未成年人的，由劳动行政部门责令改正，处以罚款；情节严重的，由市场监督管理部门吊销营业执照。

用人单位违反《中华人民共和国劳动法》对女职工和未成年工的保护规定，侵害其合法权益的，由劳动行政部门责令改正，处以罚款；对女职工或者未成年工造成损害的，应当承担赔偿责任。

用人单位有下列行为之一，由公安机关对责任人员处以15日以下拘留、罚款或者警告；构成犯罪的，对责任人员依法追究刑事责任：

（1）以暴力、威胁或者非法限制人身自由的手段强迫劳动的。

（2）侮辱、体罚、殴打、非法搜查和拘禁劳动者的。

用人单位违反《中华人民共和国劳动法》规定的条件解除劳动合同或者故意拖延不订立劳动合同的，由劳动行政部门责令改正；对劳动者造成损害的，应当承担赔偿责任。

用人单位招用尚未解除劳动合同的劳动者，对原用人单位造成经济损失的，该用人单位应当依法承担连带赔偿责任。

用人单位无理阻挠劳动行政部门、有关部门及其工作人员行使监督检查权，打击报复举报人员的，由劳动行政部门或者有关部门处以罚款；构成犯罪的，对责任人员依法追究刑事责任。

劳动者违反《中华人民共和国劳动法》规定的条件解除劳动合同或者违反劳动合同中约定的保密事项，对用人单位造成经济损失的，应当依法承担赔偿责任。

劳动行政部门或者有关部门的工作人员滥用职权、玩忽职守、徇私舞弊，构成犯罪的，依法追究刑事责任；不构成犯罪的，给予行政处分。

第三节　劳动合同法相关知识

学习目标：掌握《中华人民共和国劳动合同法》的主要相关内容，并应用于职业活动。

为了保护劳资双方的利益，《中华人民共和国劳动合同法》于第十届全国人民代表大会常务委员会第二十八次会议于 2007 年 6 月 29 日通过，后来又由第十一届全国人民代表大会常务委员会第三十次会议于 2012 年 12 月 28 日通过修改的《中华人民共和国劳动合同法》的决定，自 2013 年 7 月 1 日起施行。（以下简称《劳动合同法》。）

最新修订的《劳动合同法》包括劳动合同的订立；劳动合同的履行和变更；劳动合同的解除和终止；特别规定，集体合同、劳务派遣、非全日制用工；监督检查；法律责任等。

一、概述

为了完善劳动合同制度，明确劳动合同双方当事人的权利和义务，保护劳动者的合法权益，构建和发展和谐稳定的劳动关系，制定《劳动合同法》。

中华人民共和国境内的企业、个体经济组织、民办非企业单位等组织（以下称用人单位）与劳动者建立劳动关系，订立、履行、变更、解除或者终止劳动合同，适用《劳动合同法》。国家机关、事业单位、社会团体和与其建立劳动关系的劳动者，订立、履行、变更、解除或者终止劳动合同，依照《劳动合同法》执行。订立劳动合同，应当遵循合法、公平、平等自愿、协商一致、诚实信用的原则。依法订立的劳动合同具有约束力，用人单位与劳动者应当履行劳动合同约定的义务。

用人单位应当依法建立和完善劳动规章制度，保障劳动者享有劳动权利、履行劳动义务。用人单位在制定、修改或者决定有关劳动报酬、工作时间、休息休假、劳动安全卫生、保险福利、职工培训、劳动纪律以及劳动定额管理等直接涉及劳动者切身利益的规章制度或者重大事项时，应当经职工代表大会或者全体职工讨论，提出方案和意见，与工会或者职工代表平等协商确定。在规章制度和重大事项决定实施过程中，工会或者职工认为不适当的，有权向用人单位提出，通过协商予以修改完善。用人单位应当将直接涉及劳动者切身利益的规章制度和重大事项决定公示，或者告知劳动者。

县级以上人民政府劳动行政部门会同工会和企业方面代表，建立健全协调劳动关系三方机制，共同研究解决有关劳动关系的重大问题。工会应当帮助、指导劳动者与用人单位依法订立和履行劳动合同，并与用人单位建立集体协机制，维护劳动者的合法权益。

二、劳动合同的订立

用人单位自用工之日起即与劳动者建立劳动关系。用人单位应当建立职工名册备查。同时，用人单位招用劳动者时，应当如实告知劳动者工作内容、工作条件、工作地点、职业危害、安全生产状况、劳动报酬，以及劳动者要求了解的其他情况；用人单位有权了解劳动者与劳动合同直接相关的基本情况，劳动者应当如实说明。用人单位不得扣押劳动者的居民身份证和其他证件，不得要求劳动者提供担保或者以其他名义向劳动者收取财物。

建立劳动关系，应当订立书面劳动合同。已建立劳动关系，未同时订立书面劳动合同的，应当自用工之日起一个月内订立书面劳动合同。用人单位与劳动者在用工前订立劳动合同的，劳动关系自用工之日起建立。用人单位未在用工的同时订立书面劳动合同，与劳动者约定的劳动报酬不明确的，新招用的劳动者的劳动报酬按照集体合同规定的标准执行；没有集体合同或者集体合同未规定的，实行同工同酬。

劳动合同分为固定期限劳动合同、无固定期限劳动合同和以完成一定工作任务为期限的劳动合同。

固定期限劳动合同，是指用人单位与劳动者约定合同终止时间的劳动合同。用人单位与劳动者协商一致，可以订立固定期限劳动合同。

无固定期限劳动合同，是指用人单位与劳动者约定无确定终止时间的劳动合同。用人单位与劳动者协商一致，可以订立无固定期限劳动合同。有下列情形之一，劳动者提出或者同意续订、订立劳动合同的，除劳动者提出订立固定期限劳动合同外，应当订立无固定期限劳动合同：

（1）劳动者在该用人单位连续工作满十年的。

（2）用人单位初次实行劳动合同制度或者国有企业改制重新订立劳动合同时，劳动者在该用人单位连续工作满十年且距法定退休年龄不足十年的。

（3）连续订立二次固定期限劳动合同，续订劳动合同的。

用人单位自用工之日起满一年不与劳动者订立书面劳动合同的，视为用人单位与劳动者已订立无固定期限劳动合同。

以完成一定工作任务为期限的劳动合同，是指用人单位与劳动者约定以某项工作的完成为合同期限的劳动合同。用人单位与劳动者协商一致，可以订立以完成一定工作任务为期限的劳动合同。

劳动合同由用人单位与劳动者协商一致，并经用人单位与劳动者在劳动合同文本上签字或者盖章生效。劳动合同文本由用人单位和劳动者各执一份。

劳动合同应当以书面形式订立，其主要内容包括：①用人单位的名称、住所和法定代表人或者主要负责人；②劳动者的姓名、住址和居民身份证或者其他有效身份证件号码；③劳动合同期限；④工作内容和工作地点；⑤工作时间和休息休假；⑥劳动报酬；⑦社会保险；⑧劳动保护、劳动条件和职业危害防护；⑨法律、法规规定应当纳入劳动合同的其他事项。

劳动合同除上述规定的必备条款外，用人单位与劳动者可以约定试用期、培训、保守秘密、补充保险和福利待遇等其他事项。

劳动合同期限三个月以上不满一年的，试用期不得超过一个月；劳动合同期限一年以上不满三年的，试用期不得超过二个月；三年以上固定期限和无固定期限的劳动合同，试用期不得超过六个月。同一用人单位与同一劳动者只能约定一次试用期。以完成一定工作任务为期限的劳动合同或者劳动合同期限不满三个月的，不得约定试用期。劳动者在试用期的工资不得低于本单位相同岗位最低档工资或者劳动合同约定工资的百分之八十，并不得低于用人单位所在地的最低工资标准。

用人单位为劳动者提供专项培训费用，对其进行专业技术培训的，可以与该劳动者订立协议，约定服务期。劳动者违反服务期约定的，应当按照约定向用人单位支付违约金。违约金的数额不得超过用人单位提供的培训费用。用人单位要求劳动者支付的违约金不得超过服务期尚未履行部分所应分摊的培训费用。

用人单位与劳动者可以在劳动合同中约定保守用人单位的商业秘密和与知识产权相关的保密事项。对负有保密义务的劳动者，用人单位可以在劳动合同或者保密协议中与劳动者约定竞业限制条款，并约定在解除或者终止劳动合同后，在竞业限制期限内按月给予劳动者经济补偿。劳动者违反竞业限制约定的，应当按照约定向用人单位支付违约金。

下列劳动合同无效或者部分无效：

（1）以欺诈、胁迫的手段或者乘人之危，使对方在违背真实意思的情况下订立或者变更劳动合同的。

（2）用人单位免除自己的法定责任、排除劳动者权利的。

（3）违反法律、行政法规强制性规定的。

对劳动合同的无效或者部分无效有争议的，由劳动争议仲裁机构或者人民法院确认。

劳动合同部分无效，不影响其他部分效力的，其他部分仍然有效。

劳动合同被确认无效，劳动者已付出劳动的，用人单位应当向劳动者支付劳动报酬。劳动报酬的数额，参照本单位相同或者相近岗位劳动者的劳动报酬确定。

三、劳动合同的履行和变更

用人单位与劳动者应当按照劳动合同的约定，全面履行各自的义务。

用人单位应当按照劳动合同约定和国家规定，向劳动者及时足额支付劳动报酬。用人单位拖欠或者未足额支付劳动报酬的，劳动者可以依法向当地人民法院申请支付令，人民法院应当依法发出支付令。

用人单位应当严格执行劳动定额标准，不得强迫或者变相强迫劳动者加班。用人单位安排加班的，应当按照国家有关规定向劳动者支付加班费。

劳动者拒绝用人单位管理人员违章指挥、强令冒险作业的，不视为违反劳动合同。劳动者对危害生命安全和身体健康的劳动条件，有权对用人单位提出批评、检举和控告。

用人单位变更名称、法定代表人、主要负责人或者投资人等事项，不影响劳动合同的履行。用人单位发生合并或者分立等情况，原劳动合同继续有效，劳动合同由承继其权利和义务的用人单位继续履行。

用人单位与劳动者协商一致，可以变更劳动合同约定的内容。变更劳动合同，应当采用书面形式。变更后的劳动合同文本由用人单位和劳动者各执一份。

四、劳动合同的解除和终止

用人单位与劳动者协商一致，可以解除劳动合同。

劳动者提前 30 日以书面形式通知用人单位，可以解除劳动合同。劳动者在试用期内提前 3 日通知用人单位，可以解除劳动合同。

用人单位有下列情形之一的，劳动者可以解除劳动合同：

（1）未按照劳动合同约定提供劳动保护或者劳动条件的。

（2）未及时足额支付劳动报酬的。

（3）未依法为劳动者缴纳社会保险费的。

（4）用人单位的规章制度违反法律、法规的规定，损害劳动者权益的。

（5）法律、行政法规规定劳动者可以解除劳动合同的其他情形。

用人单位以暴力、威胁或者非法限制人身自由的手段强迫劳动者劳动的，或者用人单位违章指挥、强令冒险作业危及劳动者人身安全的，劳动者可以立即解除劳动合同，不需事先告知用人单位。

劳动者有下列情形之一的，用人单位可以解除劳动合同：

（1）在试用期间被证明不符合录用条件的。

（2）严重违反用人单位的规章制度的。

（3）严重失职，营私舞弊，给用人单位造成重大损害的。

（4）劳动者同时与其他用人单位建立劳动关系，对完成本单位的工作任务造成严重影响，或者经用人单位提出，拒不改正的。

（5）被依法追究刑事责任的。

有下列情形之一的，用人单位提前30日以书面形式通知劳动者本人或者额外支付劳动者一个月工资后，可以解除劳动合同：

（1）劳动者患病或者非因工负伤，在规定的医疗期满后不能从事原工作，也不能从事由用人单位另行安排的工作的。

（2）劳动者不能胜任工作，经过培训或者调整工作岗位，仍不能胜任工作的。

（3）劳动合同订立时所依据的客观情况发生重大变化，致使劳动合同无法履行，经用人单位与劳动者协商，未能就变更劳动合同内容达成协议的。

有下列情形之一，需要裁减人员20人以上或者裁减不足20人但占企业职工总数10％以上的，用人单位提前30日向工会或者全体职工说明情况，听取工会或者职工的意见后，裁减人员方案经向劳动行政部门报告，可以裁减人员：

（1）依照企业破产法规定进行重整的。

（2）生产经营发生严重困难的。

（3）企业转产、重大技术革新或者经营方式调整，经变更劳动合同后，仍需裁减人员的。

（4）其他因劳动合同订立时所依据的客观经济情况发生重大变化，致使劳动合同无法履行的。

裁减人员时，应当优先留用下列人员：

（1）与本单位订立较长期限的固定期限劳动合同的。

（2）与本单位订立无固定期限劳动合同的。

（3）家庭无其他就业人员，有需要扶养的老人或者未成年人的。

用人单位裁减人员后，又在6个月内重新招用人员的，应当通知被裁减的人员，并在同等条件下优先招用被裁减的人员。

劳动者有下列情形之一的，用人单位不得解除劳动合同：

（1）从事接触职业病危害作业的劳动者未进行离岗前职业健康检查，或者疑似职业病病人在诊断或者医学观察期间的。

（2）在本单位患职业病或者因工负伤并被确认丧失或者部分丧失劳动能力的。

（3）患病或者非因工负伤，在规定的医疗期内的。

（4）女职工在孕期、产期、哺乳期的。

（5）在本单位连续工作满15年，且距法定退休年龄不足5年的。

（6）法律、行政法规规定的其他情形。

用人单位单方解除劳动合同，应当事先将理由通知工会。用人单位违反法律、行政法规规定或者劳动合同约定的，工会有权要求用人单位纠正。用人单位应当研究工会的意见，并将处理结果书面通知工会。

有下列情形之一的，劳动合同终止：

（1）劳动合同期满的。

（2）劳动者开始依法享受基本养老保险待遇的。

（3）劳动者死亡，或者被人民法院宣告死亡或者宣告失踪的。

（4）用人单位被依法宣告破产的。

（5）用人单位被吊销营业执照、责令关闭、撤销或者用人单位决定提前解散的。

（6）法律、行政法规规定的其他情形。

经济补偿按劳动者在本单位工作的年限，每满1年支付1个月工资的标准向劳动者支付。6个月以上不满1年的，按1年计算；不满6个月的，向劳动者支付半个月工资的经济补偿。劳动者月工资高于用人单位所在直辖市、设区的市级人民政府公布的本地区上年度职工月平均工资3倍的，向其支付经济补偿的标准按职工月平均工资3倍的数额支付，向其支付经济补偿的年限最高不超过12年。这里所称月工资是指劳动者在劳动合同解除或者终止前十二个月的平均工资。

五、监督检查

国务院劳动行政部门负责全国劳动合同制度实施的监督管理。县级以上地方人民政府劳动行政部门负责本行政区域内劳动合同制度实施的监督管理。县级以上各级人民政府劳动行政部门在劳动合同制度实施的监督管理工作中，应当听取工会、企业方面代表以及有关行业主管部门的意见。

县级以上地方人民政府劳动行政部门依法对下列实施劳动合同制度的情况进行监督检查：

（1）用人单位制定直接涉及劳动者切身利益的规章制度及其执行的情况。

（2）用人单位与劳动者订立和解除劳动合同的情况。

（3）劳务派遣单位和用工单位遵守劳务派遣有关规定的情况。

（4）用人单位遵守国家关于劳动者工作时间和休息休假规定的情况。

（5）用人单位支付劳动合同约定的劳动报酬和执行最低工资标准的情况。

（6）用人单位参加各项社会保险和缴纳社会保险费的情况。

（7）法律、法规规定的其他劳动监察事项。

县级以上地方人民政府劳动行政部门实施监督检查时，有权查阅与劳动合同、集体合同有关的材料，有权对劳动场所进行实地检查，用人单位和劳动者都应当如实提供有关情况和材料。劳动行政部门的工作人员进行监督检查，应当出示证件，依法行使职权，文明执法。

县级以上人民政府建设、卫生、安全生产监督管理等有关主管部门在各自职责范围内，对用人单位执行劳动合同制度的情况进行监督管理。

劳动者合法权益受到侵害的，有权要求有关部门依法处理，或者依法申请仲裁、提起诉讼。

工会依法维护劳动者的合法权益，对用人单位履行劳动合同、集体合同的情况进行监督。用人单位违反劳动法律、法规和劳动合同、集体合同的，工会有权提出意见或者要求纠正；劳动者申请仲裁、提起诉讼的，工会依法给予支持和帮助。

任何组织或者个人对违反《劳动合同法》的行为都有权举报，县级以上人民政府劳动行政部门应当及时核实、处理，并对举报有功人员给予奖励。

六、法律责任

用人单位直接涉及劳动者切身利益的规章制度违反法律、法规规定的，由劳动行政部门责令改正，给予警告；给劳动者造成损害的，应当承担赔偿责任。

用人单位提供的劳动合同文本未载明《劳动合同法》规定的劳动合同必备条款或者用人单位未将劳动合同文本交付劳动者的，由劳动行政部门责令改正；给劳动者造成损害的，应当承担赔偿责任。

用人单位自用工之日起超过一个月不满一年未与劳动者订立书面劳动合同的，应当向劳动者每月支付两倍的工资。用人单位违反《劳动合同法》规定不与劳动者订立无固定期限劳动合同的，自应当订立无固定期限劳动合同之日起向劳动者每月支付两倍的工资。

用人单位违反《劳动合同法》规定，与劳动者约定试用期的，由劳动行政部门责令改正；违法约定的试用期已经履行的，由用人单位以劳动者试用期满月工资为标准，按已经履行的超过法定试用期的期间向劳动者支付赔偿金。

用人单位违反《劳动合同法》规定，扣押劳动者居民身份证等证件的，由劳动行政部门责令限期退还劳动者本人，并依照有关法律规定给予处罚。用人单位违反《劳动合同法》规定，以担保或者其他名义向劳动者收取财物的，由劳动行政部门责令限期退还劳动者本人，并以每人 500 元以上 2 000 元以下的标准处以罚款；给劳动者造成损害的，应当承担赔偿责任。劳动者依法解除或者终止劳动合同，用人单位扣押劳动者档案或者其他物品的，依照前款规定处罚。

用人单位有下列情形之一的，由劳动行政部门责令限期支付劳动报酬、加班费或者经济补偿；劳动报酬低于当地最低工资标准的，应当支付其差额部分；逾期不支付的，责令用人单位按应付金额50％以上100％以下的标准向劳动者加付赔偿金：

（1）未按照劳动合同的约定或者国家规定及时足额支付劳动者劳动报酬的。

（2）低于当地最低工资标准支付劳动者工资的。

（3）安排加班不支付加班费的。

（4）解除或者终止劳动合同，未依照《劳动合同法》规定向劳动者支付经济补偿的。

用人单位有下列情形之一的，依法给予行政处罚；构成犯罪的，依法追究刑事责任；给劳动者造成损害的，应当承担赔偿责任：

（1）以暴力、威胁或者非法限制人身自由的手段强迫劳动的。

（2）违章指挥或者强令冒险作业危及劳动者人身安全的。

（3）侮辱、体罚、殴打、非法搜查或者拘禁劳动者的。

（4）劳动条件恶劣、环境污染严重，给劳动者身心健康造成严重损害的。

用人单位违反《劳动合同法》规定未向劳动者出具解除或者终止劳动合同的书面证明，由劳动行政部门责令改正；给劳动者造成损害的，应当承担赔偿责任。

劳动者违反《劳动合同法》规定解除劳动合同，或者违反劳动合同中约定的保密义务或者竞业限制，给用人单位造成损失的，应当承担赔偿责任。

用人单位招用与其他用人单位尚未解除或者终止劳动合同的劳动者，给其他用人单位造成损失的，应当承担连带赔偿责任。

劳动行政部门和其他有关主管部门及其工作人员玩忽职守、不履行法定职责，或者违法行使职权，给劳动者或者用人单位造成损害的，应当承担赔偿责任；对直接负责的主管人员和其他直接责任人员，依法给予行政处分；构成犯罪的，依法追究刑事责任。

第四节　节约能源法相关知识

学习目标：掌握《中华人民共和国节约能源法》的主要相关内容，并应用于职业活动。

为了推进全社会节约能源，提高能源利用效率，保护和改善环境，促进经济社会全面协调可持续发展，1997年11月1日第八届全国人民代表大会常务委员会第二十八次会议通过，2007年10月28日第十届全国人民代表大会常务委员会第三十次会议修订，根据 2016 年 7 月 2 日第十二届全国人民代表大会常务委员会第二十一次会议通过的《全国人民代表大会常务委员会关于修改〈中华人民共和国节约能源法〉的决定》第一次修正，2018 年 10 月 26 日第十三届全国人民代表大会常务委员会第六次会议通过《关于修改〈中华人民共和国野生动物保护法〉等十五部法律的决定》第二次修正。（以下简称《节约能源法》。）

一、概述

为了推动全社会节约能源，提高能源利用效率，保护和改善环境，促进经济社会全面协调可持续发展，制定《节约能源法》。《节约能源法》所称能源，是指煤炭、石油、天然气、生物质能和电力、热力以及其他直接或者通过加工、转换而取得有用能的各种资源。《节约能源法》所称节约能源（以下简称节能），是指加强用能管理，采取技术上可行、经济上合理以及环境和社会可以承受的措施，从能源生产到消费的各个环节，降低消耗、减少损失和污染物排放、制止浪费，有效、合理地利用能源。

节约资源是我国的基本国策。国家实施节约与开发并举、把节约放在首位的能源发展战略。国务院和县级以上地方各级人民政府应当将节能工作纳入国民经济和社会发展规划、年度计划，并组织编制和实施节能中长期专项规划、年度节能计划。国务院和县级以上地方各级人民政府每年向本级人民代表大会或者其常务委员会报告节能工作。国家实行节能目标责任制和节能考核评价制度，将节能目标完成情况作为对地方人民政府及其负责人考核评价的内容。省、自治区、直辖市人民政府每年向国务院报告节能目标责任的履行情况。

国家实行有利于节能和环境保护的产业政策，限制发展高耗能、高污染行业，发展节能环保型产业。国务院和省、自治区、直辖市人民政府应当加强节能工作，合理调整产业结构、企业结构、产品结构和能源消费结构，推动企业降低单位产值能耗和单位产品能耗，淘汰落后的生产能力，改进能源的开发、加工、转换、输送、储存和供应，提高能源利用效率。国家鼓励、支持开发和利用新能源、可再生能源。国家鼓励、支持节能科学技术的研究、开发、示范和推广，促进节能技术创新与进步。国家开展节能宣传和教育，将节能知识纳入国民教育和培训体系，普及节能科学知识，增强全民的节能意识，提倡节约型的消费方式。

任何单位和个人都应当依法履行节能义务，有权检举浪费能源的行为。新闻媒体应当宣传节能法律、法规和政策，发挥舆论监督作用。国务院管理节能工作的部门主管全国的节能监督管理工作。国务院有关部门在各自的职责范围内负责节能监督管理工作，并接受国务院管理节能工作的部门的指导。县级以上地方各级人民政府管理节能工作的部门负责本行政区域内的节能监督管理工作。县级以上地方各级人民政府有关部门在各自的职责范围内负责节能监督管理工作，并接受同级管理节能工作的部门的指导。

二、节能管理

国务院和县级以上地方各级人民政府应当加强对节能工作的领导，部署、协调、监督、检查、推动节能工作。县级以上人民政府管理节能工作的部门和有关部门应当在各自的职责范围内，加强对节能法律、法规和节能标准执行情况的监督检查，依法查处违法用能行为。履行节能监督管理职责不得向监督管理对象收取费用。

国务院标准化主管部门和国务院有关部门依法组织制定并适时修订有关节能的国家标准、行业标准，建立健全节能标准体系。国务院标准化主管部门会同国务院管理节能工作的部门和国务院有关部门制定强制性的用能产品、设备能源效率标准和生产过程中耗能高的产品的单位产品能耗限额标准。国家鼓励企业制定严于国家标准、行业标准的企业节能标准。省、自治区、直辖市制定严于强制性国家标准、行业标准的地方节能标准，由省、自治区、直辖市人民政府报经国务院批准；《节约能源法》另有规定的除外。

国家实行固定资产投资项目节能评估和审查制度。不符合强制性节能标准的项目，建设单位不得开工建设；已经建成的，不得投入生产、使用。政府投资项目不符合强制性节能标准的，依法负责项目审批的机关不得批准建设。具体办法由国务院管理节能工作的部门会同国务院有关部门制定。

国家对落后的耗能过高的用能产品、设备和生产工艺实行淘汰制度。淘汰的用能产品、设备、生产工艺的目录和实施办法，由国务院管理节能工作的部门会同国务院有关部门制定并公布。生产过程中耗能高的产品的生产单位，应当执行单位产品能耗限额标准。对超过单位产品能耗限额标准用能的生产单位，由管理节能工作的部门按照国务院规定的权限责令限期治理。对高耗能的特种设备，按照国务院的规定实行节能审查和监管。禁止生产、进口、销售国家明令淘汰或者不符合强制性能源效率标准的用能产品、设备；禁止使用国家明令淘汰的用能设备、生产工艺。

国家对家用电器等使用面广、耗能量大的用能产品，实行能源效率标识管理。实行能源效率标识管理的产品目录和实施办法，由国务院管理节能工作的部门会同国务院市场监督管理部门制定并公布。生产者和进口商应当对列入国家能源效率标识管理产品目录的用能产品标注能源效率标识，在产品包装物上或者说明书中予以说明，并按照规定报国务院市场监督管理部门和国务院管理节能工作的部门共同授权的机构备案。生产者和进口商应当对其标注的能源效率标识及相关信息的准确性负责。禁止销售应当标注而未标注能源效率标识的产品。禁止伪造、冒用能源效率标识或者利用能源效率标识进行虚假宣传。

用能产品的生产者、销售者，可以根据自愿原则，按照国家有关节能产品认证的规定，向经国务院认证认可监督管理部门认可的从事节能产品认证的机构提出节能产品认证申请；经认证合格后，取得节能产品认证证书，可以在用能产品或者其包装物上使用节能产品认证标志。禁止使用伪造的节能产品认证标志或者冒用节能产品认证标志。

县级以上各级人民政府统计部门应当会同同级有关部门，建立健全能源统计制度，完善能源统计指标体系，改进和规范能源统计方法，确保能源统计数据真实、完整。国务院统计部门会同国务院管理节能工作的部门，定期向社会公布各省、自治区、直辖市以及主要耗能行业的能源消费和节能情况等信息。

国家鼓励节能服务机构的发展，支持节能服务机构开展节能咨询、设计、评估、检测、审计、认证等服务。国家支持节能服务机构开展节能知识宣传和节能技术培训，提供节能信息、节能示范和其他公益性节能服务。国家鼓励行业协会在行业节能规划、节能标准的制定和实施、节能技术推广、能源消费统计、节能宣传培训和信息咨询等方面发挥作用。

三、合理使用与节约能源

1. 一般规定　用能单位应当按照合理用能的原则，加强节能管理，制定并实施节能计划和节能技术措施，降低能源消耗；建立节能目标责任制，对节能工作取得成绩的集体、个人给予奖励；定期开展节能教育和岗位节能培训；加强能源计量管理，按照规定配备和使用经依法检定合格的能源计量器具；建立能源消费统计和能源利用状况分析制度，对各类能源的消费实行分类计量和统计，并确保能源消费统计数据真实、完整。

2. 工业节能　国务院和省、自治区、直辖市人民政府推进能源资源优化开发利用和合理配置，推进有利于节能的行业结构调整，优化用能结构和企业布局。国务院管理节能工作的部门会同国务院有关部门制定电力、钢铁、有色金属、建材、石油加工、化工、煤炭等主要耗能行业的节能技术政策，推动企业节能技术改造。国家鼓励工业企业采用高效、节能的电动机、锅炉、窑炉、风机、泵类等设备，采用热电联产、余热余压利用、洁净煤以及先进的用能监测和控制等技术。电网企业应当按照国务院有关部门制定的节能发电调度管理的规定，安排清洁、高效和符合规定的热电联产、利用余热余压发电的机组以及其他符合资源综合利用规定的发电机组与电网并网运行，上网电价执行国家有关规定。禁止新建不符合国家规定的燃煤发电机组、燃油发电机组和燃煤热电机组。

3. 建筑节能 国务院建设主管部门负责全国建筑节能的监督管理工作。县级以上地方各级人民政府建设主管部门负责本行政区域内建筑节能的监督管理工作，并会同同级管理节能工作的部门编制本行政区域内的建筑节能规划。建筑节能规划应当包括既有建筑节能改造计划。建筑工程的建设、设计、施工和监理单位应当遵守建筑节能标准。不符合建筑节能标准的建筑工程，建设主管部门不得批准开工建设；已经开工建设的，应当责令停止施工、限期改正；已经建成的，不得销售或者使用。建设主管部门应当加强对在建建筑工程执行建筑节能标准情况的监督检查。房地产开发企业在销售房屋时，应当向购买人明示所售房屋的节能措施、保温工程保修期等信息，在房屋买卖合同、质量保证书和使用说明书中载明，并对其真实性、准确性负责。

国家采取措施，对实行集中供热的建筑分步骤实行供热分户计量、按照用热量收费的制度。新建建筑或者对既有建筑进行节能改造，应当按照规定安装用热计量装置、室内温度调控装置和供热系统调控装置。具体办法由国务院建设主管部门会同国务院有关部门制定。县级以上地方各级人民政府有关部门应当加强城市节约用电管理，严格控制公用设施和大型建筑物装饰性景观照明的能耗。国家鼓励在新建建筑和既有建筑节能改造中使用新型墙体材料等节能建筑材料和节能设备，安装和使用太阳能等可再生能源利用系统。

4. 交通运输节能 国务院有关交通运输主管部门按照各自的职责负责全国交通运输相关领域的节能监督管理工作，并会同国务院管理节能工作的部门分别制定相关领域的节能规划。国务院及其有关部门指导、促进各种交通运输方式协调发展和有效衔接，优化交通运输结构，建设节能型综合交通运输体系。县级以上地方各级人民政府应当优先发展公共交通，加大对公共交通的投入，完善公共交通服务体系，鼓励利用公共交通工具出行；鼓励使用非机动交通工具出行。国务院有关交通运输主管部门应当加强交通运输组织管理，引导道路、水路、航空运输企业提高运输组织化程度和集约化水平，提高能源利用效率。国家鼓励开发、生产、使用节能环保型汽车、摩托车、铁路机车车辆、船舶和其他交通运输工具，实行老旧交通运输工具的报废、更新制度。国家鼓励开发和推广应用交通运输工具使用的清洁燃料、石油替代燃料。国务院有关部门制定交通运输营运车船的燃料消耗量限值标准；不符合标准的，不得用于营运。国务院有关交通运输主管部门应当加强对交通运输营运车船燃料消耗检测的监督管理。

5. 公共机构节能 《节约能源法》所称公共机构，是指全部或者部分使用财政性资金的国家机关、事业单位和团体组织。公共机构应当厉行节约，杜绝浪费，带头使用节能产品、设备，提高能源利用效率。国务院和县级以上地方各级人民政府管理机关事务工作的机构会同同级有关部门制定和组织实施本级公共机构节能规划。公共机构节能规划应当包括公共机构既有建筑节能改造计划。公共机构应当制定年度节能目标和实施方案，加强能源消费计量和监测管理，向本级人民政府管理机关事务工作的机构报送上年度的能源消费状况报告。国务院和县级以上地方各级人民政府管理机关事务工作的机构会同同级有关部门按照管理权限，制定本级公共机构的能源消耗定额，财政部门根据该定额制定能源消耗支出标准。公共机构应当加强本单位用能系统管理，保证用能系统的运行符合国家相关标准。公共机构应当按照规定进行能源审计，并根据能源审计结果采取提高能源利用效率的措施。公共机构采购用能产品、设备，应当优先采购列入节能产品、设备政府采购名录中的产品、设备。禁止采购国家明令淘汰的用能产品、设备。节能产品、设备政府采购名录由省级以上人民政府的政府采购监督管理部门会同同级有关部门制定并公布。

四、节能技术进步

国务院管理节能工作的部门会同国务院科技主管部门发布节能技术政策大纲，指导节能技术研究、开发和推广应用。

县级以上各级人民政府应当把节能技术研究开发作为政府科技投入的重点领域，支持科研单位和企业开展节能技术应用研究，制定节能标准，开发节能共性和关键技术，促进节能技术创新与成果转化。

国务院管理节能工作的部门会同国务院有关部门制定并公布节能技术、节能产品的推广目录，引导用能单位和个人使用先进的节能技术、节能产品，并组织实施重大节能科研项目、节能示范项目、重点节能工程。

县级以上各级人民政府应当按照因地制宜、多能互补、综合利用、讲求效益的原则，加强农业和农村节能工作，增加对农业和农村节能技术、节能产品推广应用的资金投入。

农业、科技等有关主管部门应当支持、推广在农业生产、农产品加工储运等方面应用节能技术和节能产品，鼓励更新和淘汰高耗能的农业机械和渔业船舶。

国家鼓励、支持在农村大力发展沼气，推广生物质能、太阳能和风能等可再生能源利用技术，按照科学规划、有序开发的原则发展小型水力发电，推广节能型的农村住宅和炉灶等，鼓励利用非耕地种植能源植物，大力发展薪炭林等能源林。

五、激励措施

中央财政和省级地方财政安排节能专项资金，支持节能技术研究开发、节能技术和产品的示范与推广、重点节能工程的实施、节能宣传培训、信息服务和表彰奖励等。

国家对生产、使用列入节能推广目录的需要支持的节能技术、节能产品，实行税收优惠等扶持政策。国家通过财政补贴支持节能照明器具等节能产品的推广和使用。国家实行有利于节约能源资源的税收政策，健全能源矿产资源有偿使用制度，促进能源资源的节约及其开采利用水平的提高。国家运用税收等政策，鼓励先进节能技术、设备的进口，控制在生产过程中耗能高、污染重的产品的出口。

政府采购监督管理部门会同有关部门制定节能产品、设备政府采购名录，应当优先列入取得节能产品认证证书的产品、设备。

国家引导金融机构增加对节能项目的信贷支持，为符合条件的节能技术研究开发、节能产品生产以及节能技术改造等项目提供优惠贷款。国家推动和引导社会有关方面加大对节能的资金投入，加快节能技术改造。国家实行有利于节能的价格政策，引导用能单位和个人节能。国家运用财税、价格等政策，支持推广电力需求侧管理、合同能源管理、节能自愿协议等节能办法。国家实行峰谷分时电价、季节性电价、可中断负荷电价制度，鼓励电力用户合理调整用电负荷；对钢铁、有色金属、建材、化工和其他主要耗能行业的企业，分淘汰、限制、允许和鼓励类实行差别电价政策。

各级人民政府对在节能管理、节能科学技术研究和推广应用中有显著成绩以及检举严重浪费能源行为的单位和个人，给予表彰和奖励。

六、法律责任

负责审批政府投资项目的机关违反《节约能源法》规定，对不符合强制性节能标准的项目予以批准建设的，对直接负责的主管人员和其他直接责任人员依法给予处分。固定资产投资项目建设单位开工建设不符合强制性节能标准的项目或者将该项目投入生产、使用的，由管理节能工作的部门责令停止建设或者停止生产、使用，限期改造；不能改造或者逾期不改造的生产性项目，由管理节能工作的部门报请本级人民政府按照国务院规定的权限责令关闭。

生产、进口、销售国家明令淘汰的用能产品、设备的，使用伪造的节能产品认证标志或者冒用节能产品认证标志的，依照《中华人民共和国产品质量法》的规定处罚。生产、进口、销售不符合强制性能源效率标准的用能产品、设备的，由市场监督管理部门责令停止生产、进口、销售，没收违法生产、进口、销售的用能产品、设备和违法所得，并处违法所得1倍以上5倍以下罚款；情节严重的，由工商行政管理部门吊销营业执照。

使用国家明令淘汰的用能设备或者生产工艺的，由管理节能工作的部门责令停止使用，没收国家明令淘汰的用能设备；情节严重的，可以由管理节能工作的部门提出意见，报请本级人民政府按照国务院规定的权限责令停业整顿或者关闭。

生产单位超过单位产品能耗限额标准用能，情节严重，经限期治理逾期不治理或者没有达到治理要求的，可以由管理节能工作的部门提出意见，报请本级人民政府按照国务院规定的权限责令停业整顿或者关闭。

违反《节约能源法》规定，应当标注能源效率标识而未标注的，由市场监督管理部门责令改正，处3万元以上5万元以下罚款。违反《节约能源法》规定，未办理能源效率标识备案，或者使用的能源效率标识不符合规定的，由市场监督管理部门责令限期改正；逾期不改正的，处1万元以上3万元以下罚款。伪造、冒用能源效率标识或者利用能源效率标识进行虚假宣传的，由市场监督管理部门责令改正，处5万元以上10万元以下罚款；情节严重的，由工商行政管理部门吊销营业执照。

用能单位未按照规定配备、使用能源计量器具的，由市场监督管理部门责令限期改正；逾期不改正的，处1万元以上5万元以下罚款。

瞒报、伪造、篡改能源统计资料或者编造虚假能源统计数据的，依照《中华人民共和国统计法》的规定处罚。

从事节能咨询、设计、评估、检测、审计、认证等服务的机构提供虚假信息的，由管理节能工作的部门责令改正，没收违法所得，并处5万元以上10万元以下罚款。

违反《节约能源法》规定，无偿向本单位职工提供能源或者对能源消费实行包费制的，由管理节能工作的部门责令限期改正；逾期不改正的，处5万元以上20万元以下罚款。

电网企业未按照《节约能源法》规定安排符合规定的热电联产和利用余热余压发电的机组与电网并网运行，或者未执行国家有关上网电价规定的，由国家电力监管机构责令改正；造成发电企业经济损失的，依法承担赔偿责任。

建设单位违反建筑节能标准的，由建设主管部门责令改正，处20万元以上50万元以下罚款。设计单位、施工单位、监理单位违反建筑节能标准的，由建设主管部门责令改正，处10万元以上50万元以下罚款；情节严重的，由颁发资质证书的部门降低资质等级或者吊销资质证书；造成损失的，依法承担赔偿责任。

房地产开发企业违反《节约能源法》规定，在销售房屋时未向购买人明示所售房屋的节能措施、保温工程保修期等信息的，由建设主管部门责令限期改正，逾期不改正的，处3万元以上5万元以下罚款；对以上信息做虚假宣传的，由建设主管部门责令改正，处5万元以上20万元以下罚款。

公共机构采购用能产品、设备，未优先采购列入节能产品、设备政府采购名录中的产品、设备，或者采购国家明令淘汰的用能产品、设备的，由政府采购监督管理部门给予警告，可以并处罚款；对直接负责的主管人员和其他直接责任人员依法给予处分，并予通报。

重点用能单位未按照《节约能源法》规定报送能源利用状况报告或者报告内容不实的，由管理节能工作的部门责令限期改正；逾期不改正的，处 1 万元以上 5 万元以下罚款。重点用能单位无正当理由拒不落实《节约能源法》规定的整改要求或者整改没有达到要求的，由管理节能工作的部门处 10 万元以上 30 万元以下罚款。重点用能单位未按照《节约能源法》规定设立能源管理岗位，聘任能源管理负责人，并报管理节能工作的部门和有关部门备案的，由管理节能工作的部门责令改正；拒不改正的，处 1 万元以上 3 万元以下罚款。

国家工作人员在节能管理工作中滥用职权、玩忽职守、徇私舞弊，构成犯罪的，依法追究刑事责任；尚不构成犯罪的，依法给予处分。

违反《节约能源法》规定，构成犯罪的，依法追究刑事责任。

第五节　可再生能源法相关知识

学习目标：掌握《中华人民共和国可再生能源法》的主要相关内容，并应用于职业活动。

为了促进可再生能源的开发利用，增加能源供应，改善能源结构，保障能源安全，保护环境，实现经济社会的可持续发展，2005 年 2 月 28 日第十届全国人民代表大会常务委员会第十四次会议通过，2006 年 1 月 1 日起施行《中华人民共和国可再生能源法》（以下简称《可再生能源法》）。根据 2009 年 12 月 26 日第十一届全国人民代表大会常务委员会第十二次会议《关于修改〈中华人民共和国可再生能源法〉的决定》作出修正。

一、概述

可再生能源是指风能、太阳能、水能、生物质能、地热能、海洋能等非化石能源。国家将可再生能源的开发利用列为能源发展的优先领域，通过制定可再生能源开发利用总量目标和采取相应措施，推动可再生能源市场的建立和发展。国家鼓励各种所有制经济主体参与可再生能源的开发利用，依法保护可再生能源开发利用者的合法权益。

国务院能源主管部门对全国可再生能源的开发利用实施统一管理。国务院有关部门在各自的职责范围内负责有关的可再生能源开发利用管理工作。县级以上地方人民政府管理能源工作的部门负责本行政区域内可再生能源开发利用的管理工作。县级以上地方人民政府有关部门在各自的职责范围内负责有关的可再生能源开发利用管理工作。

二、资源调查与发展规划

国务院能源主管部门负责组织和协调全国可再生能源资源的调查，并会同国务院有关部门组织制定资源调查的技术规范。国务院有关部门在各自的职责范围内负责相关可再生能源资源的调查，调查结果报国务院能源主管部门汇总。可再生能源资源的调查结果应当公布；但是，国家规定需要保密的内容除外。

国务院能源主管部门根据全国能源需求与可再生能源资源实际状况，制定全国可再生能源开发利用中长期总量目标，报国务院批准后执行，并予公布；并会同省、自治区、直辖市人民政府确定各行政区域可再生能源开发利用中长期目标，并予公布。

国务院能源主管部门会同国务院有关部门，根据全国可再生能源开发利用中长期总量目标和可再生能源技术发展状况，编制全国可再生能源开发利用规划，报国务院批准后实施。国务院有关部门应当制定有利于促进全国可再生能源开发利用中长期总量目标实现的相关规划。省、自治区、直辖市人民政府管理能源工作的部门会同本级人民政府有关部门，依据全国可再生能源开发利用规划和本行政区域可再生能源开发利用中长期目标，编制本行政区域可再生能源开发利用规划，经本级人民政府批准后，报国务院能源主管部门和国家电力监管机构备案，并组织实施。经批准的规划应当公布；但是，国家规定需要保密的内容除外。经批准的规划需要修改的，须经原批准机关批准。

编制可再生能源开发利用规划，应当遵循因地制宜、统筹兼顾、合理布局、有序发展的原则，对风能、太阳能、水能、生物质能、地热能、海洋能等可再生能源的开发利用作出统筹安排。规划内容应当包括发展目标、主要任务、区域布局、重点项目、实施进度、配套电网建设、服务体系和保障措施等。组织编制机关应当征求有关单位、专家和公众的意见，进行科学论证。

三、产业指导与技术支持

国务院能源主管部门根据全国可再生能源开发利用规划，制定、公布可再生能源产业发展指导目录。

国务院标准化行政主管部门应当制定、公布国家可再生能源电力的并网技术标准和其他需要在全国范围内统一技术要求的有关可再生能源技术和产品的国家标准。对国家标准中未做规定的技术要求，国务院有关部门可以制定相关的行业标准，并报国务院标准化行政主管部门备案。

国家将可再生能源开发利用的科学技术研究和产业化发展列为科技发展与

高技术产业发展的优先领域，纳入国家科技发展规划和高技术产业发展规划，并安排资金支持可再生能源开发利用的科学技术研究、应用示范和产业化发展，促进可再生能源开发利用的技术进步，降低可再生能源产品的生产成本，提高产品质量。教育行政部门应当将可再生能源知识和技术纳入普通教育、职业教育课程。

四、推广与应用

国家鼓励和支持可再生能源并网发电。建设可再生能源并网发电项目，应当依照法律和国务院的规定取得行政许可或者报送备案。建设应当取得行政许可的可再生能源并网发电项目，有多人申请同一项目许可的，应当依法通过招标确定被许可人。

国家实行可再生能源发电全额保障性收购制度。国务院能源主管部门会同国家电力监管机构和国务院财政部门，按照全国可再生能源开发利用规划，确定在规划期内应当达到的可再生能源发电量占全部发电量的比重，制定电网企业优先调度和全额收购可再生能源发电的具体办法，并由国务院能源主管部门会同国家电力监管机构在年度中督促落实。电网企业应当与按照可再生能源开发利用规划建设，依法取得行政许可或者报送备案的可再生能源发电企业签订并网协议，全额收购其电网覆盖范围内符合并网技术标准的可再生能源并网发电项目的上网电量。发电企业有义务配合电网企业保障电网安全。电网企业应当加强电网建设，扩大可再生能源电力配置范围，发展和应用智能电网、储能等技术，完善电网运行管理，提高吸纳可再生能源电力的能力，为可再生能源发电提供上网服务。

国家扶持在电网未覆盖的地区建设可再生能源独立电力系统，为当地生产和生活提供电力服务。

国家鼓励清洁、高效地开发利用生物质燃料，鼓励发展能源作物。利用生物质资源生产的燃气和热力，符合城市燃气管网、热力管网的入网技术标准的，经营燃气管网、热力管网的企业应当接收其入网。国家鼓励生产和利用生物液体燃料。石油销售企业应当按照国务院能源主管部门或者省级人民政府的规定，将符合国家标准的生物液体燃料纳入其燃料销售体系。

国家鼓励单位和个人安装和使用太阳能热水系统、太阳能供热采暖和制冷系统、太阳能光伏发电系统等太阳能利用系统。国务院建设行政主管部门会同国务院有关部门制定太阳能利用系统与建筑结合的技术经济政策和技术规范。房地产开发企业应当根据前款规定的技术规范，在建筑物的设计和施工中，为太阳能利用提供必备条件。对已建成的建筑物，住户可以在不影响其质量与安全的前提下安装符合技术规范和产品标准的太阳能利用系统；但是，当事人另有约定的除外。

国家鼓励和支持农村地区的可再生能源开发利用。县级以上地方人民政府管理能源工作的部门会同有关部门，根据当地经济社会发展、生态保护和卫生综合治理需要等实际情况，制定农村地区可再生能源发展规划，因地制宜地推广应用沼气等生物质资源转化、户用太阳能、小型风能、小型水能等技术。县级以上人民政府应当对农村地区的可再生能源利用项目提供财政支持。

五、价格管理与费用补偿

可再生能源发电项目的上网电价，由国务院价格主管部门根据不同类型可再生能源发电的特点和不同地区的情况，按照有利于促进可再生能源开发利用和经济合理的原则确定，并根据可再生能源开发利用技术的发展适时调整。上网电价应当公布。电网企业应当按公布电价收购可再生能源电量所发生的费用，高于按照常规能源发电平均上网电价计算所发生费用之间的差额，由在全国范围对销售电量征收可再生能源电价附加补偿。电网企业为收购可再生能源电量而支付的合理的接网费用以及其他合理的相关费用，可以计入电网企业输电成本，并从销售电价中回收。

国家投资或者补贴建设的公共可再生能源独立电力系统的销售电价，执行同一地区分类销售电价，其合理的运行和管理费用超出销售电价的部分，依照《可再生能源法》第二十条的规定补偿。

进入城市管网的可再生能源热力和燃气的价格，按照有利于促进可再生能源开发利用和经济合理的原则，根据价格管理权限确定。

六、经济激励与监督措施

国家财政设立可再生能源发展基金，资金来源包括国家财政年度安排的专项资金和依法征收的可再生能源电价附加收入等。可再生能源发展基金用于补偿差额费用，并用于支持以下事项：

（1）可再生能源开发利用的科学技术研究、标准制定和示范工程。

（2）农村、牧区的可再生能源利用项目。

（3）偏远地区和海岛可再生能源独立电力系统建设。

（4）可再生能源的资源勘查、评价和相关信息系统建设。

（5）促进可再生能源开发利用设备的本地化生产。

对列入国家可再生能源产业发展指导目录、符合信贷条件的可再生能源开发利用项目，金融机构可以提供有财政贴息的优惠贷款。

国家对列入可再生能源产业发展指导目录的项目给予税收优惠。具体办法由国务院规定。

电力企业应当真实、完整地记载和保存可再生能源发电的有关资料，并接受电力监管机构的检查和监督。电力监管机构进行检查时，应当依照规定的程序进行，并为被检查单位保守商业秘密和其他秘密。

七、法律责任

国务院能源主管部门和县级以上地方人民政府管理能源工作的部门和其他有关部门在可再生能源开发利用监督管理工作中，违反《可再生能源法》规定，有下列行为之一的，由本级人民政府或者上级人民政府有关部门责令改正，对负有责任的主管人员和其他直接责任人员依法给予行政处分；构成犯罪的，依法追究刑事责任：

（1）不依法作出行政许可决定的。

（2）发现违法行为不予查处的。

（3）有不依法履行监督管理职责的其他行为的。

电网企业未按照规定完成收购可再生能源电量，造成可再生能源发电企业经济损失的，应当承担赔偿责任，并由国家电力监管机构责令限期改正；拒不改正的，处以可再生能源发电企业经济损失额一倍以下的罚款。

经营燃气管网、热力管网的企业不准许符合入网技术标准的燃气、热力入网，造成燃气、热力生产企业经济损失的，应当承担赔偿责任，并由省级人民政府管理能源工作的部门责令限期改正；拒不改正的，处以燃气、热力生产企业经济损失额一倍以下的罚款。

石油销售企业未按照规定将符合国家标准的生物液体燃料纳入其燃料销售体系，造成生物液体燃料生产企业经济损失的，应当承担赔偿责任，并由国务院能源主管部门或者省级人民政府管理能源工作的部门责令限期改正；拒不改正的，处以生物液体燃料生产企业经济损失额一倍以下的罚款。

第六节　环境保护法相关知识

学习目标：掌握《中华人民共和国环境保护法》的主要相关内容，并应用于职业活动。

为保护和改善环境，防治污染和其他公害，保障公众健康，推进生态文明建设，促进经济社会可持续发展，1989 年 12 月 26 日第七届全国人民代表大会常务委员会第十一次会议通过，1989 年 12 月 26 日中华人民共和国主席令第 22 号公布并施行《中华人民共和国环境保护法》（以下简称《环境保护法》）；2014 年 4 月 24 日第十二届全国人民代表大会常务委员会第八次会议修订，2015 年 1 月 1 日执行。

一、概述

环境是指影响人类社会生存和发展的各种天然的和经过人工改造的自然因素总体，包括大气、水、海洋、土地、矿藏、森林、草原、野生动物、自然遗迹、人文遗迹、自然保护区、风景名胜区、城市和乡村等。

保护环境是国家的基本国策。国家采取有利于节约和循环利用资源、保护和改善环境、促进人与自然和谐的经济、技术政策和措施，使经济社会发展与环境保护相协调。环境保护坚持保护优先、预防为主、综合治理、公众参与、损害担责的原则。

一切单位和个人都有保护环境的义务。地方各级人民政府应当对本行政区域的环境质量负责。企业事业单位和其他生产经营者应当防止、减少环境污染和生态破坏，对所造成的损害依法承担责任。公民应当增强环境保护意识，采取低碳、节俭的生活方式，自觉履行环境保护义务。

国家支持环境保护科学技术研究、开发和应用，鼓励环境保护产业发展，促进环境保护信息化建设，提高环境保护科学技术水平。

各级人民政府应当加大保护和改善环境、防治污染和其他公害的财政投入，提高财政资金的使用效益；加强环境保护宣传和普及工作，鼓励基层群众性自治组织、社会组织、环境保护志愿者开展环境保护法律法规和环境保护知识的宣传，营造保护环境的良好风气。教育行政部门、学校应当将环境保护知识纳入学校教育内容，培养学生的环境保护意识。新闻媒体应当开展环境保护法律法规和环境保护知识的宣传，对环境违法行为进行舆论监督。

国务院环境保护主管部门，对全国环境保护工作实施统一监督管理；县级以上地方人民政府环境保护主管部门，对本行政区域环境保护工作实施统一监督管理。县级以上人民政府有关部门和军队环境保护部门，依照有关法律的规定对资源保护和污染防治等环境保护工作实施监督管理。对保护和改善环境有显著成绩的单位和个人，由人民政府给予奖励。每年6月5日为环境日。

二、监督管理

国务院环境保护主管部门会同有关部门，根据国民经济和社会发展规划编制国家环境保护规划，报国务院批准并公布实施。县级以上人民政府应当将环境保护工作纳入国民经济和社会发展规划。县级以上地方人民政府环境保护主管部门会同有关部门，根据国家环境保护规划的要求，编制本行政区域的环境保护规划，报同级人民政府批准并公布实施。环境保护规划的内容应当包括生态保护和污染防治的目标、任务、保障措施等，并与主体功能区规划、土地利用总体规划和城乡规划等相衔接。国务院有关部门和省、自治区、直辖市人民政府组织制定经济、技术政策，应当充分考虑对环境的影响，听取有关方面和专家的意见。

国务院环境保护主管部门制定国家环境质量标准。省、自治区、直辖市人民政府对国家环境质量标准中未作规定的项目，可以制定地方环境质量标准；对国家环境质量标准中已作规定的项目，可以制定严于国家环境质量标准的地方环境质量标准。地方环境质量标准应当报国务院环境保护主管部门备案。国家鼓励开展环境基准研究。国务院环境保护主管部门根据国家环境质量标准和国家经济、技术条件，制定国家污染物排放标准。省、自治区、直辖市人民政府对国家污染物排放标准中未作规定的项目，可以制定地方污染物排放标准；对国家污染物排放标准中已作规定的项目，可以制定严于国家污染物排放标准的地方污染物排放标准。地方污染物排放标准应当报国务院环境保护主管部门备案。

国家建立、健全环境监测制度。国务院环境保护主管部门制定监测规范，会同有关部门组织监测网络，统一规划国家环境质量监测站（点）的设置，建立监测数据共享机制，加强对环境监测的管理。有关行业、专业等各类环境质量监测站（点）的设置应当符合法律法规规定和监测规范的要求。监测机构应当使用符合国家标准的监测设备，遵守监测规范。监测机构及其负责人对监测数据的真实性和准确性负责。

省级以上人民政府应当组织有关部门或者委托专业机构，对环境状况进行调查、评价，建立环境资源承载能力监测预警机制。编制有关开发利用规划，建设对环境有影响的项目，应当依法进行环境影响评价。未依法进行环境影响评价的开发利用规划，不得组织实施；未依法进行环境影响评价的建设项目，不得开工建设。

国家建立跨行政区域的重点区域、流域环境污染和生态破坏联合防治协调机制，实行统一规划、统一标准、统一监测、统一的防治措施。前款规定以外的跨行政区域的环境污染和生态破坏的防治，由上级人民政府协调解决，或者由有关地方人民政府协商解决。

国家采取财政、税收、价格、政府采购等方面的政策和措施，鼓励和支持环境保护技术装备、资源综合利用和环境服务等环境保护产业的发展。企业事业单位和其他生产经营者，在污染物排放符合法定要求的基础上，进一步减少污染物排放的，人民政府应当依法采取财政、税收、价格、政府采购等方面的政策和措施予以鼓励和支持；为改善环境，依照有关规定转产、搬迁、关闭的，人民政府应当予以支持。

县级以上人民政府环境保护主管部门及其委托的环境监察机构和其他负有环境保护监督管理职责的部门，有权对排放污染物的企业事业单位和其他生产经营者进行现场检查。被检查者应当如实反映情况，提供必要的资料。实施现场检查的部门、机构及其工作人员应当为被检查者保守商业秘密。企业事业单位和其他生产经营者违反法律法规规定排放污染物，造成或者可能造成严重污染的，县级以上人民政府环境保护主管部门和其他负有环境保护监督管理职责的部门，可以查封、扣押造成污染物排放的设施、设备。

国家实行环境保护目标责任制和考核评价制度。县级以上人民政府应当将环境保护目标完成情况纳入对本级人民政府负有环境保护监督管理职责的部门及其负责人和下级人民政府及其负责人的考核内容，作为对其考核评价的重要依据。考核结果应当向社会公开。

县级以上人民政府应当每年向本级人民代表大会或者人民代表大会常务委员会报告环境状况和环境保护目标完成情况，对发生的重大环境事件应当及时向本级人民代表大会常务委员会报告，依法接受监督。

三、保护和改善环境

地方各级人民政府应当根据环境保护目标和治理任务，采取有效措施，改善环境质量。未达到国家环境质量标准的重点区域、流域的有关地方人民政府，应当制定限期达标规划，并采取措施按期达标。

国家在重点生态功能区、生态环境敏感区和脆弱区等区域划定生态保护红线，实行严格保护。各级人民政府对具有代表性的各种类型的自然生态系统区域，珍稀、濒危的野生动植物自然分布区域，重要的水源涵养区域，具有重大科学文化价值的地质构造、著名溶洞和化石分布区、冰川、火山、温泉等自然遗迹，以及人文遗迹、古树名木，应当采取措施予以保护，严禁破坏。开发利用自然资源，应当合理开发，保护生物多样性，保障生态安全，依法制定有关生态保护和恢复治理方案并予以实施。引进外来物种以及研究、开发和利用生物技术，应当采取措施，防止对生物多样性的破坏。

国家建立、健全生态保护补偿制度。国家加大对生态保护地区的财政转移支付力度。有关地方人民政府应当落实生态保护补偿资金，确保其用于生态保护补偿。国家指导受益地区和生态保护地区人民政府通过协商或者按照市场规则进行生态保护补偿。

国家加强对大气、水、土壤等的保护，建立和完善相应的调查、监测、评估和修复制度。各级人民政府应当加强对农业环境的保护，促进农业环境保护新技术的使用，加强对农业污染源的监测预警，统筹有关部门采取措施，防治土壤污染和土地沙化、盐渍化、贫瘠化、石漠化、地面沉降以及防治植被破坏、水土流失、水体富营养化、水源枯竭、种源灭绝等生态失调现象，推广植物病虫害的综合防治。县级、乡级人民政府应当提高农村环境保护公共服务水平，推动农村环境综合整治。

国务院和沿海地方各级人民政府应当加强对海洋环境的保护。向海洋排放污染物、倾倒废弃物，进行海岸工程和海洋工程建设，应当符合法律法规规定和有关标准，防止和减少对海洋环境的污染损害。

城乡建设应当结合当地自然环境的特点，保护植被、水域和自然景观，加强城市园林、绿地和风景名胜区的建设与管理。

国家鼓励和引导公民、法人和其他组织使用有利于保护环境的产品和再生产品，减少废弃物的产生。国家机关和使用财政资金的其他组织应当优先采购和使用节能、节水、节材等有利于保护环境的产品、设备和设施。

地方各级人民政府应当采取措施，组织对生活废弃物的分类处置、回收利用。公民应当遵守环境保护法律法规，配合实施环境保护措施，按照规定对生活废弃物进行分类放置，减少日常生活对环境造成的损害。

国家建立、健全环境与健康监测、调查和风险评估制度；鼓励和组织开展环境质量对公众健康影响的研究，采取措施预防和控制与环境污染有关的疾病。

四、防治污染和其他公害

国家促进清洁生产和资源循环利用。国务院有关部门和地方各级人民政府应当采取措施，推广清洁能源的生产和使用。企业应当优先使用清洁能源，采用资源利用率高、污染物排放量少的工艺、设备以及废弃物综合利用技术和污染物无害化处理技术，减少污染物的产生。

建设项目中防治污染的设施，应当与主体工程同时设计、同时施工、同时投产使用。防治污染的设施应当符合经批准的环境影响评价文件的要求，不得擅自拆除或者闲置。

排放污染物的企业事业单位和其他生产经营者，应当采取措施，防治在生产建设或者其他活动中产生的废气、废水、废渣、医疗废物、粉尘、恶臭气体、放射性物质以及噪声、振动、光辐射、电磁辐射等对环境的污染和危害。排放污染物的企业事业单位，应当建立环境保护责任制度，明确单位负责人和相关人员的责任。重点排污单位应当按照国家有关规定和监测规范安装使用监测设备，保证监测设备正常运行，保存原始监测记录。严禁通过暗管、渗井、渗坑、灌注或者篡改、伪造监测数据，或者不正常运行防治污染设施等逃避监管的方式违法排放污染物。

排放污染物的企业事业单位和其他生产经营者，应当按照国家有关规定缴纳排污费。排污费应当全部专项用于环境污染防治，任何单位和个人不得截留、挤占或者挪作他用。依照法律规定征收环境保护税的，不再征收排污费。

国家实行重点污染物排放总量控制制度。重点污染物排放总量控制指标由国务院下达，省、自治区、直辖市人民政府分解落实。企业事业单位在执行国家和地方污染物排放标准的同时，应当遵守分解落实到本单位的重点污染物排放总量控制指标。对超过国家重点污染物排放总量控制指标或者未完成国家确定的环境质量目标的地区，省级以上人民政府环境保护主管部门应当暂停审批其新增重点污染物排放总量的建设项目环境影响评价文件。

国家依照法律规定实行排污许可管理制度。实行排污许可管理的企业事业单位和其他生产经营者应当按照排污许可证的要求排放污染物；未取得排污许可证的，不得排放污染物。

国家对严重污染环境的工艺、设备和产品实行淘汰制度。任何单位和个人不得生产、销售或者转移、使用严重污染环境的工艺、设备和产品。禁止引进不符合我国环境保护规定的技术、设备、材料和产品。

各级人民政府及其有关部门和企业事业单位，应当依照《中华人民共和国突发事件应对法》的规定，做好突发环境事件的风险控制、应急准备、应急处置和事后恢复等工作。县级以上人民政府应当建立环境污染公共监测预警机制，组织制定预警方案；环境受到污染，可能影响公众健康和环境安全时，依法及时公布预警信息，启动应急措施。企业事业单位应当按照国家有关规定制定突发环境事件应急预案，报环境保护主管部门和有关部门备案。在发生或者可能发生突发环境事件时，企业事业单位应当立即采取措施处理，及时通报可能受到危害的单位和居民，并向环境保护主管部门和有关部门报告。突发环境事件应急处置工作结束后，有关人民政府应当立即组织评估事件造成的环境影响和损失，并及时将评估结果向社会公布。

生产、储存、运输、销售、使用、处置化学物品和含有放射性物质的物品，应当遵守国家有关规定，防止污染环境。

各级人民政府及其农业等有关部门和机构应当指导农业生产经营者科学种植和养殖，科学合理施用农药、化肥等农业投入品，科学处置农用薄膜、农作物秸秆等农业废弃物，防止农业面源污染。禁止将不符合农用标准和环境保护标准的固体废物、废水施入农田。施用农药、化肥等农业投入品及进行灌溉，应当采取措施，防止重金属和其他有毒有害物质污染环境。畜禽养殖场、养殖小区、定点屠宰企业等的选址、建设和管理应当符合有关法律法规规定。从事畜禽养殖和屠宰的单位和个人应当采取措施，对畜禽粪便、尸体和污水等废弃物进行科学处置，防止污染环境。县级人民政府负责组织农村生活废弃物的处置工作。

各级人民政府应当在财政预算中安排资金，支持农村饮用水水源地保护、生活污水和其他废弃物处理、畜禽养殖和屠宰污染防治、土壤污染防治和农村工矿污染治理等环境保护工作；应当统筹城乡建设污水处理设施及配套管网，固体废物的收集、运输和处置等环境卫生设施，危险废物集中处置设施、场所以及其他环境保护公共设施，并保障其正常运行。

五、信息公开和公众参与

公民、法人和其他组织依法享有获取环境信息、参与和监督环境保护的权利。各级人民政府环境保护主管部门和其他负有环境保护监督管理职责的部门，应当依法公开环境信息、完善公众参与程序，为公民、法人和其他组织参与和监督环境保护提供便利。

国务院环境保护主管部门统一发布国家环境质量、重点污染源监测信息及其他重大环境信息。省级以上人民政府环境保护主管部门定期发布环境状况公报。县级以上人民政府环境保护主管部门和其他负有环境保护监督管理职责的部门，应当依法公开环境质量、环境监测、突发环境事件以及环境行政许可、行政处罚、排污费的征收和使用情况等信息。县级以上地方人民政府环境保护主管部门和其他负有环境保护监督管理职责的部门，应当将企业事业单位和其他生产经营者的环境违法信息记入社会诚信档案，及时向社会公布违法者名单。

重点排污单位应当如实向社会公开其主要污染物的名称、排放方式、排放浓度和总量、超标排放情况，以及防治污染设施的建设和运行情况，接受社会监督。

对依法应当编制环境影响报告书的建设项目，建设单位应当在编制时向可能受影响的公众说明情况，充分征求意见。负责审批建设项目环境影响评价文件的部门在收到建设项目环境影响报告书后，除涉及国家秘密和商业秘密的事项外，应当全文公开；发现建设项目未充分征求公众意见的，应当责成建设单位征求公众意见。

公民、法人和其他组织发现任何单位和个人有污染环境和破坏生态行为的，有权向环境保护主管部门或者其他负有环境保护监督管理职责的部门举报；发现地方各级人民政府、县级以上人民政府环境保护主管部门和其他负有环境保护监督管理职责的部门不依法履行职责的，有权向其上级机关或者监察机关举报。接受举报的机关应当对举报人的相关信息予以保密，保护举报人的合法权益。

对污染环境、破坏生态，损害社会公共利益的行为，符合下列条件的社会组织可以向人民法院提起诉讼：

（1）依法在设区的市级以上人民政府民政部门登记。

（2）专门从事环境保护公益活动连续5年以上且无违法记录。

向人民法院提起诉讼，人民法院应当依法受理。提起诉讼的社会组织不得通过诉讼牟取经济利益。

六、法律责任

企业事业单位和其他生产经营者违法排放污染物，受到罚款处罚，被责令改正，拒不改正的，依法作出处罚决定的行政机关可以自责令改正之日的次日起，按照原处罚数额按日连续处罚。罚款处罚依照有关法律法规按照防治污染设施的运行成本、违法行为造成的直接损失或者违法所得等因素确定的规定执行。地方性法规可以根据环境保护的实际需要，增加按日连续处罚的违法行为的种类。

企业事业单位和其他生产经营者超过污染物排放标准或者超过重点污染物排放总量控制指标排放污染物的，县级以上人民政府环境保护主管部门可以责令其采取限制生产、停产整治等措施；情节严重的，报经有批准权的人民政府批准，责令停业、关闭。

建设单位未依法提交建设项目环境影响评价文件或者环境影响评价文件未经批准，擅自开工建设的，由负有环境保护监督管理职责的部门责令停止建设，处以罚款，并可以责令恢复原状。

违反《环境保护法》规定，重点排污单位不公开或者不如实公开环境信息的，由县级以上地方人民政府环境保护主管部门责令公开，处以罚款，并予以公告。

企业事业单位和其他生产经营者有下列行为之一，尚不构成犯罪的，除依照有关法律法规规定予以处罚外，由县级以上人民政府环境保护主管部门或者其他有关部门将案件移送公安机关，对其直接负责的主管人员和其他直接责任人员，处 10 日以上 15 日以下拘留；情节较轻的，处 5 日以上 10 以下拘留：

（1）建设项目未依法进行环境影响评价，被责令停止建设，拒不执行的。

（2）违反法律规定，未取得排污许可证排放污染物，被责令停止排污，拒不执行的。

（3）通过暗管、渗井、渗坑、灌注或者篡改、伪造监测数据，或者不正常运行防治污染设施等逃避监管的方式违法排放污染物的。

（4）生产、使用国家明令禁止生产、使用的农药，被责令改正，拒不改正的。

因污染环境和破坏生态造成损害的，应当依照《中华人民共和国侵权责任法》的有关规定承担侵权责任。

环境影响评价机构、环境监测机构以及从事环境监测设备和防治污染设施维护、运营的机构，在有关环境服务活动中弄虚作假，对造成的环境污染和生态破坏负有责任的，除依照有关法律法规规定予以处罚外，还应当与造成环境污染和生态破坏的其他责任者承担连带责任。

提起环境损害赔偿诉讼的时效期间为 3 年，从当事人知道或者应当知道其受到损害时起计算。

上级人民政府及其环境保护主管部门应当加强对下级人民政府及其有关部门环境保护工作的监督。发现有关工作人员有违法行为，依法应当给予处分的，应当向其任免机关或者监察机关提出处分建议。依法应当给予行政处罚，而有关环境保护主管部门不给予行政处罚的，上级人民政府环境保护主管部门可以直接做出行政处罚的决定。

地方各级人民政府、县级以上人民政府环境保护主管部门和其他负有环境保护监督管理职责的部门有下列行为之一的，对直接负责的主管人员和其他直接责任人员给予记过、记大过或者降级处分；造成严重后果的，给予撤职或者开除处分，其主要负责人应当引咎辞职：

（1）不符合行政许可条件准予行政许可的。

（2）对环境违法行为进行包庇的。

（3）依法应当做出责令停业、关闭的决定而未做出的。

（4）对超标排放污染物、采用逃避监管的方式排放污染物、造成环境事故以及不落实生态保护措施造成生态破坏等行为，发现或者接到举报未及时查处的。

（5）违反《环境保护法》规定，查封、扣押企业事业单位和其他生产经营者的设施、设备的。

（6）篡改、伪造或者指使篡改、伪造监测数据的。

（7）应当依法公开环境信息而未公开的。

（8）将征收的排污费截留、挤占或者挪作他用的。

（9）法律法规规定的其他违法行为。

构成犯罪的，依法追究刑事责任。

第七节　畜禽规模养殖污染防治条例

学习目标：掌握《畜禽规模养殖污染防治条例》的主要相关内容，并应用于职业活动。

为了防治畜禽养殖污染，推进畜禽养殖废弃物的综合利用和无害化处理，保护和改善环境，保障公众身体健康，促进畜牧业持续健康发展，国务院于 2013 年 11 月 11 日发布了《畜禽规模养殖污染防治条例》，自 2014 年 1 月 1 日起施行。

一、概述

《畜禽规模养殖污染防治条例》适用于畜禽养殖场、养殖小区的养殖污染防治，不包括牧区放牧养殖污染防治。畜禽养殖场、养殖小区的规模标准根据畜牧业发展状况和畜禽养殖污染防治要求确定。畜禽养殖污染防治，应当统筹考虑保护环境与促进畜牧业发展的需要，坚持预防为主、防治结合的原则，实行统筹规划、合理布局、综合利用、激励引导。各级人民政府应当加强对畜禽养殖污染防治工作的组织领导，采取有效措施，加大资金投入，扶持畜禽养殖污染防治以及畜禽养殖废弃物综合利用。

县级以上人民政府环境保护主管部门负责畜禽养殖污染防治的统一监督管理。县级以上人民政府农牧主管部门负责畜禽养殖废弃物综合利用的指导和服务。县级以上人民政府循环经济发展综合管理部门负责畜禽养殖循环经济工作的组织协调。县级以上人民政府其他有关部门依照《畜禽规模养殖污染防治条例》规定和各自职责，负责畜禽养殖污染防治相关工作。乡镇人民政府应当协助有关部门做好本行政区域的畜禽养殖污染防治工作。

从事畜禽养殖以及畜禽养殖废弃物综合利用和无害化处理活动，应当符合国家有关畜禽养殖污染防治的要求，并依法接受有关主管部门的监督检查。国家鼓励和支持畜禽养殖污染防治以及畜禽养殖废弃物综合利用和无害化处理的科学技术研究和装备研发。各级人民政府应当支持先进适用技术的推广，促进畜禽养殖污染防治水平的提高。

任何单位和个人对违反《畜禽规模养殖污染防治条例》规定的行为，有权向县级以上人民政府环境保护等有关部门举报。接到举报的部门应当及时调查处理。对在畜禽养殖污染防治中作出突出贡献的单位和个人，按照国家有关规定给予表彰和奖励。

二、预防

县级以上人民政府农牧主管部门编制畜牧业发展规划，报本级人民政府或者其授权的部门批准实施。畜牧业发展规划应当统筹考虑环境承载能力以及畜禽养殖污染防治要求，合理布局，科学确定畜禽养殖的品种、规模、总量。

禁止在下列区域内建设畜禽养殖场、养殖小区：

（1）饮用水水源保护区，风景名胜区；

（2）自然保护区的核心区和缓冲区；

（3）城镇居民区、文化教育科学研究区等人口集中区域；

（4）法律、法规规定的其他禁止养殖区域。

县级以上人民政府环境保护主管部门会同农牧主管部门编制畜禽养殖污染

防治规划，报本级人民政府或者其授权的部门批准实施。畜禽养殖污染防治规划应当与畜牧业发展规划相衔接，统筹考虑畜禽养殖生产布局，明确畜禽养殖污染防治目标、任务、重点区域，明确污染治理重点设施建设，以及废弃物综合利用等污染防治措施。

新建、改建、扩建畜禽养殖场、养殖小区，应当符合畜牧业发展规划、畜禽养殖污染防治规划，满足动物防疫条件，并进行环境影响评价。对环境可能造成重大影响的大型畜禽养殖场、养殖小区，应当编制环境影响报告书；其他畜禽养殖场、养殖小区应当填报环境影响登记表。大型畜禽养殖场、养殖小区的管理目录，由国务院环境保护主管部门商国务院农牧主管部门确定。环境影响评价的重点应当包括畜禽养殖产生的废弃物种类和数量，废弃物综合利用和无害化处理方案和措施，废弃物的消纳和处理情况以及向环境直接排放的情况，最终可能对水体、土壤等环境和人体健康产生的影响以及控制和减少影响的方案和措施等。

畜禽养殖场、养殖小区应当根据养殖规模和污染防治需要，建设相应的畜禽粪便、污水与雨水分流设施，畜禽粪便、污水的储存设施，粪污厌氧消化和堆沤、有机肥加工、制取沼气、沼渣沼液分离和输送、污水处理、畜禽尸体处理等综合利用和无害化处理设施。已经委托他人对畜禽养殖废弃物代为综合利用和无害化处理的，可以不自行建设综合利用和无害化处理设施。未建设污染防治配套设施、自行建设的配套设施不合格，或者未委托他人对畜禽养殖废弃物进行综合利用和无害化处理的，畜禽养殖场、养殖小区不得投入生产或者使用。畜禽养殖场、养殖小区自行建设污染防治配套设施的，应当确保其正常运行。

从事畜禽养殖活动，应当采取科学的饲养方式和废弃物处理工艺等有效措施，减少畜禽养殖废弃物的产生量和向环境的排放量。

三、综合利用与治理

国家鼓励和支持采取粪肥还田、制取沼气、制造有机肥等方法，对畜禽养殖废弃物进行综合利用；鼓励和支持采取种植和养殖相结合的方式消纳利用畜禽养殖废弃物，促进畜禽粪便、污水等废弃物就地就近利用；鼓励和支持沼气制取、有机肥生产等废弃物综合利用以及沼渣沼液输送和施用、沼气发电等相关配套设施建设。

将畜禽粪便、污水、沼渣、沼液等用作肥料的，应当与土地的消纳能力相适应，并采取有效措施，消除可能引起传染病的微生物，防止污染环境和传播疫病。

从事畜禽养殖活动和畜禽养殖废弃物处理活动，应当及时对畜禽粪便、畜禽尸体、污水等进行收集、储存、清运，防止恶臭和畜禽养殖废弃物渗出、泄漏。

向环境排放经过处理的畜禽养殖废弃物，应当符合国家和地方规定的污染物排放标准和总量控制指标。畜禽养殖废弃物未经处理，不得直接向环境排放。

染疫畜禽以及染疫畜禽排泄物、染疫畜禽产品、病死或者死因不明的畜禽尸体等病害畜禽养殖废弃物，应当按照有关法律、法规和国务院农牧主管部门的规定，进行深埋、化制、焚烧等无害化处理，不得随意处置。

畜禽养殖场、养殖小区应当定期将畜禽养殖品种、规模以及畜禽养殖废弃物的产生、排放和综合利用等情况，报县级人民政府环境保护主管部门备案。环境保护主管部门应当定期将备案情况抄送同级农牧主管部门。

县级以上人民政府环境保护主管部门应当依据职责对畜禽养殖污染防治情况进行监督检查，并加强对畜禽养殖环境污染的监测。乡镇人民政府、基层群众自治组织发现畜禽养殖环境污染行为的，应当及时制止和报告。

对污染严重的畜禽养殖密集区域，市、县人民政府应当制定综合整治方案，采取组织建设畜禽养殖废弃物综合利用和无害化处理设施、有计划搬迁或者关闭畜禽养殖场所等措施，对畜禽养殖污染进行治理。

因畜牧业发展规划、土地利用总体规划、城乡规划调整以及划定禁止养殖区域，或者因对污染严重的畜禽养殖密集区域进行综合整治，确需关闭或者搬迁现有畜禽养殖场所，致使畜禽养殖者遭受经济损失的，由县级以上地方人民政府依法予以补偿。

四、激励措施

县级以上人民政府应当采取示范奖励等措施，扶持规模化、标准化畜禽养殖，支持畜禽养殖场、养殖小区进行标准化改造和污染防治设施建设与改造，鼓励分散饲养向集约饲养方式转变。

县级以上地方人民政府在组织编制土地利用总体规划过程中，应当统筹安排，将规模化畜禽养殖用地纳入规划，落实养殖用地。国家鼓励利用废弃地和荒山、荒沟、荒丘、荒滩等未利用地开展规模化、标准化畜禽养殖。畜禽养殖用地按农用地管理，并按照国家有关规定确定生产设施用地和必要的污染防治等附属设施用地。

建设和改造畜禽养殖污染防治设施，可以按照国家规定申请包括污染治理贷款贴息补助在内的环境保护等相关资金支持。

进行畜禽养殖污染防治，从事利用畜禽养殖废弃物进行有机肥产品生产经营等畜禽养殖废弃物综合利用活动的，享受国家规定的相关税收优惠政策。

利用畜禽养殖废弃物生产有机肥产品的，享受国家关于化肥运力安排等支持政策；购买使用有机肥产品的，享受不低于国家关于化肥的使用补贴等优惠政策。畜禽养殖场、养殖小区的畜禽养殖污染防治设施运行用电执行农业用电价格。

国家鼓励和支持利用畜禽养殖废弃物进行沼气发电，自发自用、多余电量接入电网。电网企业应当依照法律和国家有关规定为沼气发电提供无歧视的电网接入服务，并全额收购其电网覆盖范围内符合并网技术标准的多余电量。利用畜禽养殖废弃物进行沼气发电的，依法享受国家规定的上网电价优惠政策。利用畜禽养殖废弃物制取沼气或进而制取天然气的，依法享受新能源优惠政策。

地方各级人民政府可以根据本地区实际，对畜禽养殖场、养殖小区支出的建设项目环境影响咨询费用给予补助。

国家鼓励和支持对染疫畜禽、病死或者死因不明畜禽尸体进行集中无害化处理，并按照国家有关规定对处理费用、养殖损失给予适当补助。

畜禽养殖场、养殖小区排放污染物符合国家和地方规定的污染物排放标准和总量控制指标，自愿与环境保护主管部门签订进一步削减污染物排放量协议的，由县级人民政府按照国家有关规定给予奖励，并优先列入县级以上人民政府安排的环境保护和畜禽养殖发展相关财政资金扶持范围。

畜禽养殖户自愿建设综合利用和无害化处理设施、采取措施减少污染物排放的，可以依照《畜禽规模养殖污染防治条例》规定享受相关激励和扶持政策。

五、法律责任

各级人民政府环境保护主管部门、农牧主管部门以及其他有关部门未依照《畜禽规模养殖污染防治条例》规定履行职责的，对直接负责的主管人员和其他直接责任人员依法给予处分；直接负责的主管人员和其他直接责任人员构成犯罪的，依法追究刑事责任。

违反《畜禽规模养殖污染防治条例》规定，在禁止养殖区域内建设畜禽养殖场、养殖小区的，由县级以上地方人民政府环境保护主管部门责令停止违法行为；拒不停止违法行为的，处3万元以上10万元以下的罚款，并报县级以上人民政府责令拆除或者关闭。在饮用水水源保护区建设畜禽养殖场、养殖小区的，由县级以上地方人民政府环境保护主管部门责令停止违法行为，处10万元以上50万元以下的罚款，并报经有批准权的人民政府批准，责令拆除或者关闭。

违反《畜禽规模养殖污染防治条例》规定，畜禽养殖场、养殖小区依法应当进行环境影响评价而未进行的，由有权审批该项目环境影响评价文件的环境保护主管部门责令停止建设，限期补办手续；逾期不补办手续的，处5万元以上 20 万元以下的罚款。

违反《畜禽规模养殖污染防治条例》规定，未建设污染防治配套设施或者自行建设的配套设施不合格，也未委托他人对畜禽养殖废弃物进行综合利用和无害化处理，畜禽养殖场、养殖小区即投入生产、使用，或者建设的污染防治配套设施未正常运行的，由县级以上人民政府环境保护主管部门责令停止生产或者使用，可以处 10 万元以下的罚款。

违反《畜禽规模养殖污染防治条例》规定，有下列行为之一的，由县级以上地方人民政府环境保护主管部门责令停止违法行为，限期采取治理措施消除污染，依照《中华人民共和国水污染防治法》《中华人民共和国固体废物污染环境防治法》的有关规定予以处罚：

（1）将畜禽养殖废弃物用作肥料，超出土地消纳能力，造成环境污染的。

（2）从事畜禽养殖活动或者畜禽养殖废弃物处理活动，未采取有效措施，导致畜禽养殖废弃物渗出、泄漏的。

排放畜禽养殖废弃物不符合国家或者地方规定的污染物排放标准或者总量控制指标，或者未经无害化处理直接向环境排放畜禽养殖废弃物的，由县级以上地方人民政府环境保护主管部门责令限期治理，可以处 5 万元以下的罚款。县级以上地方人民政府环境保护主管部门作出限期治理决定后，应当会同同级人民政府农牧等有关部门对整改措施的落实情况及时进行核查，并向社会公布核查结果。

未按照规定对染疫畜禽和病害畜禽养殖废弃物进行无害化处理的，由动物卫生监督机构责令无害化处理，所需处理费用由违法行为人承担，可以处 3 000 元以下的罚款。

思考与练习题

1. 消费者的含义是什么？它有什么特点？
2. 《中华人民共和国消费者权益保护法》有什么作用？
3. 《中华人民共和国劳动法》规定劳动者享有哪些权利？
4. 劳动合同包括哪些内容？它有什么作用？
5. 《中华人民共和国节约能源法》包含哪些内容？它有什么作用？
6. 《中华人民共和国可再生能源法》包含哪些内容？它有什么作用？
7. 《中华人民共和国环境保护法》包括哪些内容？它有什么作用？
8. 《畜禽规模养殖污染防治条例》包括哪些内容？它有什么作用？

第三章 沼气工程常用建筑材料与建筑基础知识

本章的知识点是沼气工程常用建筑材料、建筑识图和建筑施工的基本常识，重点和难点是学习识图，并根据建筑材料的特性合理施工。

在以沼气为纽带的生态家园建设中，设计是基础，材料是载体，建造是关键，质量是保证，四者缺一不可。只有了解建造沼气工程的材料特性，并熟练掌握建筑施工工艺，才能达到预期目的。

第一节 沼气工程常用建筑材料及特性

学习目标：掌握沼气工程建设中常用建筑材料的基本特性和应用技能。

在沼气工程施工中，材料选择和使用得是否恰当，直接关系到工程质量、使用寿命和建设费用等。了解各种材料的性能和用法，对修建高质量的沼气工程至关重要。

一、普通碳素结构钢

（一）概述

普通碳素结构钢又称作 A3 钢，含碳量较低，按新的国标代号为 Q235，Q 代表的是这种材质的屈服强度，后面的 235 就是指这种材质的屈服强度数值，在 235 兆帕左右。并且其随着材质厚度的增加，其屈服强度数值减小（板厚/直径≤16 毫米，屈服强度为 235 兆帕；16 毫米＜板厚/直径≤40 毫米，屈服强度为 225 兆帕；40 毫米＜板厚/直径≤60 毫米，屈服强度为 215 兆帕；60 毫米＜板厚/直径≤100 毫米，屈服强度为 205 兆帕；100 毫米＜板厚/直径≤150毫米，屈服强度为 195 兆帕；150 毫米＜板厚/直径≤200 毫米，屈服强度为 185 兆帕）。由于含碳量较低，综合性能较好，强度、塑性和焊接等性能得到较好配合，用途最广泛。

普通碳素类结构钢的牌号一般为"Q＋数字＋质量等级符号＋脱氧方法"符号组成，Q 代表钢材的屈服强度，后面的数字表示屈服强度数值，单位是兆帕。例如，Q235 表示屈服强度为 235 兆帕的碳素结构钢。必要时钢号后面可标出表示质量等级和脱氧方法的符号。

Q235 质量等级符号分别为 A、B、C、D 四级（Q235A：C≤0.22%，Mn≤1.40%，Si≤0.35%，S≤0.050%，P≤0.045%；Q235B：C≤0.20%，Mn≤1.40%，Si≤0.35%，S≤0.045%，P≤0.045%；Q235C：C≤0.17%，Mn≤1.40%，Si≤0.35%，S≤0.040%，P≤0.040%；Q235D：C≤0.17%，Mn≤1.40%，Si≤0.35%，S≤0.035%，P≤0.035%）。A 指不做冲击，B 指在 20℃以上冲击，C 在 0℃以上冲击，D 指 -20℃以上冲击，A 到 D 所不同的是它们性能中冲击温度的不同。即 Q235A，是不作冲击韧性试验要求；Q235B，是作常温（20℃）冲击韧性试验；Q235C，是作 0℃冲击韧性试验；Q235D，是作 -20℃冲击韧性试验。在不同的冲击温度，冲击的数值也有所不同。脱氧方法符号：F 表示沸腾钢；b 表示半镇静钢；Z 表示镇静钢；TZ 表示特殊镇静钢，镇静钢可不标符号，即 Z 和 TZ 都可不标。例如，Q235AF 表示 A 级沸腾钢。专门用途的碳素钢，如桥梁钢、船用钢等，基本上采用碳素结构钢的表示方法，但在钢号最后附加表示用途的字母。

（二）机械性能

密度：7.85 克/厘米^3。

弹性模量：200～210 吉帕。

泊松比：0.25～0.33。

抗拉强度：370～500 兆帕。

屈服强度（厚度或直径小于等于 16 毫米）：235 兆帕。

材料线膨胀系数：$1.20 \times 10^{-5}℃^{-1}$。

伸长率：≥26%（a≤16 毫米），≥25%（16 毫米<a≤40 毫米），≥24%（40 毫米<a≤60 毫米），≥23%（60 毫米<a≤100 毫米），≥22%（100 毫米<a≤150 毫米），≥21%（a>150 毫米），其中 a 为钢材厚度或直径。

在板材里，普通碳素结构钢是最普通的材质，属普板系列，过去的一种叫法为 A3。执行标准：外部标准为 GB/T 709—2019《热轧钢板和钢带的尺寸、外形、重量及允许偏差》，内部标准为 GB/T 3274—2017《碳素结构钢和低合金结构钢热轧厚钢板和钢带》。

（三）类型

通常轧制而成的主要有盘条或圆钢或螺纹钢、圆管、方钢、角钢、工字钢、槽钢、钢板等类型，分别如图 3-1 至图 3-7 所示。

图 3-1　螺纹钢

图 3-2 圆 管

图 3-3 方 钢

图 3-4 角 钢

图 3-5 工字钢

图 3-6 槽 钢

图 3-7 钢 板

（四）用途

其一，大量应用于建筑及工程结构。用以制作钢筋或建造厂房房架、高压输电铁塔、桥梁、车辆、锅炉、容器、船舶等，也大量用作对性能要求不太高的机械零件。C、D级钢还可作为某些专业用钢使用。

其二，可用于各种模具把手以及其他不重要的模具零件。

其三，采用Q235作为冲头材料，经淬火后不回火直接使用，硬度HRC为36～40，解决了冲头在使用中碎裂的现象。

二、搪瓷钢板

（一）概述

搪瓷钢板是由优质钢板与特种功能无机非金属材料经新型静电干粉涂搪工艺涂搪及高温烧成，使优质钢板与特种功能无机涂层两者间产生牢固的化学键结合而形成的复合材料。它既有钢板等基材的坚韧、抗冲击等特性，又有无机搪瓷层超强耐酸碱、耐久、耐磨、不燃、易洁、美观和无辐射等特点。

搪瓷钢板以其特有的瓷玉质感、靓丽色彩、不燃烧、防潮、耐酸碱、30年零维修、模块化结构、装卸简便、安全性、经久耐用和维护成本低等优点，已成为地下空间内饰景观设计首选材料，是目前新型功能性搪瓷材料中发展最为成熟的部分。不仅搪瓷钢板完全适合地下空间物理环境恶劣和人流密集的特点，而且瓷玉质感、色彩靓丽的彩色搪瓷钢板和搪瓷钢板艺术画使地铁站点、城市隧道变得流光溢彩，充满时代和文化气息。

（二）分类及特性

搪瓷钢板的种类很多，按生产工艺分有热轧板（酸洗板）、冷轧板和覆层板等；按搪瓷工艺分有一次搪瓷和两次搪瓷，单面搪瓷和双面搪瓷，湿法搪瓷和静电干粉搪瓷等；按成形性能可分为 CQ、DQ、DDQ 到 EDDQ 等不同冲压级别；从强度上可分为 245 兆帕、330 兆帕等不同的强度级别。

搪瓷钢板的特性：

超强的耐候性：抗大气污染，抗紫外线，不褪色；

耐蚀性：耐酸 1 级，耐盐水不生锈，耐碱不失光；

防火性：安全不燃性 A1 级；

美观性：颜色丰富多彩，文化艺术氛围浓；

可设计性：造型灵活多变；

易洁性：光滑细腻，易清洁；

经济性：30 年零维修；

安装方便：干挂三维可调，安全牢固；

无毒无辐射：无辐射，无烟气挥发，安全无毒无害；

硬度高：耐刻划，耐磨无擦伤，莫氏硬度 6；

抗高温抗冷冻：$-40\sim100℃$ 热急变，不变形、不脱落、不裂瓷；

耐冲击性：200 克钢球在 1 米高自重落下无裂纹。

（三）搪瓷钢板烧制工艺

搪瓷钢板基本由两种涂搪工艺制成：一种是浸搪，另一种是静电干喷。

1. 浸搪工艺上釉的搪瓷钢板烧制

（1）釉料的配制。按照配方称取原料和水倒入搪瓷球磨中，盖上盖子，将球磨放入KM快速研磨机中固定研磨。

（2）浸搪、烘干。用夹子夹住钢板浸入盛有配制好釉料的容器中，使其表面覆有均匀的釉面。把浸搪好的钢板样板放入电热恒温鼓风干燥箱中干燥5分钟。

（3）烧制。将烘干后的各块钢板样板放入电阻炉内烧制。

2. 静电干喷工艺上釉的搪瓷钢板烧制　干法工艺的原理：在特别控制的静电喷涂室内，通过静电高压将喷出自动喷枪的干粉雾化，坯件与干粉的正负电子相吸，使干粉均匀地吸附在坯件上，形成薄而致密的瓷层。具体是：

（1）喷涂。将钢板拿到静电喷涂房内，用静电干喷枪在样板表面喷一层搪瓷静电底釉，在喷底釉的基础上再用静电干喷枪喷一层搪瓷静电面釉。

（2）烧制。工艺同上，但在控制烧制温度和时间上不同。干法工艺也称为二喷一烧工艺。

（四）搪瓷钢板应用

搪瓷钢板广泛地应用于轻工、家电、冶金、化工、建筑等行业，制作厨房用具、卫生洁具、烧烤炉、热水器内胆、建筑饰面板、化工反应罐、厌氧发酵罐等。随着人们对搪瓷制品的要求日益提高，对具有超深冲性能、优良涂搪性能的搪瓷钢板的需求十分迫切。其外观如图3-8所示。

图3-8　搪瓷钢板

三、卷制钢板

（一）概述

钢板卷制结构的沼气发酵罐也就是俗称的"利浦罐"。利浦罐技术源自德国人萨瓦·利浦的专利技术，发明于1970年，应用金属塑性加工硬化和薄壳结构的原理，采用螺旋、双折边、咬合工艺和专用滚压、咬合、压紧成型设备来建造沼气发酵罐。正是这个建造技术使得在施工现场快速而又经济合理地建造各种用途的大型钢板池罐成为可能。利浦池、罐、仓建造技术是当今世界较先进的钢板池、罐、仓建造技术，施工周期短，节约钢材，罐体自重轻，施用寿命可达20年以上。但需要专用设备进行制作，其使用的钢板材料不是市面上通用的规格，且建造容积不宜过大，单池容积一般不超过5 000米^3。利浦罐多采用495毫米宽、2～4毫米厚的镀锌钢板或不锈钢-镀锌钢板复合板。

利浦罐施工时，先将一定宽度的卷板由开卷机送入成型机轧制成所需的几何形状，再通过弯折机弯折，双边咬口，围绕着池壁外侧形成一条连续环绕的螺旋凸条加强筋。故利浦建造体系受力好，整体结构稳定，抗风抗震性能强。钢板仓在建造过程中，完全由专用设备施工，螺旋咬合钢板仓专用设备有承载机架、开卷机、弯折机和成型机组。

（二）利浦罐特性

1. 整体性能好、寿命长　钢板仓在建造过程中，完全由专用设备施工，在卷制过程中，仓体外壁咬制成一条 5 倍于材料厚度、30～40 毫米宽的螺旋凸条，大大加强了仓体的承载能力，使钢板仓的整体强度、稳定性、抗震性优于其他仓。另外，仓体材料可根据存储物料对抗腐蚀及磨削强度的要求，选用最佳板材配比，使得其正常使用寿命达 30～40 年，远远超过其他仓的使用寿命。

2. 气密性能好、用途广　钢板仓由于采用卷仓专用设备弯折、咬口，在工艺上能确保仓体任何部位的质量，所以它的密封是特别好的，可以存储水泥、粉煤灰、矿渣超细粉等粉状物料，在建材行业应用很广，如水泥厂、电厂、粉磨站。

3. 建造工期短、造价低　螺旋咬口钢板仓现场施工，仓顶地面安装。利浦建造设备的成型、弯折线速度可以达到 5 米/分，不需要搭脚手架及其他辅助设施，因而工期极短。螺旋咬口钢板仓全用薄钢板制成，重量只相当于同容量钢筋混凝土仓的钢筋重量，大大降低了造价。另外，由于它能用双层弯折法将筒体内外两种不同的材料弯折、成型，可以较大幅度地降低用于化工、环保等行业储存腐蚀性强物料的工程造价。

4. 占地面积小、易管理　螺旋咬口钢板仓与其他钢板仓不同，高度、直径可在较大的范围内任意选择，可充分利用空间，减小占地面积。螺旋咬口钢板仓自动化程度高，再配以测温、料位等设备，用户管理起来非常方便。

5. 强度高　钢板仓的连续螺旋咬边 5 倍于母材厚度，大大加强了钢板仓的抗载能力。

（三）利浦罐使用领域

利浦罐的应用领域很广，如环保领域：城市污水和生活污泥等悬浮物较多的高浓度有机废水、淀粉废水、制糖废水、味精废水、抗生素废水等工业废水处理（含强酸、强碱、高盐废水等）；沼气工程：应用于屠宰废水及牛、猪、鸡等养殖场中畜禽粪便的处理，用于全混合厌氧反应器（CSTR）、升流式固体反应器（USR）、厌氧颗粒污泥膨胀床（EGSB）、升流式厌氧污泥床（UASB）、内循环厌氧反应器（IC）等工艺的厌氧反应罐；粮食存储：广泛用于粮食、食品、酿造、饲料等行业的物料的储存；水泥储存等。其具体形式如图 3-9 所示。

图 3-9　利浦罐卷制形式

四、砖

建户用沼气池时要通常使用一部分普通黏土砖，普通黏土砖是用黏土经过成型、干燥、焙烧而成。有红砖、青砖和灰砖之分；按生产方式又可分为机制砖和手工砖；按强度划分为 MU5.0、MU7.5、MU10、MU15、MU20 五种级别，即对应的抗压强度从 5～20 兆帕不等。

建池过程中，黏土砖的选择应注意以下几点，符合 GB 5101 规定：

1. 强度　建池黏土砖较多采用 MU7.5 或 MU10 以上，多为实心红土砖。

2. 外形　要求外形规则、尺寸均匀、各面平整、无变形现象，一般应无裂纹、断面组织均匀、敲击声脆，避免使用欠火砖、酥砖和螺纹砖。制作池盖用的砖要求棱角应完整无缺，否则影响砌筑质量。

3. 尺寸　砖的标准尺寸为 240 毫米×115 毫米×53 毫米，建池时使用的砖的几何尺寸可以不受标准尺寸的限制。

4. 密度和强度　密度约为 1 700 千克/米³，抗压强度：75～100 千克力/米²（7.35 ～9.8 兆帕），抗弯强度：18～23 千克力/米²（1.76～2.25 兆帕）。

五、混凝土

建造沼气池的混凝土是以水泥为胶凝材料，石子为粗骨料，砂子为细骨料，和水按适当比例配合、拌制成混合物，经一定的时间硬化而成的人造石材。在混凝土中，砂、石起骨架作用，称为骨料，水泥与水形成水泥浆，包在骨料表面并填充其空隙。硬化前，水泥浆起润滑作用，使混合物具有一定的流动性，便于施工；硬化后，水泥浆将骨料胶结成一个结实的整体。

（一）水泥

水泥是一种水硬性的胶凝材料，当其与水混合后，其物理化学性质发生变化，由浆状或可塑状逐渐凝结，进而硬化为具有一定硬度和强度的整体。因此，要正确合理地使用水泥，必须掌握水泥的各种特性和硬化规律。

1. 水泥种类和特性　目前，我国生产的水泥品种达 30 多种，建池用水泥为普通硅酸盐水泥、矿渣硅酸盐水泥、火山灰质硅酸盐水泥等。

（1）普通硅酸盐水泥。在水泥熟料中加入 15％的活性材料和 10％的填充材料，并加入适量石膏细磨而成。其特性是和匀性好，快硬，早期强度高，抗冻、耐磨、抗渗性较强。缺点是不耐酸、碱和硫酸盐类等化学腐蚀及耐水性差。

（2）矿渣硅酸盐水泥。在硅酸盐水泥熟料中掺 20％～35％的高炉矿渣，并加入少量石膏磨细而成。其特性是耐硫酸盐类腐蚀，耐水性强，耐热性好，水化热较低，蒸养强度增长较快，在潮湿环境中后期强度增长较快。缺点是早期强度较低，低温下凝结缓慢，耐冻性、耐磨性、和匀性差，干缩变形较大，有泌水现象。使用时应加强洒水养护，冬季施工注意保温。

（3）火山灰质硅酸盐水泥。在水泥熟料中掺入 20％～25％的火山灰质材料和少量石膏细磨而成。其特性是耐硫酸盐类腐蚀，耐水性强，水化热较低，蒸养强度增长较快，后期强度增长快，和匀性好。缺点是早期强度较低，低温下凝结缓慢，耐冻性、耐磨性差，干缩性、吸水性较大。使用时应注意加强洒水养护，冬季施工注意保温。

2. 水泥的化学成分　生产水泥的主要原料是石灰石、黏土、铁矿粉、石膏。水泥主要是经过一定的配料后，混合粉磨，采用干法或湿法在 1 400℃的高温下煅烧成熟料，而后经细磨加入适量石膏而成。其矿物成分主要有铝酸三钙（$3CaO \cdot Al_2O_3$）、硅酸三钙（$3CaO \cdot SiO_2$）、硅酸二钙（$2CaO \cdot SiO_2$）、铁铝酸四钙（$4CaO \cdot Al_2O_3 \cdot Fe_2O_3$）等 4 种。

3. 水泥的质量标准　建造沼气池，一般采用普通硅酸盐水泥配制混凝土、钢筋混凝土、砂浆等，用于地上、地下和水中结构。普通硅酸盐水泥的品质指标和特性如下：

（1）比重。比重一般为 3.05～3.20，通常用 3.1。容重，松散状态时为 900～1 100 千克/米^3；压实状态为 1 400～1 700 千克/米^3，通常采用 1 300 千克/米^3。

（2）细度。水泥的细度是指水泥颗粒的粗细程度，它影响水泥的凝结速度与硬化速度。水泥颗粒越细，凝结硬化越快，早期强度也越高。水泥的细度按国家标准，通过标准筛（900 孔/厘米^2）的筛余量不得超过 15％。

（3）凝结时间。为了保证有足够的施工时间，又要施工后尽快地硬化，普通水泥应有合理的凝结时间。水泥凝结时间分为初凝和终凝。初凝是指水泥从加水拌合开始到由可塑性的水泥浆变稠并失去塑性所需的时间，终凝是指水泥从加水开始到凝结完毕所需要的时间。国家标准（GB 175—2007）规定初凝不得早于 45 分钟，终凝不得大于 10 小时。目前，我国生产的水泥初凝时间是 1～3 小时，终凝时间是 5～8 小时。

（4）强度。强度是确定水泥标号的指标，也是选用水泥的主要依据。水泥强度的测定方法是用标准试块（40 毫米×40 毫米×160 毫米）在标准养护条件下〔1 天内为（20±1）℃、相对湿度＞90％，1 天后为（20±1）℃的水中〕养护至规定的龄期，分别按规定的方法测定其 3 天和 28 天的抗压强度及抗折强度。一般水泥强度的发展，3 天和 7 天发展很快，28 天的强度接近最大值。常用的三种水泥强度不同龄期要求如表 3－1 所示，供使用参考。

表 3－1 通用硅酸盐水泥不同龄期强度要求

品种	强度等级	抗压强度（兆帕）		抗折强度（兆帕）	
		3 天	28 天	3 天	28 天
硅酸盐水泥	42.5	≥17.0	≥42.5	≥3.5	≥6.5
	42.5R	≥22.0		≥4.0	
	52.5	≥23.0	≥52.5	≥4.0	≥7.0
	52.5R	≥27.0		≥5.0	
	62.5	≥28.0	≥62.5	≥5.0	≥8.0
	62.5R	≥32.0		≥5.5	
普通硅酸盐水泥	32.5	≥16.0	≥42.5	≥2.5	≥6.5
	42.5	≥17.0		≥3.5	
	42.5R	≥22.0		≥4.0	
	52.5	≥23.0	≥52.5	≥4.0	≥7.0
	52.5R	≥27.0		≥5.0	
矿渣硅酸盐水泥 火山灰硅酸盐水泥 粉煤灰硅酸盐水泥 复合硅酸盐水泥	32.5	≥10.0	≥32.5	≥2.5	≥5.5
	32.5R	≥15.0		≥3.5	
	42.5	≥15.0	≥42.5	≥3.5	≥6.5
	42.5R	≥19.0		≥4.0	
	52.5	≥21.0	≥52.5	≥4.0	≥7.0
	52.5R	≥23.0		≥4.5	

（5）安定性。安定性是指水泥在硬化过程中体积变化均匀和不产生龟裂的性质。体积安定性不良的水泥会在后期使已硬化的水泥产生裂缝或完全破坏，影响工程质量。体积安定性不良的水泥主要是含有过多的游离氧化钙、氧化镁或石膏。一般水泥出炉后 45 天方可使用。

（6）水泥的硬化。水泥加水变成水泥浆后，便发生化学反应和物理作用，并逐渐变硬变成水泥石，这就是水泥的硬化。水泥的硬化可以持续几个月，甚至几年。水泥在凝固和硬化过程中，要放出一定的热量，潮湿环境对水泥的硬化是有利的，水泥在水中的硬化强度比在空气中的硬化强度要大。因此，在工程上常利用这一性质进行养护，比如加盖稻草垫喷水养护。

（7）需水量。理论上水泥水化时所需结合水质量为水泥质量的 24%～30%，为了满足施工需要，通常用水量一般超出水泥水化需水量的 2～3 倍。但必须严格控制水灰比，尤其不能随意加水，过多加水会引起胶凝物质流失，水分蒸发后，在水泥硬化后的块体中会形成空隙，使其强度大为降低。在空气中，水分从水泥块中蒸发出来，引起水泥块收缩变形，并出现纤维状裂缝，使其强度进一步降低。

（8）水泥的保管。水泥在储存中，能与周围空气中的水蒸气和二氧化碳作用，使颗粒表面逐渐水化和碳酸化。因此，在运输时应注意防水、防潮，并储存在干燥、通风的库房中，不能直接接触地面堆放，应在地面上铺放木板和防潮物，堆码高度以 10 袋为宜。水泥的强度随储存时间的增长而逐渐下降，一般正常储存 3 个月，约下降 20%，6 个月下降 30%，1 年下降 40%。建池时，必须购买新鲜水泥，随购随用，不能用结块水泥。

4. 水泥选用的质量要求　优先选用硅酸盐水泥，也可以用矿渣硅酸盐水泥、火山灰质硅酸盐水泥或粉煤灰硅酸盐水泥。水泥的性能指标应符合 GB 175 规定，宜选取水泥强度标号为 42.5R 水泥，水泥进场应有合格证或试验报告，并应对其品种、标号出场日期等检查验收。对质量不明或出厂超过三个月的水泥，应复查试验，并按试验结果使用。

（二）石子

石子是配制混凝土的粗骨料，有碎石、卵石之分。由天然岩石或卵石经破碎、筛分而得的，粒径大于 5 毫米的岩石颗粒，称为碎石或碎卵石。碎石要洗干净，不得混入灰土和其他杂质。风化的碎石不宜使用。

粗骨料的颗粒形状及表面特征同样会影响其与水泥的黏结及混凝土拌合物的流动性。碎石具有棱角，表面粗糙，碎石拌制的混凝土流动性较差，但与水泥黏结较好，强度较高。卵石多为圆形，表面光滑，在水泥用量和水用量相同的情况下，卵石拌制的混凝土比碎石拌制的混凝土流动性要好，但与水泥的黏结较差，强度较低。

建小型沼气池采用细石子，最大粒径不得超过 20 毫米。因为沼气池池壁厚度为 40～50 毫米，石子最大粒径不得超过壁厚的 1/4，且不得超过钢筋间距最小距离的 3/4。对于混凝土实心板，可允许采用部分最大粒径达 1/2 板厚的骨料，但数量不得超过 25%。

（三）砂子

砂子是砂浆中的骨料，混凝土中的细骨料。砂子是天然岩石经自然风化，逐渐崩裂形成的，粒径在 5 毫米以下的岩石颗粒称为天然砂。按其来源不同，天然砂分为河砂、山砂等；按颗粒大小，天然砂分为粗砂（平均粒径在 0.5 毫米以上）、中砂（平均粒径为 0.25～0.50 毫米）、细砂（平均粒径为 0.125～0.25 毫米）和特细砂（平均粒径在 0.125 毫米以下）四种。

砂子用于填充石子之间的空隙，在相同质量条件下，细砂的总表面积较大，而粗砂的总表面积较小，在混凝土中，砂子的表面需要由水泥浆包裹，砂子的总表面积愈大，则需要包裹砂粒表面的水泥浆就愈多。因此，一般用粗砂拌制混凝土比用细砂要节省水泥浆。配制混凝土的砂子，一般以采用中砂或粗砂比较适宜，特细砂亦可使用，但水泥用量要增加 10％ 左右。天然砂具有较好的天然连续级配，其容重一般为 1 500～1 600 千克/米³，空隙率一般为 37％～41％。

混凝土砂石之间的空隙是由水泥填充的，为了达到节约水泥和提高强度的目的，应尽量减少砂石之间的空隙，这就需要良好的砂石级配。在拌制混凝土时，砂石应含有较多的粗砂，并以适当的中砂和细砂填充其中的空隙。优良的砂石级配不仅水泥用量少，而且可以提高混凝土的密实性和强度。

建造沼气池宜选用中砂，因为中砂颗粒级配好。沼气池是地下构筑物，要求防水防渗，对砂子的质量要求是质地坚硬、洁净，泥土含量不超过 3％，云母允许含量在 0.5％ 以下，不含柴草等有机物和塑料等杂物。

（四）水

拌制混凝土、砂浆以及养护用水要用饮用的水。不能用含有有机酸和无机酸的地下水和其他废水，因为各种酸类对混凝土都有不同程度的腐蚀作用。

（五）外加剂

混凝土的外加剂也称外掺剂或附加剂，是指除组成混凝土的各种原材料之外，另外加入的材料。目前，在混凝土中使用的外加剂有减水剂、早强剂、防水剂、密实剂等。

1. 减水剂　减水剂是一种有机化合物外加剂，又称水泥分散剂，过去也叫塑化剂；它能明显减少混凝土拌合水，这对降低混凝土水灰比、提高强度和耐久性有很大好处。在混凝土中使用减水剂后，一般可以取得以下效果：

（1）在水泥用量不变、坍落度基本一致的情况下，可以减少拌合水 10％～15％，提高混凝土强度 15％～20％。

（2）在保持用水量不变的情况下，坍落度可以增大 100～200 毫米。

（3）在保持混凝土强度不变的情况下，一般可节约水泥 10％～15％。

（4）混凝土抗渗能力大大改善，透水性降低 40％～80％。

常用的减水剂为木质素磺酸钙，也称木钙粉，其减少率为 $10\% \sim 15\%$。单独使用时适宜掺入量为水泥用量的 0.25% 左右。这种减水剂价格低廉，还可以和早强剂、加气剂等复合使用，效果很好。

2. 早强剂　用以加速混凝土的硬化过程，提高混凝土早期强度的外加剂叫早强剂。常用的早强剂有减水早强复合剂、氯化钙、氯化钠、盐酸、漂白粉等。在素混凝土和砂浆中常用的早强剂是氯化钙和氯化钠。氯化钙的掺用量一般为水泥重量的 $1\% \sim 2\%$。掺量过多，混凝土早、后期强度和抗蚀性都有所降低。在 $0\,℃$ 下掺入氯化钙，必须同氯化钠同时使用。氯化钠的掺入量一般为水泥重量的 $2\% \sim 3\%$。使用时，氯化钙和氯化钠都需先配成溶液，然后同水混合后倒入混凝土拌合料中。

3. 防水剂　常用的防水剂为三氯化铁，其掺入量为水泥重量的 1%，可以增加混凝土的密实性，提高抗渗性，对水泥具有一定的促凝作用，且可提高强度。

4. 密实剂　常用的密实剂为三乙醇胺，它是一种有机化学品，吸水、无臭、不燃烧、不腐化、呈碱性，能吸收空气中的二氧化碳，对钠、镁不腐蚀，对铜、铝及合金腐蚀较快。单独使用三乙醇胺效果不明显，加食盐、亚硝酸钠后效果显著。三乙醇胺的掺入量为水泥重量的 0.05%，掺入后，可在混凝土内形成胶状悬浮颗粒，以堵塞混凝土内毛细管通路，提高密实性。

（六）混凝土的分类

混凝土的品种很多，它们的性能和用途也各不相同，因此，分类方法也很多，通常按质量密度分为特重混凝土、重混凝土、轻混凝土、特轻混凝土等。

1. 特重混凝土　质量密度大于 2 500 千克/米^3，是用特别密实和重的骨料制成的，主要用于原子能工程的屏蔽结构，具有防 X 射线和 Y 射线的性能。

2. 重混凝土　质量密度在 1 900～2 500 千克/米^3，是用天然砂石作为骨料制成的。其主要用于各种承重结构。重混凝土也称为普通混凝土。

3. 轻混凝土　质量密度在 500～1 900 千克/米^3，其中包括质量密度为 800～1 900 千克/米^3 的轻骨料混凝土（采用火山淹浮石、多孔凝灰岩、黏土陶粒等轻骨料）和质量密度为 500～800 千克/米^3 的多孔混凝土（如泡沫混凝土、加气混凝土等）。其主要用于承重和承重隔热结构。

4. 特轻混凝土　质量密度在 500 千克/米^3 以下，包括 500 千克/米^3 以下的多孔混凝土和用特轻骨料（如膨胀珍珠岩、膨胀蛭石、泡沫塑料等）制成的轻骨料混凝土，主要用作保温隔热材料。

（七）影响混凝土性能的主要因素

1. 强度　混凝土的强度主要包括抗压、抗拉、抗剪等强度。一般情况下，大都采用混凝土的抗压强度评定混凝土的质量。抗压强度是指试块在标准条件下，养护 28 天后，进行抗压试验，将试块压至破坏时所承受的压强。试件抗压强度按下式计算。

$$C = P/A \times 10^4 \qquad (3-1)$$

式中　C——试件抗压强度（帕）；

P——试件破坏时的最大负荷（牛）；

A——试件受压面积（厘米^2）。

混凝土抗压强度以强度等级表示，常用的强度等级有 C7.5、C10、C15、C20、C25、C30、C35、C40、C45、C50、C55、C60 等。基础、地坪常用 C7.5、C10 混凝土，梁、板、柱和沼气池用 C15 以上混凝土。混凝土标号与抗压强度对照见表 3-2。

表 3-2　混凝土标号与抗压强度关系

混凝土标号	C7.5	C10	C15	C20	C25	C30	C40	C50	C60
抗压强度（兆帕）	7.35	9.81	14.71	19.61	24.52	29.42	39.23	49.03	58.84

混凝土的抗压强度与水泥标号、水灰比、骨料强度及级配、砂率以及硬化时的温度、湿度、龄期、捣固密实程度均有很大关系。

（1）与水泥标号、水灰比的关系。水泥标号和水灰比是影响混凝土强度的主要因素，当其他条件相同时，水泥标号愈高，则混凝土强度愈高；水灰比愈大，则混凝土强度愈低。

（2）与密实程度的关系。浇注混凝土时，必须充分捣实，才能得到密实而坚硬的混凝土，同样的混凝土拌合物，用机械振捣比人工振捣的质量高。因此，有条件的地方尽量采用机械振捣。

（3）与养护时间的关系。普通混凝土在无外加剂和标准养护条件下，其强度的增长是初期快、后期缓慢。

（4）与养护温湿度的关系。水泥硬化时，在水分充足的情况下，温度愈高，混凝土强度发展愈快；当水分不足，温度高时，混凝土强度发展缓慢，甚至停止。当混凝土的养护温度降低时，强度发展变慢，到 0℃时，硬化不但停止，还可能因结冰膨胀等致使混凝土强度降低或破坏。

混凝土除有抗压强度外，还有抗拉强度、抗弯强度、抗剪强度。抗拉强度为抗压强度的 1/20～1/5。因混凝土的强度受材料的质量、配制比例、搅拌、浇捣、养护等一系列因素影响，所以其实配强度应比混凝土设计标号高 10%～15%。

2. 和易性　和易性是指混凝土混合物能保持混凝土成分的均匀、不发生离析现象，便于施工操作（搅拌、运输、浇灌、捣实）的性能。和易性好的混凝土拌合物，易于搅拌均匀；浇灌时不发生离析，易于充满模板，也易于捣实，使混凝土内部质地均匀致密，强度和耐久性得到保证。

和易性是一个综合性指标，它主要包括流动性（坍落度）、黏聚性和保水性三个方面。水泥品种、水泥浆数量和水灰比、粗骨料的性能、砂率和温度以及时间等因素影响混凝土拌合物的和易性。此外，混凝土拌合物的和易性还与外加剂、搅拌时间等因素有关。在施工时通常以测定混凝土流动性及直观观察来评定其黏聚性和保水性。

3. 水灰比　混凝土中用水量与用水泥量之比，称为水灰比，用 W/C 表示。水灰比的大小，直接影响混凝土的和易性、强度和密实度。在水泥用量相同的情况下，混凝土的标号随水灰比的增大而降低。水灰比越大，混凝土标号越低，密实度也降低。因为水泥水化时所需的结合水一般只占水泥重量的25％左右，但在拌制混凝土时为了获得必要的流动性，加水量一般占水泥重量的 40％～70％。混凝土硬化后，多余的水分就残留在混凝土中形成水泡或蒸发出来形成气孔，影响混凝土的强度和密实度。因此，水灰比愈小，水泥与骨料黏结力愈大，混凝土强度愈高。但水灰比过小时，混凝土过于干硬，无法捣实成型，混凝土中将出现较多蜂窝、孔洞，强度也将降低，耐久性不好。因此，在满足施工和易性的条件下，降低水灰比，可以提高强度和密实度、抗渗性和不透气性。

4. 水泥用量　水泥用量多少直接影响混凝土的强度及性能，水泥用量增多，混凝土标号提高。但水泥用量过多，干缩性也增大，混凝土构件易产生收缩裂缝；而水泥用量过少，则影响水泥浆与砂石的黏结，使砂石离析，混凝土不能浇捣密实，也会降低强度。

5. 砂率　砂的重量与砂石总重量之比称为砂率。在混凝土中砂子填充石子的空隙，水泥填充砂子的空隙。砂率过大时表明砂子过多，砂子的总表面积及空隙都会增大；砂率过小，又不能保证粗骨料有足够的砂浆层，会造成离析、流浆现象。因此，砂率有一个最佳值。适合的砂率，就是使水泥、砂子、石子互相填充密实。

（八）钢筋混凝土

混凝土凝固后坚硬如石，受压能力好，但受拉能力差，容易因受拉而断裂。为了解决这个矛盾，充分发挥混凝土的受压能力，常在混凝土受拉区域或相应部位加入一定数量的钢筋，使两种材料黏结成一个整体，共同承受外力。这种配有钢筋的混凝土，称为钢筋混凝土。钢筋混凝土黏结锚固能力可以由四种途径得到：

一是钢筋与混凝土接触面上化学吸附作用力，也称胶结力。

二是混凝土收缩，将钢筋紧紧握固而产生摩擦力。

三是钢筋表面凹凸不平与混凝土之间产生的机械咬合作用，也称咬合力。

四是钢筋端部加弯钩、弯折或在锚固区焊短钢筋、焊角钢来提供锚固能力。

一般 50 米³ 以下的农村户用沼气池可不配置钢筋，但在地基承载力差或土质松紧不匀的地方建池需要配置一定数量的钢筋，同时天窗口顶盖、水压间盖板也需要部分钢筋。常用的钢筋，按化学成分划分，有碳素钢和普通低合金钢两类；按强度可划分为Ⅰ～Ⅴ级，建池中常用Ⅰ级钢筋。Ⅰ级钢筋又称 3 号钢，直径为 4～40 毫米，其受拉、受压强度约为 240 兆帕。混凝土中使用的钢筋应清除油污、铁锈并矫直后使用。钢筋的弯、折和末端的弯钩应按净空直径不小于钢筋直径 2.5 倍作 180°的圆弧弯曲。

六、砂浆

砂浆是由水泥、砂子加水拌合而成的胶结材料。在砌筑工程中，砂浆用来填充砌体空隙并把砌体胶结成一个整体，使之达到一定的强度和密实度。砌筑砂浆不仅可以把墙体上部的外力均匀地传布到下层，还可以阻止块体的滑动。

（一）砂浆的种类

按砂浆组成材料不同，可分为水泥砂浆、混合砂浆和石灰砂浆；按其用途分为砌筑砂浆和抹面砂浆。

1. 砌筑砂浆　砌筑砂浆用于砖石砌体，其作用是将单个砖石胶结成为整体，并填充砖石块材间的间隙，使砌体能均匀传递载荷。

（1）材料的选择。

①水泥选用标号高于砂浆标号 4～5 倍的普通水泥，每立方米砂浆的水泥用量最少为 80 千克。

②砂的最大粒径应小于砂浆厚度的 1/5～1/4，砌筑体使用中砂为宜，粒径不得大于 2.5 毫米。

③应选用洗净的砂子和洁净的水拌制砂浆。人工拌合水泥砂浆时，应先将水泥和砂子干拌 3 次，然后加水拌合 3 次，至颜色均匀为止。

（2）强度等级的选择。砌筑砂浆的强度等级应根据规范规定或设计要求确定。一般的砖混多层住宅多采用 M5 或 M10 的砂浆；办公楼、教学楼、多层商店、食堂、仓库、锅炉房、变电站、地下室、工业厂房及烟囱常采用 M2.5～M10 砂浆；平房宿舍、商店常采用 M2.5～M5 砂浆；检查井、雨水井、化粪池等可采用 M5 砂浆。特别重要的砌体，可采用 M15～M20 砂浆。高层混凝土空心砌块建筑，应采用 M20 及以上强度等级的砂浆。

（3）配合比。砌筑沼气池的砂浆一般采用水泥砂浆，水泥用量应根据水泥的强度等级和施工水平合理选择，一般当水泥的强度等级较高（＞32.5）或施工水平较高时，水泥用量选低值。用水量应根据砂的粗细程度、砂浆稠度和气候条件选择，当砂较粗、稠度较小或气候较潮湿时，用水量选低值。砂浆在经计算或选取初步配合比后，应采用实际工程使用的材料进行试拌，测定拌合物的稠度和分层度，当和易性不满足要求时，应调整至符合要求。按《建筑砂浆基本性能试验方法标准》（JGJ/T 70—2009）的规定拌合物和成型试件，养护至规定的龄期，测定砂浆的强度；从中选定符合试配强度要求，且水泥用量较小的配合比作为砂浆配合比。

2. 抹面砂浆　粉刷在土木工程的建筑物或构件表面的砂浆，统称为抹面砂浆。根据抹面砂浆的功能的不同，抹面砂浆分为普通抹面砂浆、装饰砂浆、防水砂浆和具有某些特殊功能的抹面砂浆。抹面砂浆用于平整结构表面及其保护结构体，并有密封和防水防渗作用，一般采用水泥∶砂浆为1∶2、1∶2.5和1∶3，水灰比为0.5～0.55的水泥砂浆。沼气池抹面砂浆可掺用水玻璃、三氯化铁防水剂（3%）组成防水砂浆，水泥应采用42.5的普通硅酸盐水泥，砂子应采用级配良好的中砂。

（二）砂浆的性质

砂浆的性质取决于它的原料、密实程度、配合成分、硬化条件、龄期等。砂浆应具有良好的和易性，硬化后应具有一定的强度和黏结力，以及体积变化小且均匀的性质。

1. 流动性　流动性也叫稠度，是指砂浆的稀稠程度，是衡量砂浆在自重或外力作用下流动的性能。实验室中采用如图3-10所示的稠度计进行测定。实验时，以稠度计的圆锥体沉入砂浆中的深度来表示稠度数值。圆锥的重量规定为300克，按规定的方法将圆锥沉入砂浆中。例如，沉入的深度为8厘米，则表示该砂浆的稠度数值为8。

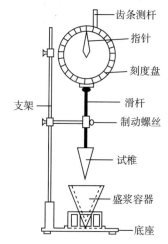

图3-10　砂浆流动性测定仪

砂浆的流动性与砂浆的加水量、水泥用量、石灰膏用量、砂子的颗粒大小和形状、砂子的空隙率以及砂浆搅拌的时间等有关。对流动性的要求，可以因砌体种类、施工时大气温度和湿度等的不同而异。当砖浇水适当而气候干热时，稠度宜采用8～10；当气候湿冷，或砖浇水过多及遇雨天，稠度宜采用4～5；如砌筑毛石、块石等吸水率小的材料，稠度宜采用5～7。

2. 保水性　保水性是衡量砂浆拌合后保持水分的能力，也指砂浆中各组成材料不易分离的性质。它是表示砂浆从搅拌机出料后直至使用到砌体上为止的这一段时间内，砂浆中的水、水泥及骨料之间分离的快慢程度。一般来说，石灰砂浆的保水性比较好，混合砂浆次之，水泥砂浆较差。同一种砂浆，稠度大的容易离析，保水性就差。因此，在砂浆中添加微沫剂是改善保水性的有效措施。

3. 强度　强度是砂浆的主要指标，其数值与砌体的强度有直接的关系，以抗压强度衡量。砂浆强度是由砂浆试块的强度测定的。试块就是将取样的砂浆浇筑于尺寸为 7.07 厘米×7.07 厘米×7.07 厘米的立方体试模中。每组试块为 6 块，在标准条件下养护 28 天［养护温度为（20±3）℃、相对湿度为 70％］后，将试块送入压力机中试压而得到每块试块的强度，再求出 6 块试块的平均值，即为该组试块的强度值。例如，某组试块试压后得到的平均允许承受压力为 2 700 牛，以承受压力的面积 7.07 厘米×7.07 厘米≈50 厘米^2 去除，求得压强为 540 牛/厘米^2，折合为 5.4 兆帕，则该组试块的强度等级为 M5。常用的砂浆强度等级有 M1.0、M2.5、M5.0、M7.5、M10。

4. 耐久性　砂浆应有良好的耐久性，为此，砂浆应与基底材料有良好的黏结力、较小的收缩变形。当受冻融作用影响时，对砂浆还应有抗冻性要求。具有冻融循环次数要求的砌筑砂浆，经冻融试验后，质量损失不得大于 5％，抗压强度损失不得大于 25％。

（三）影响砂浆性质的因素

1. 配合比　配合比是指砂浆中各种原料的组合比例，应由施工技术人员提供，具体应用时应按规定的配合比严格计量，要求每种材料均经过磅秤才能进入搅拌机。水的加入量主要靠稠度来控制。

2. 原材料　原材料的各种技术性能是否符合要求，要经试验室鉴定。

3. 搅拌时间　一般要求砂浆在搅拌机内的搅拌时间不得少于 2 分钟。

4. 养护时间和温度　砌到墙体内的砂浆，要经过一段时间以后才能获得强度。养护时间、温度和砂浆强度的关系见表 3-3。

表 3-3　用 32.5、42.5 普通硅酸盐水泥拌制的砂浆强度百分率

龄期（天）	不同温度下的砂浆强度百分率（以在 20℃ 时养护 28 天的强度为 100％）（％）							
	1℃	5℃	10℃	15℃	20℃	25℃	30℃	35℃
1	4	5	8	11	15	19	23	25
3	18	25	30	36	43	48	54	60
7	38	46	54	62	69	73	78	82
10	46	55	64	71	78	84	88	92
14	50	61	71	78	85	90	94	98
21	55	67	76	85	93	98	102	104
28	59	71	81	92	100	104	—	—

5. 养护的湿度 在干燥和高温的条件下，除了应充分拌匀砂浆和将砖充分浇水湿润外，还应对砌体适时浇水养护。

七、密封涂料

采用钢筋混凝土建造沼气池时，其结构体建成后，要在水泥砂浆基础密封的前提下，用密封涂料进行表面涂刷，封闭毛细孔，确保沼气池不漏水、不漏气。

对密封材料的要求：密封性能好，耐腐蚀，耐磨损，黏结性好，收缩量小，便于施工，成本低。常用的沼气池密封涂料种类：

1. 水泥掺和型 该类密封涂料是采用高分子耐腐蚀树脂材料作为膜物，以水泥作为增强剂配成的混合密封涂料。用该密封涂料涂刷沼气池内壁，使全池以"硬质薄膜"包被，填充了水泥疏松网孔，又利用水泥高强度性能，使薄膜得以保护。用该密封剂制浆涂刷后，具有光亮坚硬、薄膜包被、密封性能高、黏结性强、耐腐蚀、无隔离层、使用简单、节约投资等特点。

2. 直接涂刷型 该类密封涂料无须配比，可直接用于沼气池内表面涂刷，常用材料有硅酸钠。硅酸钠俗称水玻璃、泡花碱，具有较好的胶结能力，比重 $1.38\sim1.40$，模数 $2.6\sim2.8$。纯水泥浆、硅酸钠交替涂刷 $3\sim5$ 遍即可。

3. 复合型 复合密封涂料具有防腐蚀、防漏、密封性能好的特点，能满足常温涂刷，24 小时固化，冬夏和南北方都能保持合适的黏流态。在严格保证抹灰和涂刷质量的前提下，可减少层次，节约水泥用量。

八、柔性膜材料

柔性膜材料是耐腐蚀的环保专用复合材料，主要由高强抗拉聚丙烯纤维纺织物、气密性防腐涂层、表面涂层组成，具有防腐、抗老化、抗微生物及抗紫外线等功能，并且防火级别达到 B 级标准。柔性膜材料主要用作双膜储气柜。

1. 外膜特性 双膜储气柜外膜长期处于大自然环境中，需要良好的抗紫外线、风、雨雪和微生物的能力，并且外膜长期处于承压状态，所以外膜需要坚固的物理特性和良好的防护能力。优秀的外膜一般采用 7 000 牛/5 厘米^2 以上的抗拉力，三遍 PVDF（聚偏氟乙烯）涂层防护；而且剥离强度达到 200 牛/5 厘米^2 以上，才不容易出现脱层的情况；因其也有可能接触内膜气体，所以仍然需要有抗内膜相关气体腐蚀的功能。

2. 内膜特性 内膜用于储存沼气，首先就需要能有最好的抗气体介质腐蚀或溶解的能力，而且要最小的泄漏量；因其还需要反复的上升下降。所以内膜需要更厚、更软。优秀的内膜基布细腻，密封层很厚，而且防腐。为了防止脱层，内膜也需要良好的剥离强度。内膜、外膜材料结构如图 3-11 所示。

三遍PVDF涂层
（3倍抗紫外线和自洁性强）
密封层（普通）
黏合层（1.8倍抗脱层）
基布（1.5倍承压强 柔性差）

外膜结构

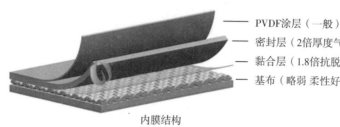

PVDF涂层（一般）
密封层（2倍厚度气密性好）
黏合层（1.8倍抗脱层）
基布（略弱 柔性好 承压差）

内膜结构

图3-11　膜材料结构

九、保温材料

保温材料的类型很多，这里主要介绍沼气工程常用的橡塑板和聚氨酯保温材料两种保温材料。

（一）橡塑板

1. 概述　橡塑板是聚氯乙烯组成的闭孔弹性保温材料，具有重量轻、柔软、耐弯曲、耐寒、耐热、阻燃、吸水率低、不发霉、易加工、本身无毒、性能稳定、减震、吸音等优良性能，不仅安全可靠，而且经久耐用。

导热系数是衡量保温材料隔热效果的重要指标，导热系数越低，隔热性能就越好。平均温度为0℃时，橡塑板一般导热系数为0.034瓦／（米·开），而它的表面放热系数高，因此，在相同的外界条件下，使用厚度相对薄的橡塑板产品，便能达到传统保温材料相同的保温效果。橡塑板形状如图3-12所示。

图3-12　橡塑板形式

2. 特点

（1）防火性能较高。橡塑板具有遇火不燃的特性，它的燃烧性能最高可达到国家A级标准，可使用的最高温度为180℃。层内的泡沫结构可保护得很好。

（2）绝热性能较好。橡塑板可保温、隔热，导热系数较低。

（3）耐热性能较好。橡塑板具有热稳定性较高的特性，在 150℃ 可长时间使用。

（4）抗腐蚀抗老化性能较好。橡塑板可长期暴露在阳光下，且没有明显老化现象，所以耐老化性能较好。

（5）密度较小、重量极轻。橡塑板密度在 80 千克/米³ 以下，可以达到 50 千克/米³ 左右，并且施工简便、快捷，提高工作效率。

（6）可适用温度范围较广。橡塑板的强度不会因温度变化而变化。

（7）吸声性能优良。橡塑板的吸声性能良好。

（8）环保。橡塑板具有不污染环境的特性。

（二）聚氨酯保温材料

1. 概述　硬质聚氨酯泡沫是以多官能度有机异氰酸酯及混合聚醚多元醇为主要原料，在催化剂及多种特殊添加剂的条件下，相互作用，经复杂的化学反应形成的一种硬质聚氨酯泡沫体。

聚氨酯保温材料是国际上性能最好的保温材料。硬质聚氨酯具有质量轻、导热系数低、耐热性好、耐老化、容易与其他基材黏结、燃烧不产生熔滴等优异性能，在欧美国家广泛用于建筑物的屋顶、墙体、天花板、地板、门窗等作为保温隔热材料。欧美国家的建筑保温材料中约有 49% 为聚氨酯材料，而在我国这一比例尚不足 10%。聚氨酯泡沫体如图 3-13 所示。

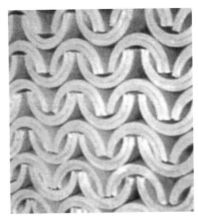

图 3-13　聚氨酯泡沫体

2. 特点

（1）密度高。可根据不同应用场合，密度在 200～500 千克/米³ 进行调节。

（2）压缩强度大，可达 4～20 兆帕。

（3）具有低导热系数，导热系数 0.052 瓦/（米·开）。

（4）低透湿系数，低吸水率。

（5）稳定性好，抗老化，耐酸碱。

（6）不易燃烧，阻燃性满足国家安全要求。

第二节　建筑识图

学习目标：通过建筑识图的学习，掌握沼气工程的识图技能。

　　建筑工程图是把几个投影平面组合起来表示一个客观实物，它能完整准确地表达出建筑的外形轮廓、大小尺寸、结构构造和材料做法。设计人员通过图面表示其设计思路，施工和制作人员通过看图才能理解实物的形状和构造，领会设计意图，按图纸施工建造，使建造的实物达到设计要求。因此，图纸可以使人们交流思想和技术，避免大量烦琐文字叙述，是指导施工的主要依据，直接参加施工的工人和管理人员都应熟练地掌握看图知识。

一、基本知识

（一）正投影法与视图

1. 投影法　投影的现象在日常生活中随处可见，如在晚上，把矩形纸片放在灯和墙之间，墙壁上就会出现矩形的影子，这个影子就叫该纸片在墙壁上的投影。在制图中，把灯所发出的光线称为投影线，墙壁称为投影面，投影面上呈现出的物体影子称为物体的投影，如图3-14所示。

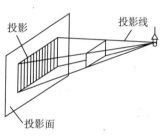

图3-14　物体投影图

　　要将物体的形状投影到平面上，就必须具有投影线和投影面，并使物体通过投影线照射到投影面上，在投影面上得到图形的方法称为投影法。

2. 正投影法及正投影图　当把图3-14中的光源移至无穷远时，光线就相互平行了，如果纸片与投影面互为平行，光线又与投影面正好垂直，光线通过纸片照射到投影面上，这样得到的影子，就反映纸片的真实形状，如图3-15所示。

　　投影线相互平行且垂直于投影面的投影称为平行正投影法，简称正投影法。用正投影法画出来的物体轮廓图形叫正投影图，它反映物体的真实大小，如图3-16所示。

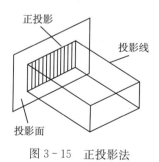

图3-15　正投影法

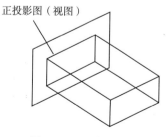

图3-16　正投影图

3. 正投影法的基本特点　任何物体的形状，都可以看成是由点、线、面组成，以矩形纸片的正投影为例，正投影的基本特点如下：

（1）如果纸片平行于投影面，投影图的形状大小和投影物一样，见图3-17a。

（2）如果纸片垂直于投影面，投影图就是一条直线，见图3-17b。

（3）如果纸片倾斜于投影面，其投影图形变小，见图3-17c。

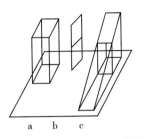

图3-17 平面的一面投影图

由于正投影具有显示物体形状和积聚为一线的特点，所以正投影图不仅能表达物体的真实形状和大小，而且还有绘制方便、简单等优点。建筑图一般都采用正投影法，简称投影法，用投影法画出的图形通称为视图。

4. 物体的三视图 建筑工程图不像美术画图那样直观形象，但究竟怎样把一个实物用图纸表现出来呢？一般认为一个实物要反映到图纸上去，需由3个投影平面图组成，即平面图（俯视图）、正面图（主视图）、侧视图（左视图）。这3个视图是将物体放在如图3-18所示的3个互相垂直的投影面前进行投影得到的。所谓俯视图是从物体上方向下观看的水平面投影，主视图是从物体前方向正面观看的投影，左视图是从物体左方向侧面观看的投影。为了把三视图画在同一

图3-18 正三角的三视图

个平面上，规定正面不动，水平面向下，侧面向右分别旋转90°与正面处于同一个平面（图3-19a～b），再去掉投影面边框，就得到同一平面的三视图（图3-19c）。除上述三个平面图外，为了看清物体内部结构，用剖切平面的方法将物体从适当的地方切开，移去观察者与剖切平面之间的部分，再从正面观察剩余下那部分的投影图叫剖面图。物体从纵向切开的剖面图叫纵剖面图，从横向切开的叫横剖面图，重要部位部分切开的叫局部剖面图。

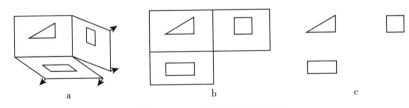

图3-19 三视图的展开过程

5. 视图的投影规律 三视图具有"长对正，高平齐，宽相等"的投影关

系。此关系是绘图和识图时应遵循的基本投影规律。

（二）基本几何体视图

基本几何体，按其表面的几何性质可分为两类：表面都是平面的，称为平面立体，如棱柱、棱锥等；表面有曲面或都是曲面的，称为曲面立体，如圆柱、圆锥、球、环等。无论物体的结构怎样复杂，一般都由这些基本几何体组成（表3-4）。

表3-4　常见的基本几何图例

基本几何体	立体图	三面图	施工图
长方体			
圆柱体			
圆筒体			
球体			
正圆锥体			
正圆台			
方台			

二、施工图的形式

（一）图纸规格

在工程图纸上除绘出物体图形外，还必须注明各部分的尺寸大小。我国统一规定，工程图一律采用法定计量单位。由于沼气工程以及构筑物各部分实际尺寸很大，而图纸尺寸有限，这就必须把实际尺寸加以缩小若干倍数后，才能绘在图纸上并加以注明。而图纸比例尺寸大小，以图纸上所反映构造物的需要而定，一般情况下采用以下比例：

①排水系统总平面图比例为1：2 000或1：5 000。

②排水管道平面图比例为1：500或1：1 000。

③排水管道纵断面图比例纵向为1：50或1：100。

④排水管道横断面图比例横向为1：500或1：1 000。

⑤附属构筑物图比例为1：20～1：100。

⑥结构大样比例为1：2～1：20。

图纸规格就是指图纸的幅面和大小形式。施工图的幅面和图框尺寸如表3-5所示，施工图的形式如图3-20所示。

表3-5 施工图幅面和图框尺寸（毫米）

尺寸代号	幅面代号				
	A0	A1	A2	A3	A4
$B \times L$	841×1 189	594×841	420×594	297×420	210×297
c	10	10	10	5	5
a	25	25	25	25	25

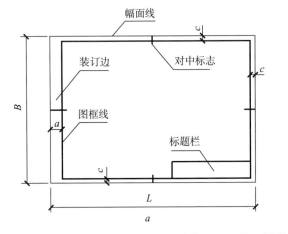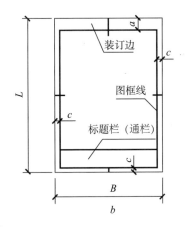

图3-20 施工图形式

a. A0～A3横式幅面　b. A4立式幅面

A0～A3也可以绘制成立式幅面，A4一般只绘立式幅面。当建筑物平面尺寸特殊时，图纸可以加长。

图纸上地形、地物、地貌的方向，以图纸指北针为准，一般为上北、下南、左西、右东。

（二）标题栏

标题栏（简称图标）在每张施工图的右下角，应按图3-21所示的尺寸及内容。

图3-21 标题栏形式及尺寸

（三）常用线型

施工图上的线条有轮廓线、定位轴线、尺寸线、引出线等，这些线条各有其意义，如表3-6所示。表中 b 为基础线宽，即制图过程中所需要用到的线的宽度，基础线宽的目的是在于通过三组不同大小的线宽，将制图过程中不同的建筑单元模块区分开来，以便于识别，以及方便制图；绘制较简单的图样时，可采用两种线宽的线宽组，如 $b:0.25b$。将粗线宽度取为基本线宽 b，其设置宜按照图纸比例以及图纸性质从1.4毫米、1.0毫米、0.7毫米、0.5毫米、0.35毫米、0.18毫米等线宽系列中选取。每一组粗线、中线、细线的宽度，称为线宽组，如粗线为 $b=1.0$ 毫米，中线 $0.5b=0.5$ 毫米，细线 $0.35b=0.35$ 毫米。在同一张图纸内，相同比例的图形，应采用相同的线宽组。

表3-6 工程图常用线型

名称	线型	线宽	用途
粗实线	———	b	1. 平面图、剖面图中被剖切的主要建筑构造（包括构配件）的轮廓线 2. 建筑立面图的外轮廓线 3. 建筑构造详图中被剖切的主要部分的轮廓线 4. 建筑构配件详图中构配件的轮廓线
中实线	———	$0.5b$	1. 平面图、剖面图中被剖切的次要建筑构造（包括构配件）的轮廓线 2. 建筑平面图、立面图、剖面图中建筑构件的轮廓线 3. 建筑构造详图及建筑构件详图中一般轮廓线
细实线	———	$0.35b$	小于 $0.5b$ 的图形线、尺寸线、尺寸界限、图例线、索引符号、标高符号等

（续）

名称	线型	线宽	用途
中虚线	- - - - - - -	0.5b	1. 建筑构造及建筑构配件不可见的轮廓线 2. 平面图中的起重机轮廓线 3. 拟扩建的建筑轮廓线
细虚线	·········	0.35b	图例线，小于0.5b的不可见轮廓线
细点划线	—·—·—·—	0.35b	中心线、对称线、定位轴线
折线段	—\\—	0.35b	不需画全的断开界线
波浪线	∧∧∧	0.35b	不需画全的断开界线 构造层次的断开界线

（四）图例

图例是建筑施工图纸上用来表示一定含义的符号，建筑施工图常用图例如表3-7所示。

表3-7　施工图上常用的图例

序号	名称	图例	说明
1	单扇门（包括平开或单面弹簧）		1. 门的名称代号用M表示 2. 剖面图左为外、右为内，平面图下为外、上为内 3. 立面图上开启方向线夹角的一侧为安装合页一侧，实线为外开，虚线为内开
2	双扇门（包括平开或单面弹簧）		
3	空门洞		
4	单层固定窗		1. 窗的名称代号用C表示 2. 剖面图左为外、右为内，平面图下为外、上为内 3. 立面图上斜线表示窗的开关方向，实线为外开，虚线为内开；开启方向线夹角的一侧为安装合页的一侧

（续）

序号	名称	图例	说明
5	单层外开平窗		
6	普通砖		1. 包括砌体、砌砖 2. 断面较窄、不易画出图例时可涂红
7	空心砖		包括多种多孔砖
8	混凝土		1. 适用于能承重的混凝土及钢筋混凝土 2. 包括各种强度等级、骨料的混凝土 3. 在剖面图上画出钢筋时，不画出图例线 4. 断面较窄、不易画出图例时可涂黑
9	钢筋混凝土		
10	烟道		
11	通风		
12	孔洞		
13	坑槽		
14	墙顶留洞	宽×高或ϕ	
15	自然土壤		
16	夯实土壤		

（续）

序号	名称	图例	说明
17	木材		
18	砂、灰土		靠近轮廓线，以较密的点表示
19	砂石、碎砖三合土		
20	毛石		
21	焦渣、矿渣		包括与水泥、石灰等混合而成的材料
22	多孔材料		包括水泥珍珠岩、沥青珍珠岩、泡沫混凝土、非承重加气混凝土、泡沫塑料、软木等
23	纤维材料		包括麻丝、玻璃棉、矿渣棉、木丝板、纤维板等
24	金属		1. 包括各种金属 2. 图形小时，可涂黑
25	钢筋横断面		
26	无弯钩的钢筋端部		
27	带半圆形弯钩的钢筋端部		
28	带直钩的钢筋端部		

（续）

序号	名称	图例	说明
29	带丝扣的钢筋端部		
30	无弯钩的钢筋搭接		
31	带半圆形弯钩的钢筋搭接		
32	带直钩的钢筋搭接		
33	套管接头		
34	Ⅰ级钢筋		
35	Ⅱ级钢筋		
36	Ⅲ级钢筋		
37	冷拉Ⅰ级钢筋		

管道附件的图例见表3-8，管道连接的图例见表3-9，排水构筑物的图例见表3-10，阀门的图例见表3-11，排水专用所用仪表的图例见表3-12。

表3-8　管道附件的图例

序号	名称	图例	备注
1	套管伸缩器		
2	方形伸缩器		
3	刚性防水套管		
4	柔性防水套管		

（续）

序号	名称	图例	备注
5	波纹管		
6	可曲挠橡胶接头		
7	管道固定支架		
8	管道滑动支架		
9	立管检查口		
10	清扫口	平面　　系统	
11	通气帽	成品　　铅丝球	
12	雨水斗	YD－平面　　YD－系统	
13	排水漏斗	平面　　系统	
14	圆形地漏		通用。如为无水封，地漏应加存水弯
15	方形地漏		
16	自动冲洗水箱		
17	挡墩		
18	减压孔板		
19	Y形除污器		
20	毛发聚集器	平面　　系统	

（续）

序号	名称	图例	备注
21	防回流污染止回阀		
22	吸气阀		

表 3-9　管道连接的图例

序号	名称	图例	备注
1	法兰连接		
2	承插连接		
3	活接头		
4	管堵		
5	法兰堵盖		
6	弯折管		表示管道向后及向下弯90°
7	三通连接		
8	四通连接		
9	盲板		
10	管道丁字上接		
11	管道丁字下接		
12	管道交叉		在下方和后面的管道应隔开

表 3-10　排水构筑物的图例

序号	名称	图例	备注
1	矩形化粪池	HC	HC 为化粪池代号
2	圆形化粪池	HC	
3	隔油池	YC	YC 为除油池代号
4	沉淀池	CC	CC 为沉淀池代号
5	降温池	JC	JC 为降温池代号
6	中和池	ZC	ZC 为中和池代号
7	雨水口		单口
			双口
8	阀门检查井		
9	水封井		
10	跌水井		
11	水表井		

表 3-11　阀门的图例

序号	名称	图例	备注
1	闸阀		
2	角阀		

（续）

序号	名称	图例	备注
3	三通阀		
4	四通阀		
5	截止阀	$DN \geqslant 50$　　$DN < 50$	
6	电动阀		
7	液动阀		
8	气动阀		
9	减压阀		左侧为高压端
10	旋塞阀	平面　　系统	
11	底阀		
12	球阀		
13	隔膜阀		
14	气开隔膜阀		
15	气闭隔膜阀		
16	温度调节阀		
17	压力调节阀		

（续）

序号	名称	图例	备注
18	电磁阀	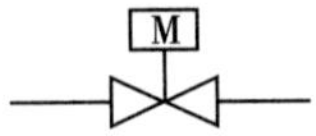	
19	止回阀		
20	消声止回阀		
21	蝶阀		
22	弹簧安全阀	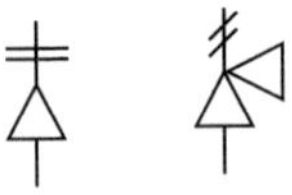	
23	平衡锤安全阀	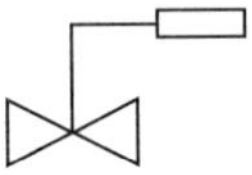	
24	自动排气阀	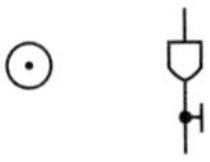 平面　系统	
25	浮球阀	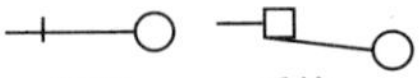 平面　系统	
26	延时自闭冲洗阀		
27	吸水喇叭口	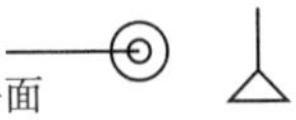 平面　系统	
28	疏水器		

表 3-12　排水所用仪表的图例

序号	名称	图例
1	温度计	
2	压力表	

（续）

序号	名称	图例
3	自动记录压力表	
4	压力控制器	
5	水表	
6	自动记录流量计	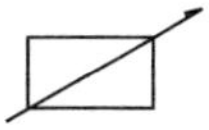
7	转子流量计	
8	真空表	
9	温度传感器	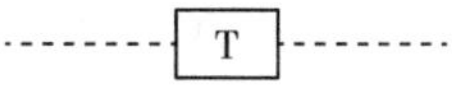 T
10	压力传感器	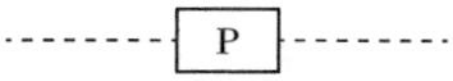 P
11	pH 传感器	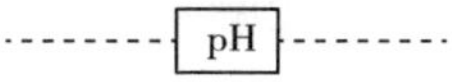 pH
12	酸传感器	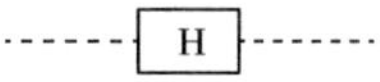 H
13	碱传感器	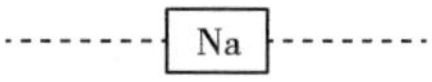 Na
14	余氯传感器	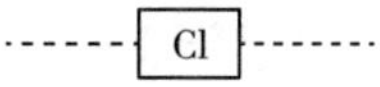 Cl

　　施工图是直接用来指导施工的图样。识读施工图时，首先要熟记施工图中常用图例、符号、线型、尺寸和比例的意义，还要了解建筑物的组成和构造上的一些基本情况。其次，要熟悉一套完整施工图纸的编排程序：图纸目录、总说明、总平面图、建筑施工图、结构施工图和设备施工图等。

房屋施工图的一般程序如图 3-22 所示。

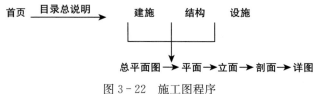

图 3-22　施工图程序

（五）尺寸标注

工程图中，除了依比例画出建筑物或构筑物等的形状外，还必须标注完整的实际尺寸，以作为施工的依据。图样的尺寸应由尺寸界线、尺寸线、尺寸起止符号和尺寸数字组成。

尺寸界线：表明所标注的尺寸的起止界线。

尺寸线：用来标注尺寸的线。尺寸线的方向有水平、竖直和倾斜三种。

尺寸起止符号：尺寸线与尺寸界线的交点为尺寸的起止点，起止点上应画出尺寸起止符号。

尺寸数字：图上标注的尺寸数字是物体的实际尺寸，它与绘图所用的比例无关；尺寸数字字高一般为 3.5 毫米或 2.5 毫米。

基本几何体一般应标注长、宽、高三个方向的尺寸。具有斜截面和缺口的几何体，除应注出基本几何体的尺寸外，还应标注截平面的定位尺寸。截平面的位置确定后，立体表面的截交线也就可以确定，所以截交线必标注尺寸。

三、工程施工图的种类

（一）总平面图

工程总平面图是说明建筑物所在地理位置和周围环境的平面图。一般在总平面图上标有建筑物的外形、建筑物周围的地形、原有建筑和道路，还要表示出拟建道路、水、暖、电通、地下管网和地上管线，以及测绘用的坐标方格网、坐标点位置和拟建建筑的坐标、水准点和等高线、指北针、风玫瑰等。该类图纸一般以"总施××"编号。

（二）建筑施工图

建筑施工图包括建筑物的平面图、立体图、剖面图和建筑详图，用以表示房屋的规模、层数、构造方法和细部做法等，该类图纸一般以"建施××"编号。

（三）结构施工图

建筑结构施工图包括基础剖面图和详图，各楼层和屋面结构的平面图，柱、梁详图和其他结构大详图，用以表示房屋承受荷重的结构构造方法、尺寸、材料和构件的详细构造方式。该类图纸一般以"结施××"编号。

(四)水暖电通施工图

该类图纸包括给水、排水、卫生设备、暖气管道和装置、电气线路和电器安装及通风管道等的平面图、透视图、系统图和安装大详图，用以表示各种管线的走向、规格、材料和做法。该类图纸分别以"水施××""电施××""暖施××""通施××"等编号。

四、建筑施工图

建筑施工图由总平面图、各层平面图、剖面图、立面图、建筑详图以及必要的说明和门窗细表等组成。

(一)建筑平面图

总平面图主要表示建筑物的平面形状、水平方向各部分（房间、走廊、楼梯等）的布置和组合关系、门窗位置、其他筑构配件的位置以及墙、柱布置和大小等情况，如图3-23所示。

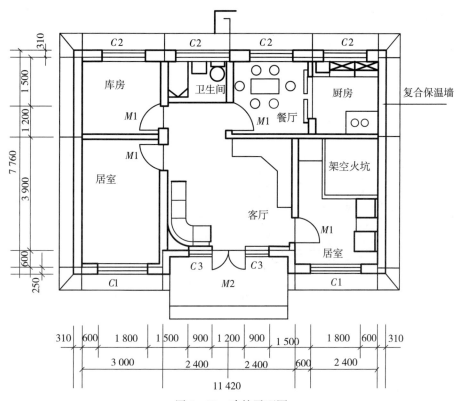

图3-23　建筑平面图

（二）建筑立面图

立面图主要用来表示建筑物的外貌，并表明外墙装修的要求，如图 3-24 所示。

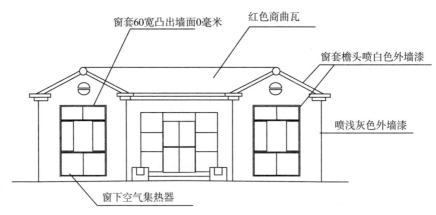

图 3-24　建筑立面图

（三）建筑剖面图

剖面图主要用来表达建筑物的结构形式、构造、高度、材料及楼层房屋的内部分层情况，如图 3-25 和图 3-26 所示。

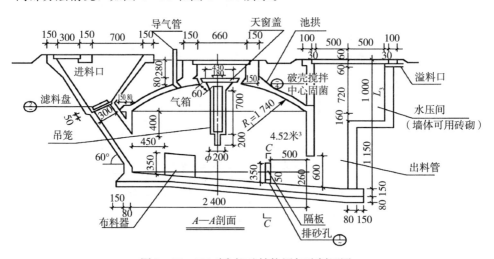

图 3-25　100 米³ 钢砼结构沼气池剖面图

（四）建筑详图

建筑详图是建筑细部的施工图，它对房屋的细部或构配件用较大的比例将其形状、大小、材料和做法绘制出来。

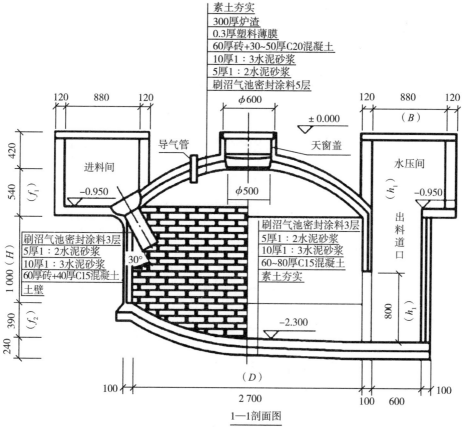

素土夯实
300厚炉渣
0.3厚塑料薄膜
60厚砖+30~50厚C20混凝土
10厚1:3水泥砂浆
5厚1:2水泥砂浆
刷沼气池密封涂料5层

刷沼气池密封涂料3层
5厚1:2水泥砂浆
10厚1:3水泥砂浆
60~80厚C15混凝土
素土夯实

刷沼气池密封涂料3层
5厚1:2水泥砂浆
10厚1:3水泥砂浆
60厚砖+40厚C15混凝土
土壁

图 3-26 旋流布料沼气池剖面图

五、结构施工图

结构施工图主要表达结构设计的内容,用来作为施工放线、挖基槽、支模板、绑扎钢筋、安设预埋件、浇捣混凝土及安装梁、板、柱等构件,以及编制预算和施工组织设计等的依据。结构施工图一般有结构布置图、楼层结构图、屋顶结构图、各结构详图、布置图、节点联结以及必要的说明等。

(一)结构平面布置图

结构平面布置图表示承重构件的布置、类型和数量或现浇钢筋混凝土板的钢筋配置情况,如图 3-27 所示。

(二)构件详图

构件详图可分为配筋图、模板图、预埋件详图及材料用量表等。其中,配筋图包括有立面图、断面图和钢筋详图。钢筋详图中表示了构件内部的钢筋配置、形状、数量和规格,如图 3-28 所示。

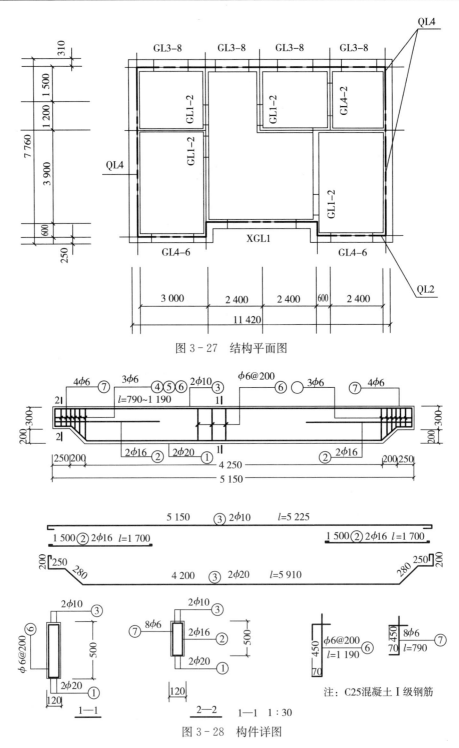

图 3-27 结构平面图

图 3-28 构件详图

注：C25混凝土 I 级钢筋

第三节 建筑常识

学习目标：掌握建筑测量、放线、土方、砌筑、混凝土、密封施工的技能。

一、施工测量与放线

在建筑工程施工中，为建造一幢房屋或一座构筑物，首先要将施工图上设计好的建筑物测绘到地面上，这是施工测量和放线的主要任务。

（一）测量仪器和工具

1. 水准仪 水准仪是用来测量大地高程和建筑物高度用的仪器，在施工测量中称为找平用的仪器，目前大部分为万能自动水平水准仪。

2. 水准尺 水准尺是配合水准仪进行水准测量的工具，目前还有红外线仪进行水准测量。

3. 经纬仪 经纬仪是用来测量角度、平面定位和竖向垂直度观测的仪器，是施工测量中重要的仪器，目前常用的是光学经纬仪。

4. 其他工具

（1）钢卷尺。钢卷尺一般有长30米和50米两种，主要用来丈量距离。在放线中量轴线尺寸、房屋开间、竖直高度等。

（2）铅锤。在放线中铅锤是必不可少的工具。在吊垂直度、经纬仪对中，以及地不平时丈量距离，就必须一头悬挂铅锤，使标尺水平进而量得距离。

（3）小线板。在放线过程中，长距离的拉中线或放基础拉边线时都要用它。

（4）墨斗和记号笔。它主要是弹墨线时用，也是目前放线中常用的工具。

（5）其他工具。放线中还要用的工具有斧子、大锤、小钉、红蓝铅笔、木桩、细线绳等。

（二）测量放线

施工测量放线是利用各种测量仪器和工具，对建筑场地上地面点的位置进行度量和标高的测定工作。

1. 建筑物的平面定位 施工现场房屋定位的基本方法一般有四种：依据总平面图建筑方格网定位；依据建筑红线定位；依据建筑的互相关系定位；依据现有道路中心线定位。这里仅介绍第三种根据建筑的互相关系定位。

在一个建筑群中新建一栋房屋，而且与红线无关系，这时只要按照施工总平面图中所标出的与已有建筑关系尺寸进行定位，采用该方法定位一般有平行线法及延长线法两种，如图3-29所示。

图中阴影线所表示的原有建筑物甲与拟建建筑物乙在同一直线上，并相距20米，在实地定位时，以已有建筑物甲为基准，用平行线法和延长线法相结合，定出新建筑物乙的位置。其步骤为：

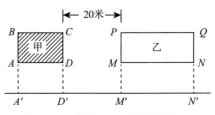

图 3-29　根据已有建筑物定位

（1）用细线顺甲两边的墙边延长到 A' 及 D'，A' 及 D' 离 A、D 的距离相等。

（2）将经纬仪安置在 D' 点，照准 A' 点后，倒镜按设计图纸要求的距离丈量 20 米，定出 M' 点，然后将经纬仪安置到 M' 点，照准 A' 点转 $90°$，用平行线法得到：$MM' = AA'$，并量得 M 点延长线上得 P 点。同样再定出 N 点和 Q 点。有了 MN 及 MP 这个十字坐标，则这栋建筑物的位置也就确定了。

2. 新建建筑物标高的测定　一栋新建房屋或建筑群施工，按照上面办法进行定位，这只是确定了平面位置，在竖向则要进行空间定位，也就是要进行标高测定。房屋标高的测定一般有两种方法：一种是利用周围地段现有的标高来测定房屋的标高；另一种是引进水准基点来测定房屋的标高。这两种方法都是依据新建筑附近的已知标高的建筑或水准基点来测定房屋的标高。如果距离较远，就要周折几次，将标高引至附近后，设置木桩或木尺为标志，并明确标示出新建±0.000 的标高线，以后找平时就以此为基准。

3. 龙门板桩　所谓龙门板桩是开挖基槽时，放在房屋四大角或横跨在基槽上的木板桩，用它来标出基槽宽度及中心轴线。同时，将板两端钉在木桩上，并使板的上平高度定为房屋的±0.000 标高，以便挖土时，据此往下推算尺寸及砌砖时控制基础轴线，如图 3-30 所示。

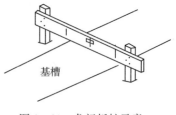

图 3-30　龙门板桩示意

4. 放线施工　放线施工的目的，归纳起来就是按照施工图纸上的数据，定出房屋浇筑各部位的施工尺寸。从总体上讲，就是定出房屋的位置尺寸，这些尺寸就是平面位置。从局部上讲，就是定出基础、柱子、墙、门窗、屋架等施工尺寸，这些尺寸就是平面位置与竖向标高。在放线施工中，基础放线是关键。基础放线施工有三项工作，即轴线控制、基槽标高测定、将轴线和标高引入基础墙。

（1）轴线控制。当建筑物按上述几种方式定位之后，并钉立龙门板桩，然后，可按龙门板及结构施工图中基础平面图的数据，用白灰画出基槽开挖的边界线，俗称打灰线。龙门板距离基槽外边线 1.5 米左右，如图 3-31 所示。

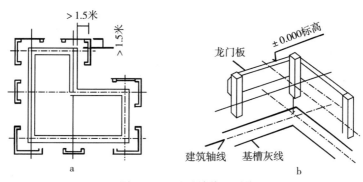

图 3-31 基础放线和引线

a. 基础放线 b. 基础引线

（2）基槽标高测定。基槽标高的测定，一种是用龙门板，拉通细线，用尺子直接丈量而得；另一种是在基槽内，用水准仪测设水平桩（可用竹签打入）。水平桩一般设在距设计槽底 0.3～0.5 米处的槽壁上，每 2～4 米钉一个水平桩，如图 3-32 所示。

（3）将轴线、标高引上基础墙。基础墙砌完后，应根据龙门板，将墙的轴线，利用经纬仪反测到基础墙上，至此龙门板就可以拆除。同时，用水准仪在基础露出自然地坪的墙身上，找出标高线（一般确定为 -0.15 米）并在墙的四周弹出墨线，作为以后砌上部墙时控制标高的依据，如图 3-33 所示。

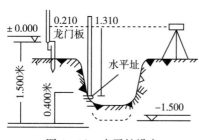

图 3-32 水平桩设定

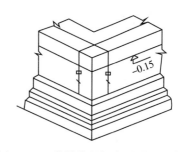

图 3-33 将轴线的标高引到基础墙上

二、土方工程

建筑工程中的土方工程包括场地平整及基槽、路基和一些特殊土工构筑物等的开挖、回填、压实等内容。

（一）基槽土方施工

1. 地表清理和放线　在开挖前，基槽应根据龙门板桩上的轴线，放出基槽的灰线和水准标志。不加支撑的基槽，在放线时应按规定要求放出边坡宽度。

不加支撑的基槽，在放线时的边坡宽度规定为：当土壤具有天然湿度，构造均匀，水文地质良好且无地下水时，深度在 5 米以内不加支撑的基槽和管沟边坡的最大坡度见表 3-13。

表 3-13　基坑边坡规定

土壤名称	边坡坡度（高宽比）		
	人工挖土并将土抛于坑（槽）或沟的上边	机械挖土	
		在坑（槽）或沟底挖土	在坑（槽）或沟上边挖土
砂土	1：1.00	1：0.75	1：1.00
亚砂土	1：0.67	1：0.50	1：0.75
亚黏土	1：0.50	1：0.33	1：0.75
黏土	1：0.33	1：0.25	1：0.67
含砾石、卵石土	1：0.67	1：0.50	1：0.75
泥炭岩、白垩土	1：0.33	1：0.25	1：0.67
干黄土	1：0.25	1：0.10	1：0.33

此外，在无地下水、天然湿度的土中开挖基槽和管沟，当挖方深度不超过下列数值规定时，可垂直开挖，不加支撑：

（1）在堆填的砂土和砾石土内—1.0 米。

（2）在黏质砂土和砂质黏土内—1.25 米。

（3）在黏土内—1.5 米。

（4）在特别密实的土壤内—2.0 米。

当基础埋置较深、场地又狭窄及不能放坡时，必须设挡土墙，以防土壁坍塌事故发生，在放线时，除在基础底版外边留出工作面尺寸外，还要加上支撑系统所需要的尺寸，一般每边加 200～300 毫米。

2. 基槽土方开挖　在地面上放出灰线以后，即可进行基槽的开挖工作。根据设计图纸，校核灰线的位置、尺寸等是否符合要求。准备好土方开挖工具。开挖中要做到：

（1）分层分段均匀下挖。基槽挖土一般按分层、分段、平均往下开挖的方法进行，较深的槽（坑）每挖 1 米左右，即应检查通直修边，随时纠正偏差。基槽开挖应连续进行，尽快完成。施工时应防止地面水流入槽内，以免引起塌方或基槽被破坏。

（2）检查有无埋设物。挖土时注意检查是否有古墓、洞穴及埋设物等迹象，及时汇报，以便进行检查处理。

（3）平底、修整基槽。基槽挖好后，应将槽底铲平，并预留出夯实高度，一般为10～30毫米，土壤松软可预留40～50毫米。

（4）开挖土方处理。开挖基槽时，若土方量不大，一般堆放在现场即可（应有计划地堆放），堆放地点应离槽边0.8米以外，堆置高度不宜超过1.5米。若有余土，应及时运走。

（5）基槽检验。基槽开挖完毕并清理好后，在基础施工前，施工单位应会同勘查、设计单位、建设单位共同进行验槽工作。

（二）垫层施工工艺

为了使基础与地基有较好的接触面，把基础承受的载荷比较均匀地传给地基，常常在基础底部设置垫层。按地区不同，目前常用的垫层材料有素土、灰土、三合土、低强度等级的混凝土等。

1. 素土垫层施工　素土垫层是先挖去原有部分土层或全部土层，然后回填素土，分层夯实而成。素土垫层一般适用于处理湿陷性黄土和杂填土地基。

（1）土料要求。土料一般以轻亚黏土或亚黏土为宜，不应采用地表耕植土、淤泥、淤泥质土、膨胀土及杂填土。

土料中不得有草根等有机物质，并采用最佳含水量。

（2）施工要点。垫层应分层铺设并夯实。每层虚铺厚度：当采用机械夯实时，不宜大于30厘米；当人工夯实时，不应大于20厘米。

2. 灰土垫层施工　灰土垫层是用石灰和黏性土拌合均匀，然后分层夯实而成。

（1）材料要求。灰土的土料应尽量采用原土或亚黏土、亚砂土，土内不得含有有机物质。土料应过筛，粒径不得大于15毫米。用作灰土的熟石灰应过筛，粒径不宜大于5毫米，若是块灰，应在使用前一天加水熟化，闷成粉末，然后过筛。

（2）配合比的确定。灰土的配合比（体积比）除设计有特殊要求外，一般宜为2∶8或3∶7（石灰∶土），而以3∶7的强度较高。

（3）施工要点。施工前，应验槽，清除浮土。施工时，应控制含水量，以灰土能紧握成团、二指轻捏即碎为宜。灰土应拌合均匀，颜色一致，拌好后应及时铺好夯实。铺土时，应用样土桩控制铺土厚度，当无设计要求时，可参照表3-14确定。铺好的垫层，应分层夯实，一般要夯打3遍。夯打后的垫层表面应平整，如果不立即进行下一工序，应予覆盖。灰土不能一次夯打成圈时，可分段施工，但不得在墙角、柱墩、承重墙下接缝，上下相邻两层灰土的接缝间距不得小于500毫米，接缝处的灰土应充分夯实。

表 3 - 14　灰土铺土厚度

夯实机具种类	夯重	灰土虚铺厚度（毫米）	说明
小木夯、石夯	5～10 千克	150～250	人力送夯，举高 400～500 毫米，
人力夯	40～80 千克	200～300	一夯压半夯
轻型机械夯	—	200～250	蛙式打夯机，柴油打夯机双轮
压路机	6～10 吨（机重）	200～300	

3. 三合土垫层的施工　三合土垫层是用石灰、细骨料、碎料和水拌匀后，分层铺放、夯实而成。

（1）材料要求。石灰在使用前，应用水熟化成粉末或溶成石灰浆；常用的细骨料有中砂、粗砂、细炉渣等。常用的碎料有碎（卵）石、碎砖、矿渣等。

（2）配合比的确定。三合土的配合比常采用体积比，一般为 1：2：4 和 1：3：6（石灰：细骨料：碎料）。

（3）施工要点。三合土垫层的施工方法有拌合后铺设法和铺设碎料后灌浆法两种。

4. 混凝土垫层的施工　混凝土垫层是用低强度混凝土铺设垫层。

（1）材料要求。水泥可选用普通硅酸盐水泥、矿渣硅酸盐水泥、火山灰质硅酸盐水泥、粉煤灰硅酸盐水泥。砂子应质地坚硬、耐久、干净，一般宜采用粗砂或中砂。石子采用碎（卵）石，其粒径不应超过 50 毫米，并不得超过垫层厚度的 2/3。

（2）强度要求。混凝土垫层的标号不得低于 C10。

（3）施工工艺。混凝土垫层的施工工艺见混凝土施工。

三、砌筑工程

砌筑工程是指用砖或预制好的砌块作为墙体材料，砌筑构筑物的一种建筑工艺。它涉及气象、构造、建筑材料等诸多学科。本教程仅对砖瓦工砌砖的基本功、砖砌体的组砌知识进行介绍。

（一）砌砖的基本功

砖砌体是由砖和砂浆共同完成的。每砌一块砖，需要经过铲灰、铺灰、取砖、摆砖四个动作来完成，这四个动作就是砖瓦工的基本功。

1. 铲灰　一般是用瓦刀或大铲等工具操作，铲灰时要掌握好取灰的数量，尽量做到一刀灰一块砖，铲灰的手法正确、熟练，灰浆就容易铺得平整和饱和。

2. 铺灰　铺灰这一动作比较关键，砌砖速度的快慢和砌筑质量的好坏，与铺灰有很大关系。灰铺得好，砖砌起来会觉得轻松自如，砌好的墙也干净利落。

3. 取砖　用挤浆法操作时，铲灰和取砖的动作应该一次完成，这样不仅节约时间，而且减少了弯腰的次数，使操作者能比较持久地操作。取砖时，包括选砖，通过观察砖的四个面，然后选定最合适的面，朝向墙的外侧。

4. 摆砖　摆砖是完成砌砖的最后一个动作，它直接体现了砌体的结构，反映了砌体的质量。砌体能不能达到横平竖直、错缝搭接、灰浆饱满、整洁美观的要求，关键要在摆砖上下功夫。

（二）实心砖砌体的组砌方法

1. 砖砌体的组砌原则　砖砌体是由砖块和砂浆通过各种形式搭砌而成的整体。要想组砌成牢固的整体，必须遵循下面的三个原则：

（1）砌体必须错缝。砖砌体是由一块一块的砖，利用砂浆作为填缝和黏结材料，组砌成的墙体或柱子。为了使它们能共同作用，必须错缝搭接。要求砖块最少搭接1/4砖长，才符合错缝搭接要求，如图3-34所示。

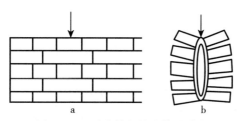

图3-34　砖砌体的错缝传递受力

a. 咬合错缝　b. 不咬合（砌体压散）

（2）控制水平灰缝厚度。灰缝一般规定为10毫米，最大不得超过12毫米，最小不得小于8毫米。水平灰缝如果太厚，不仅使砌体产生过大的压缩变形，还可能使砌体产生滑移，对墙体结构十分不利。而水平灰缝如果太薄，则不能保证砂浆的饱满度，对墙体的黏结整体性产生不利影响。垂直灰缝俗称头缝，太厚或太薄都会影响砌体的整体性。如果两块砖紧紧挤在一起，没有灰缝（俗称瞎缝），那就更影响砌体的整体性了。

（3）墙体之间的连接。一幢房屋的墙体，一般都是纵横交错的，通过墙体的互相支撑和拉接，形成所需要的空间，并组成房屋的整体结构，所以，墙体与墙体的连接至关重要。两道相接的墙体（包括基础墙）最好同时砌筑，如果不可能同时砌筑，应在先砌筑的墙上留出接茬（俗称留茬），后砌的墙体要镶入接茬内（俗称咬茬）。砖墙接茬质量的好坏，对整个房屋的稳定性相当重要。接茬不符合要求时，在砌体受到外力作用和震动后，会在墙体之间产生裂缝。正常的接茬，规范规定采用两种形式，一种是"斜茬"，又叫"踏步茬"；另一种是"直茬"，又叫"马牙茬"。留"直茬"时，必须在竖向每隔500毫米，配置直径6毫米钢筋作为拉结筋，伸出及埋在墙内各500毫米长，末端应有90°的弯钩。"斜茬"的做法如图3-35所示，"直茬"的做法如图3-36所示。

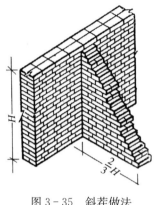

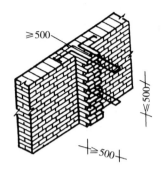

图 3-35　斜茬做法　　　　　　图 3-36　直茬做法

2. 砌体中砖及灰缝的名称　一块砖有三个两两相等的面，最大的面叫作大面，长的一面叫作条面，短的一面叫作丁面。砖砌墙时，条面朝向操作者的叫顺砖，丁面朝向操作者的叫丁砖，还有立砖和陡砖等，如图 3-37 所示。

3. 实心墙的组砌方法

（1）一顺一丁组砌法。是最常见的一种组砌方法，有的地方叫满丁满条组砌法。一顺一丁法是由一块顺砖、一块丁砖间隔组砌而成。上下两块砖之间的竖向灰缝都相互错开最少 1/4 砖长。这种砌砖法效率较高，操作较易掌握，墙面平正较易控制。缺点是对砖的规格要求较高，如果规格不一致，竖向灰缝就难以整齐。另外，在墙的转角、丁字接头和门窗洞口处需要砍砖，在一定程度上影响了工效。一顺一丁组砌法的墙面组合形式有两种，一种是顺砖层上下对齐，称为十字缝；另外一种是顺砖层上下错开半砖，称为骑马缝。一顺一丁组砌法的两种砌法如图 3-38 所示。

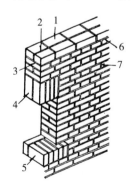

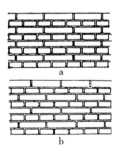

图 3-37　砖墙构造图　　　　　图 3-38　一顺一丁组砌法
1. 顺砖　2. 花砖　3. 丁砖　4. 立砖　　　　a. 十字缝　b. 骑马缝
5. 陡砖　6. 竖直　7. 水平灰缝

用这种砌法时，调整砖缝的方法可以采用"外七分头"或"内七分头"，但一般都用外七分头，而且要求七分头应跟顺砖走。采用内七分头的砌法，是在大角上先放整砖，可以先把准线提起来，让同一条准线操作的其他人先开始砌砖，以便加快整体速度，但转角处有 1/2 砖长的"花槽"出现通天缝，在一定程度上影响到砌砖的质量。一顺一丁墙的大角组砌法如图 3-39、图 3-40、图 3-41 所示。

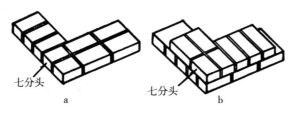

图 3-39　一顺一丁墙大角砌法（一砖墙）

a. 单层数　b. 双层数

图 3-40　一顺一丁墙大角砌法（一砖半墙）

a. 单层数　b. 双层数

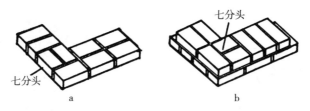

图 3-41　一顺一丁墙内七分砌法（一砖墙）

a. 单层数　b. 双层数

（2）其他几种组砌方法。

①梅花丁砌法。梅花丁砌法又称沙包式。这种砌法是在同一块砖上采用两块顺砖夹一块丁砖的砌法，竖向灰缝容易对齐上下两块砖的竖向灰缝应错开 1/4 砖长。梅花丁砌法的内外竖向灰缝每块都能错开，墙面容易控制平整。

②三顺一丁砌法。采用三块顺砖间隔一块丁砖的组砌方法。

③全顺砌法。全部采用顺砖砌筑，每块砖搭接 1/2 砖长，适用于半砖墙的砌筑。

④全丁砌法。全部采用丁砖砌筑，每块砖竖向搭接 1/4 砖长，适用于圆形的烟囱和窖井等。

一般采用外圆放宽竖缝、内圆缩小竖缝的办法形成圆弧，当窖井或烟囱的直径较小时，砖要砍成楔形砖砌筑。

4. 空斗墙的构造　空斗墙是由普通砖砌筑组成一个一个的"斗"而夹砌在墙中。大面朝向操作者的叫斗砖，竖丁面朝向操作者的叫丁砖，水平放的丁砖，此处改称为眠砖。空斗墙埼的构造如图 3-42 所示。

一层眠砖、一层斗砖间隔砌筑法称为一斗一眠。此外，还有多斗一眠的砌筑法。整垛墙中没有眠砖的砌筑法称为无眠空斗墙，或称全空斗。有时为了确保墙身的力学性能，并砌两块丁砖，叫作"重丁"，墙

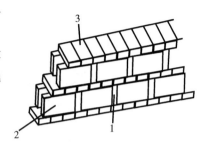

图 3-42　空斗墙的结构
1. 丁砖　2. 斗砖　3. 眠砖

身开始砌斗砖时，称为"开斗"。空斗墙要求在±0.000 以上砌三层砖后才能开始砌斗。一斗一眠空斗砖墙的构造如图 3-43 所示，多斗一眠空斗砖墙如图 3-44 所示。空斗墙不应有垂直方向的通缝，若出现通缝时，可采取增加丁砖或增加两块眠砖来弥补。

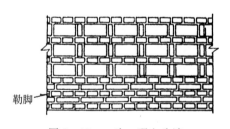

图 3-43　一斗一眠空斗墙

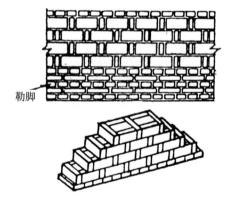

图 3-44　多斗一眠空心墙

5. 空心砖墙的组砌方法　由于空斗墙限制较多，给施工带来很多不便，轻质而又方便的空心砖和砌体便应运而生。空心砖堵分为两种，一种是水平空洞，适宜砌筑填充墙，另一种垂直空洞，可以砌筑承重墙。空心砖墙的组砌方法如图 3-45 所示，其技术要求如下：

（1）每一层墙的底部应砌三层实心砖，外墙勒脚部分也应砌实心砖。

（2）空心砖不宜砍凿，不够整砖时可用普通砖补砌。

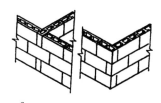

图 3 - 45　空心砖墙的组砌方法

a. 空心砖墙交接处的砌法　b. 空心砖墙在门包实心砖砌法

（3）墙中留洞、预埋件、管道等处应用实心砖砌筑，或做成预制混凝土构件或块体。

（4）门窗过梁支承处应用实心砖砌筑。

（5）门窗洞口两侧应用实心砖砌筑。

6. 矩形砖柱的筑方法

（1）砖柱的形式。砖柱一般分为矩形、圆形、正多边形和异型等几种。矩形砖柱分为独柱和附墙柱两种；圆形和正多边形柱一般为独立砖柱；异型砖柱较少，现在通常由钢筋混凝土柱代替。

（2）对砖柱的要求。砖柱一般都是承重的，因此，比砖墙更要认真地砌筑。要求上下层各块砖的竖缝至少错开 1/4 砖长，柱心不得有通缝，并尽量少打转，也可利用 1/4 砖。绝对不能采用先砌四周砖、后填心的包心砌法。对于砖柱，除了与砖墙相同的要求外，应尽量选用整砖砌筑。每日的砌筑高度不宜超过 1.8 米，在柱上不得留设脚手眼，搭设脚手架，如果是成排的砖柱，必须拉通线砌筑，以防发生扭转和错位。对于清水墙配清水柱的建筑，要求水平灰缝在同一标高上。

（3）砖柱的组砌方法。矩形柱的组砌方法如图 3 - 46 所示。图中一砖半柱的组砌方法为常用方法，虽然它在竖向两块砖间有两条 1/2 砖长的通缝，但是砍砖少，有利于节约材料和提高工效。附墙矩形砖柱的组砌方法如图 3 - 47 所示。

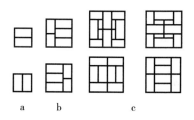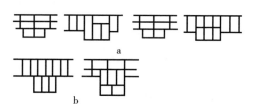

图 3 - 46　矩形独立柱的组砌形式

 a. 240 毫米×240 毫米

 b. 365 毫米×365 毫米

 c. 490 毫米×490 毫米

图 3 - 47　矩形附壁柱的组砌形式

 a. 240 毫米墙附 120 毫米×365 毫米砖垛

 b. 240 毫米墙附 240 毫米×365 毫米砖垛

四、混凝土工程

混凝土是一种人造石材，它是由胶凝材料、粗细骨料和水按一定比例拌合均匀，经浇捣、养护而成。混凝土和天然石材一样，能承受很大的压力，就是说它的抗压强度很高，但它的抵抗拉力的能力很低，大约为抗压能力的1/10。混凝土这种受拉时易断裂的缺陷大大限制了它的使用范围。为了弥补这一缺陷，充分发挥混凝土的抗压能力，常在混凝土受拉区域内加入一定数量的抗拉能力好的钢筋，使两种材料黏结成一个整体，共同承受外力。尽管钢筋和混凝土是两种性质完全不同的材料，然而它们却能很好地结合在一起，取长补短，各自发挥本身的优势，共同抵抗载荷的作用。其原因有以下几点：

（1）混凝土在硬化过程中，产生体积收缩，给钢筋一定的压力并紧紧地裹住钢筋，产生很强的握裹力。当钢筋两端设有弯钩或采用螺纹钢筋、人字钢筋时这种握裹力更强。

（2）两者有相接近的线膨胀系数。

（3）混凝土包裹对钢筋有保护作用。

因此，凡用钢筋混凝土制成的梁、板、柱等均称为钢筋混凝土构件。配置在混凝土构件中的钢筋，按其作用不同分为下列几种，如图3-48所示。

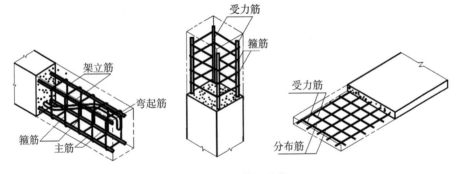

图3-48 钢筋的种类

受力筋：钢筋混凝土构件中主要的受力钢筋。受力筋承受压力的称为受压筋，承受拉力的称为受拉筋。

箍筋：箍筋也叫钢箍，在钢筋混凝土构件内横向配置的钢筋，常为封闭形式，主要作用是抵抗剪力，加强受压钢筋的稳定性，并固定受力筋的位置。

架立筋：钢筋混凝土构件中的辅助钢筋，用以固定钢箍位置，构成构件内的钢筋骨架。

分布筋：钢筋混凝土构件中的辅助钢筋，常与受力钢筋方向垂直布置，以使构件中各受力钢筋受力分布均匀，并在浇筑混凝土时，起固定受力钢筋的作用。

其他：因构造要求或施工安装需要而配置的构造筋。

根据钢筋混凝土工程的特点，可将其分为模板工程、钢筋工程和混凝土工程施工三部分。

（一）模板工程

1. 模板的作用及要求　模板是灌注混凝土结构的模型，它决定混凝土的结构形状和尺寸。在混凝土施工中，对模板的基本要求是：

（1）安装正确。要保证结构和构件各部分尺寸、形状和位置的正确。

（2）支撑牢固。承受施工载荷后，模板不致发生变形和移位，具有足够的强度、刚度和模板支撑系统构造简单。

（3）装拆方便。模板支撑系统结构简单，易于拆装，通用性强。

（4）用料合理。在保证支撑牢固的前提下，尽量节约用料，降低损耗，提高周转次数。

（5）接缝严密。模板表面拼缝平整，严密，不漏浆。

2. 模板的构造　模板的构造、制作、荷载组装的好坏，对混凝土结构的质量和装修效果具有重要影响。下面介绍条形基础模板和圈梁模板的构造。

（1）条形基础模板。一般钢筋混凝土条形基础模板，由两边的侧板和斜撑组成。侧板可用短板，上下木档，用小方木拼成整体，如图3-49所示。

（2）圈梁模板。由侧板、托木、夹木和斜撑组成（图3-50）。在圈梁底部两皮砖处，每隔1.5米左右留出孔洞穿放搁栅，承托侧板。侧板内壁弹出圈梁上表面标高线，以控制圈梁的高度，侧板上口撑小木条，以保证圈梁宽度不变，振捣混凝土时取出。

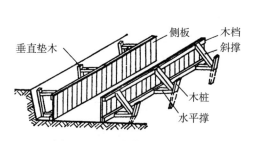

图3-49　一般条形基础模板

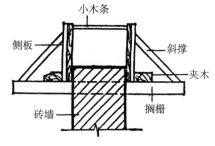

图3-50　圈梁模板

3. 模板的拆除　混凝土结构浇筑后，达到一定的强度，方可拆模。拆模时间，应按结构特点和混凝土所达到的强度来确定。

对于整体结构的拆模期限，应遵守以下规定：

（1）非承重的侧面模板，应在混凝土强度能保证其表面及棱角不因拆模而损坏时，方可拆除。

（2）承重的模板应在混凝土达到下列强度以后，开始拆除（按设计强度等级的百分率计）：

板及拱：跨度为 2 米及小于 2 米，50％；跨度大于 2～8 米，70％。

梁（跨度为 8 米及小于 8 米）：70％。

承重结构（跨度大于 8 米）：100％。

悬臂梁和悬臂板：跨度为 2 米及小于 2 米，70％；跨度在 2 米以上，100％。

（二）钢筋工程

钢筋工程的主要任务是根据构件配筋图计算出构件下料长度，以此为依据进行钢筋的加工，最后进行钢筋的绑扎和安装。

1. 混凝土保护层　钢筋混凝土构件外缘混凝土，叫混凝土保护层。它是根据构件的构造、用途及周围环境等决定的。图纸上无要求时，按照规范规定确定，见表 3-15。

表 3-15　混凝土保护层厚度

项次	结构类型	保护层厚度（毫米）
1	板和墙：厚度≤100 毫米	10
	板和墙：厚度＞100 毫米	15
2	梁和柱	25
3	箍筋和横向钢筋	15
4	分布钢筋（板和墙中）	10
5	基础的下层钢筋：有垫层	35
	基础的下层钢筋：无垫层	70
6	轻混凝土的板和墙	15

2. 弯钩增加长度　钢筋的弯钩形式有三种，半圆弯钩、直弯钩及斜弯钩。

（1）半圆弯钩。最常用的一种弯钩，弯钩增加长度为 6.25d（d 为待定量），如图 3-51 所示。在配料计算时，可用表 3-16 所示经验数据。

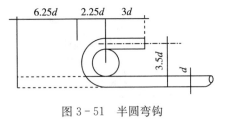

图 3-51　半圆弯钩

表 3-16　半圆弯钩增加长度参考表（用机械弯）

钢筋直径（毫米）	≤6	8～10	12～18	20～28	32～36
一个弯钩增加长度（毫米）	40	6d	5.5d	5d	4.5d

（2）直弯钩。一般用于在柱钢的下部，箍筋和板中细钢筋的末端起支撑钢筋自身的作用，长度取决于楼板厚度，弯钩增加长度 $2.25d$，如图 3 - 52 所示。

（3）斜弯钩。一般用于直径 10 毫米以下的受拉光圆钢筋或钢箍，弯钩增加长度 $4.9d$，如图 3 - 53 所示。

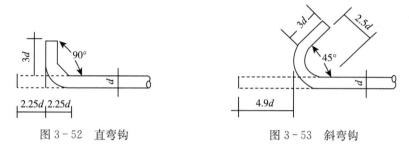

图 3 - 52　直弯钩　　　　　　　　图 3 - 53　斜弯钩

（4）弯曲延伸值。根据理论推算，并结合实践经验确定，见表 3 - 17。

表 3 - 17　弯曲延伸值

根据弯曲角度	30°	45°	60°	90°	135°
根据弯曲延伸值	$0.35d$	$0.5d$	$0.85d$	$2d$	$2.5d$

（5）弯起钢筋斜长。弯起钢筋斜长计算见图 3 - 54 和表 3 - 18。

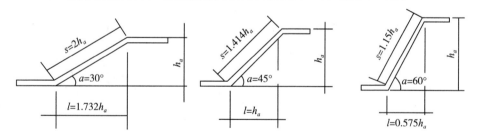

图 3 - 54　弯起钢筋斜长（h_a＝弯起高度，毫米）

表 3 - 18　弯起钢筋斜长系数表

系数	30°	45°	60°
斜边长度 S	$2h_a$	$1.414h_a$	$1.15h_a$
底边长度 L	$1.732h_a$	h_a	$0.575h_a$
增加长度 $S-L$	$0.268h_a$	$0.414h_a$	$0.575h_a$

（6）箍筋调整值。箍筋调整值，即弯钩增加长度和弯曲调整两项之差或和，根据箍筋量外包尺寸或内包尺寸而定，见表 3 - 19。

表 3-19　箍筋调整值

箍筋度量方法	不同直径的箍筋调整值			
	4～5 毫米	6 毫米	8 毫米	10～12 毫米
量外包尺寸	40	50	66	60
量内包尺寸	80	100	120	150～170

（7）钢筋下料长度计算。

无弯钩架立钢筋：下料长度＝构件长－两端保护层。

有弯钩直钢筋：下料长度＝构件长－两端保护层＋两个弯钩长。

弯起钢筋：下料长度＝直段长度＋斜段长度＋两个弯钩长－弯曲延伸值。

箍筋：下料长度＝箍筋周长＋弯钩长＋外包尺寸调整值。

3. 钢筋的代换　钢筋工程在施工中，若缺少图纸要求的钢筋品种和规格时，可按下列原则进行代换。

（1）等强代换。不同钢号的钢筋代换，可按强度相等的原则进行代换，即

$$R_{g2} \times A_{g2} > R_{g1} \times A_{g1} \qquad (3-2)$$

式中　R_{g1}——原设计钢筋设计强度（帕）；

　　　R_{g2}——代换钢筋设计强度（帕）；

　　　A_{g1}——原设计钢筋总面积（厘米^2）；

　　　A_{g2}——代换后钢筋总面积（厘米^2）。

（2）等面积代换。同钢号的钢筋代换可按钢筋面积相等的原则进行代换，代换后还应满足构造上的要求。

4. 钢筋加工　钢筋加工包括除锈、调直、剪切、弯曲成型等工序。

（1）钢筋除锈。钢筋表面有橘黄色水锈，一般可不做处理。当用锤击，就能剥落的铁锈，则必须清除干净。钢筋除锈的方法，一般可用钢丝刷刷净。

（2）钢筋调直。细钢筋一般是盘圆供应，使用前，必须经过一道放盘、矫直工序。

（3）钢筋切断及弯曲成型。根据计算出的钢筋长度并按照图纸要求的钢筋形状，对钢筋进行成型加工处理。

5. 钢筋的绑扎和安装　绑扎钢筋是借助钢筋钩，用 18～22 号铅丝或火烧铁丝，把各种单根钢筋绑扎成整体网片或骨架，常用的交叉点绑扎采用一面顺扣法，如图 3-55 所示。为防止网片或骨架歪斜变形，要分左右方向扣扎，即八字形绑扎。

绑扎接头将钢筋按规定长度搭接一起，形式如图 3-56 所示。钢筋搭接长度见表 3-20。

图 3-55 钢筋一面顺和绑扎

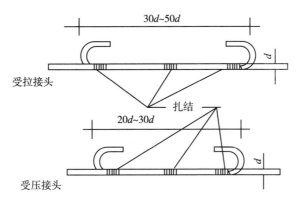

图 3-56 绑扎接头形式

表 3-20 钢筋绑扎接头的最小搭接长度

序号	钢筋级别	受拉区	受压区
1	Ⅰ级钢筋（包括冷拉Ⅰ级）	30d	20d
2	Ⅱ级钢筋	35d	25d
3	Ⅲ级钢筋	40d	30d
4	5号级钢筋	30d	20d
5	冷拔低碳钢筋	250	200

钢筋安装过程中，为保持两层钢筋间有一定间距，可选用直径25毫米的短钢筋作为垫筋，而且在钢筋骨架的下部及侧边安设水泥垫块或碎砖块，以保证钢筋有一定的保护层。

（三）混凝土工程施工

混凝土工程施工是在上述两项工作结束后进行的，它包括混凝土搅拌、运输、浇筑、振捣、养护等主要施工环节。

1. 混凝土搅拌 混凝土搅拌就是将水、水泥和粗细骨料进行均匀拌合及混合的过程。搅拌的方法有人工拌制和机械搅拌两种。

（1）人工拌制。人工拌制混凝土，只适宜于野外作业，施工条件困难，工程量少，强度等级不高的混凝土。人工拌合一般用"三干三湿"法，即先将水泥加入砂中，干拌两遍，再加入石子翻拌一遍，此后，边缓慢地加水，边反复湿拌三遍。

（2）机械搅拌。

①搅拌要求。搅拌混凝土前，应加水空转数分钟，将积水倒净，使搅拌筒充分润湿。搅拌第一盘时，考虑到筒壁上的砂浆损失，石子用量应按配合比规定减半。搅拌好的混凝土要做到基本卸尽，在全部混凝土卸出以前，不得再投入拌合物，更不得采取边出料、边进料的方法。严格控制水灰比和坍落度，未经试验人员同意，不得随意加减用水量。

②材料配合比。混凝土施工配料是保证混凝土质量的重要环节，必须加以严格限制。施工配料时，影响混凝土质量的因素主要有两方面：一是称量不准；二是未按砂、石骨料实际含水量的变化，进行施工配合比的换算。这样必然会改变原理论配合比的水灰比、砂率及浆骨比。这些都将直接影响混凝土的黏聚性、流动性、密实性以及强度等级。混凝土实验室配合比是根据完全干燥的砂、石骨料制定的，但实际使用的砂、石骨料都含有一定的水分，而且含水量又会随气候条件变化发生变化，特别是雨季变化更大，所以，应及时测定砂、石骨料的含水量，并将混凝土实验室配合比换算成骨料在实际含水量情况下的施工配合比。

③水泥、砂、石子、混合料等干料的配合比，应采用重量法计算，严禁采用容积法代替重量法。混凝土原材料按重量计的允许偏差，不得超过下列规定：水泥、外掺混合料±2%；粗、细骨料±3%；水、外掺剂溶液±2%。各种衡器应定时校验，经常保持准确。

（3）混凝土试块的留制。留制混凝土试块的目的是为了检查混凝土的抗压强度是否满足设计要求。试块要在浇捣地点用钢模制作，试块的留制组数（一组三块）按下列要求留制：

①每拌制100盘，且不超过100盘的同配合比的混凝土，其取样不得少于一组。

②每工作班拌制的同配合比的混凝土不足100盘时，其取样不得少于一组。

2. 混凝土的浇筑 把搅拌好的混凝土，倒入模板中，这一过程叫混凝土浇筑。入模前的拌合物不应发生初凝和离析现象，如已发生，可重新搅拌，使混凝土恢复流动性和黏聚性后，再进行浇筑。在入模时，为了保证混凝土在浇筑时不产生离析现象，混凝土自高处倾落时的自由倾落高度不宜超过2米。若混凝土自由下落超过2米，要沿溜槽或串筒下落。在浇筑过程中，为了使混凝土浇捣密实，必须分层浇筑，每层浇筑厚度与方法及结构的配筋情况有关，应符合表3-21的规定。

表3-21　混凝土浇筑层厚度

序号	捣实混凝土的方法		浇筑层的厚度（毫米）
1	插入式振捣		振捣器作用部分长度的1.25倍
2	表面振捣		200
3	人工捣固	在基础、无筋混凝土或配筋稀疏的结构中	250
		在梁、墙、柱结构中	200
		在配筋密列的结构中	150
4	轻骨料混凝土	插入式振捣器	300
		表面振动（振动时需加荷）	200

混凝土的浇筑工作，应尽可能连续作业。如必须间隔作业，其间歇时间应尽量缩短，并要在前一层混凝土凝结前，将次一层混凝土浇筑完毕。间隔的最长时间应按所用水泥品种及混凝土凝结条件确定。即混凝土从搅拌机中卸出，经运输和浇筑完毕的延续时间不得超过表3-22中的规定。

表3-22　混凝土浇筑中的最大间歇时间（分钟）

混凝土强度等级	不同气温下的最大间歇时间	
	低于25℃	不低于25℃
低于及等于C30	210	180
高于C30	180	150

施工缝的设置：如果由于技术上的原因或设备、人力的限制，混凝土的浇筑不能连续进行，中间的间歇时间预计将超过表3-22规定的时间时，则应留置施工缝，施工缝的设置应格按照设计要求进行。

3. 混凝土的振捣　混凝土浇入模板后，由于内部骨料之间的摩擦力、水泥净浆的黏结力、拌合物与模板之间的摩擦力，使混凝土处于不稳定状态。其内部是疏松的，空洞与气泡含量占混凝土体积的5%～20%。而混凝土的强度、抗冻性、抗渗性等，都与混凝土的密实度有关。因此，必须采取适当的方法，在混凝土初凝前对其进行捣实，以保证其密实度。混凝土的振捣分为机械振捣和人工振捣两种。

（1）机械振捣通过机械振动器，在混凝土初凝前，对其进行捣实，以保证其密实度的方法。其施工要点是：

①振动器的振捣方法有两种：一种是垂直振捣，即振动棒与混凝土表面垂直；一种是斜向振捣，即振动棒与混凝土表面成一定角度，一般为 40°～50°，如图 3-57 所示。

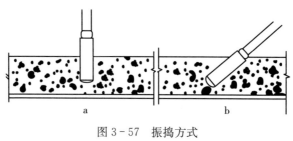

图 3-57　振捣方式
a. 垂直　b. 斜向

②振动器的操作，要做到"快插慢拔"。快插是为了防止先将表面混凝土振实，而与下面混凝土发生分层、离析现象，慢拔是为了使混凝土能填满振动棒抽出时所造成的空洞。对于硬性混凝土，有时还要在振动棒抽出的洞旁不远处，再将振动棒重新插入才能填满空洞。在振捣过程中，宜将振动棒上下略微抽动，以使上下振捣均匀。

③混凝土分层灌注时，每层混凝土厚度应不超过振动棒长度的 1.25 倍，在振捣上一层时，应插入下层中 5～10 厘米，以消除两层之间的接缝如图 3-58所示。同时，在振捣上层混凝土时，要在下层混凝土初凝前进行。

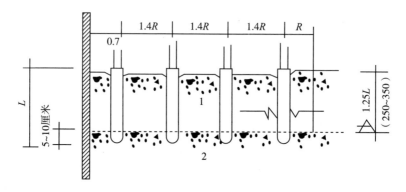

图 3-58　振捣棒插入深度
1. 新浇筑的混凝土　2. 下层已振捣尚未初凝的混凝土
（R 为有效作用半径，L 为振捣棒长度）

④每个插点要掌握好振捣时间，过短不易捣实，过长可能引起混凝土离析现象，对塑性混凝土尤其要注意。一般每点振捣时间为 20～30 秒，使用高频振动器时，最短不应少于 10 秒，但应视混凝土表面为水平并不再显著下沉，

不再出现气泡，表面泛出灰浆为准。

⑤振动器插点要均匀排列，可采用"行列式"或"交错式"如图3-59所示的次序移动，不应混用，以免造成混乱而发生漏振，每次移动位置的距离不大于振动棒作用半径的1.5倍。

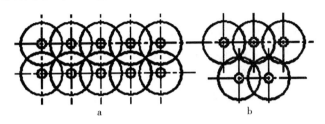

图3-59　振捣棒插点排
a. 行列式　b. 交错式

（2）人工振捣。通过人工，在混凝土初凝前，对其进行捣实，以保证其密实度的方法。人工浇捣作业一般只是在缺少振动机械和工程量很小的情况下才采用。人工浇捣多采用流动性较大的塑性混凝土。人工浇筑混凝土时应注意布料均匀，浇筑层的厚度不宜超出表3-21的规定。为了保证浇筑质量，必须用钢钎等捣棍捣实，或者用木锤轻轻敲击模板侧，使混凝土尽快密实。

4. 混凝土的养护　养护是混凝土工艺中的一个重要环节。混凝土浇筑后，逐渐凝固、硬化以致产生强度，这个过程主要由水泥的水化作用来实现。水化作用必须有适宜的温度和湿度。混凝土养护的目的，就是要创造各种条件，使水泥充分水化，加速混凝土硬化。混凝土养护的方法很多，这里仅介绍自然养护法。

自然养护：在自然气温高于5℃的条件下，用草袋、麻袋、锯末等覆盖混凝土，并在上面经常浇水，普通混凝土浇筑完毕后，应在12小时内加以覆盖和浇水，浇水次数以能够保持足够的湿润状态为宜。在一般气候条件下（气温为15℃以上），在浇筑后最初3天，白天每隔2小时浇水1次，夜间至少浇水2次。在以后的养护期间，每昼夜至少浇水4次。在干燥的气候条件下，浇水次数应适当增加，浇水养护时间一般以达到标准强度的60%左右为宜。

在一般情况下，硅酸盐水泥、普通硅酸盐水泥及矿渣硅酸盐水泥拌制的混凝土，其养护天数不应少于7天。

在外界气温低于5°时，不允许浇水。

5. 混凝土表面缺陷的分类和产生的原因

（1）麻面。结构构件表面出现无数小凹点，而无钢筋暴露现象。

（2）露筋。钢筋暴露在混凝土外面。

（3）蜂窝。结构构件中形成有蜂窝状窟窿，骨料间有空隙存在。

（4）孔洞。混凝土结构内存在空隙，局部地或全部地没有混凝土。

（5）缺棱掉角。缺棱掉角是指梁、柱、墙板和空洞处直角边上的混凝土局部残损掉落。

发生上述质量缺陷的原因大都是因模板润湿不够，不严密，捣固时，发生漏浆或振捣不足，气泡未排出，捣固后没有很好养护；浇注时垫块位移；材料配合比不准确或搅拌不均匀，造成砂浆与石子分离，或在浇注混凝土时投料距离过高或过远，又没有采取有效的防止离析措施或捣固不足等。

（6）缝隙及夹层。将结构分割成几个不相连接的部分，施工缝处最易发生此现象。主要是混凝土施工缝处理不当。

混凝土在浇筑后的养护阶段会发生体积收缩现象，混凝土收缩分干缩和自收缩两种：干缩主要因为养护不当，或由于混凝土体积收缩受到地基或垫层的约束；温度裂缝主要是因为混凝土内部和表面温度相差较大而引起；不均匀沉降裂缝是由于结构和构件下面的地基未经夯实和必要的加固处理，或地基遭到破坏，混凝土浇筑后地基产生不均匀沉降。

五、密封与防水工程

（一）建筑防潮层

基础防潮层应在基础墙全部砌到设计标高后才能施工，最好能在室内回填土完成以后进行。防潮层应该作为一道工序来完成，不允许在砌墙砂浆中添加防水剂进行砌砖来代替防潮层。

防潮层所用砂浆一般采用1：2水泥砂浆加水泥量的3%～5%的防水剂搅拌而成。如使用防水粉，应先把粉剂搅拌成均匀的稠浆后，再添加到砂浆中去。抹防潮层时，应先在基础墙顶的侧面，找出水平标高线，然后用直尺夹在基础墙的两侧，尺上按水平线找准，然后摊铺砂浆，待初凝后再用木抹子收压一遍，做到平、实、表面不光滑。

（二）防水工程

防水层的做法一般分为柔性防水和刚性防水两种。下面以屋面防水为例，简要介绍其构造：

1. 柔性防水屋面 以沥青、油毡、油膏等柔性材料铺设的屋面防水层叫柔性防水屋面。通常用三层油毡四层沥青分层黏结，也称作三毡四油柔性防水屋面，其优点是对房屋地基沉降、房屋受震动或温度变化的适应性较好，缺点是施工复杂，层次多，出现渗漏后维修比较麻烦。柔性防水屋面的层次及椽口构造如图3-60所示。

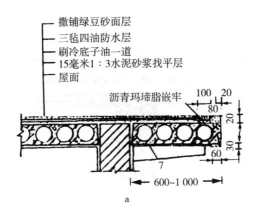

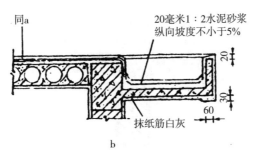

图 3-60 柔性防水层及橡口做法

a. 做法 1 b. 做法 2

2. 刚性防水屋面 以细石混凝土、防水砂浆等刚性材料做屋面防水层的，叫刚性防水屋面。为防止刚性防水屋面因温度变化或房屋不均匀沉降而引起的开裂，需设置分仓缝（又称构造缝，一般以横墙轴线和屋脊缝分隔）以防渗漏。图 3-61 是两种分仓缝的做法。采用刚性防水屋面较为普遍，效果较好的做法是细石混凝土防水层。一般是在钢筋混凝土屋面板上，用 C20 细石混凝土浇筑 30～50 毫米，并在混凝土整体设置 $\phi4@200$ 双向钢筋网片。刚性防水屋面构造如图 3-62 所示。

（三）现浇混凝土沼气池密封层

现浇混凝土沼气池密封层的要求更严格，既要防漏水又要防漏气，一般在对现浇混凝土沼气池内壁找平后，采用五层做法：

一层——纯稠水泥浆刷一层；

二层——细砂浆粉 10 毫米厚一层（水泥∶砂＝1∶3）；

三层——纯水泥加密封胶加水调成膏状刮 2 毫米厚一层；

四层——细砂浆粉 5 毫米厚一层（水泥∶砂＝1∶2）；

五层——纯稠水泥浆刷或刮一层。

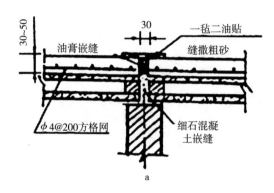

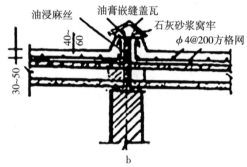

图 3-61　分仓缝做法
a. 做法 1　b. 做法 2

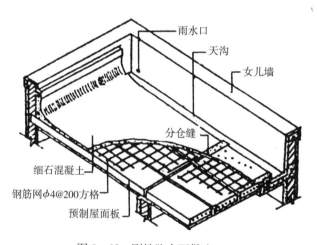

图 3-62　刚性防水面做法

思考与练习题

1. 修建沼气池的建池材料有哪些种类？各有什么特性？
2. 混凝土由什么材料组成？分为几类？各有什么特性？
3. 影响混凝土性能的主要因素有哪些？
4. 什么是混凝土的配合比？配混凝土时应掌握哪些关键技术？
5. 砂浆由什么材料组成？分为几类？各有什么特性？
6. 影响砂浆的性质因素有哪些？应如何掌握？
7. 沼气池密封材料有几类？各有什么特性？
8. 什么叫投影法和正投影法？各有什么区别？
9. 正投影法有什么特点？
10. 什么是物体的三视图？各有什么特点？
11. 什么是三视图的投影关系？各有什么特点？
12. 施工图上的线条和图例表示什么？各有什么作用？
13. 建筑施工图由哪些图纸组成？各起什么作用？
14. 建筑工程常用的测量仪器和工具有哪些？应如何使用？
15. 什么是施工测量放线？分为几种方法？
16. 基槽土方施工分为几个步骤？应掌握什么技术要领？
17. 垫层施工工艺分为几类？应掌握什么技术要领？
18. 砌砖的基本功分为几个步骤？应掌握什么技术要领？
19. 砖砌体要想组砌成牢固的整体，必须遵循哪些原则？
20. 实心墙的组砌方法分为几种？应掌握什么技术要领？
21. 矩形砖柱的砌筑方法分为几种？应掌握什么技术要领？
22. 配置在混凝土构件中的钢筋分为几种？各有什么作用？
23. 模板分为几种？各有什么作用？
24. 混凝土搅拌的方法有几种？应掌握什么技术要领？
25. 混凝土振捣的方法有几种？应掌握什么技术要领？
26. 混凝土自然养护应掌握什么？
27. 现浇混凝土沼气池密封层如何做？

第四章　沼气发酵基础知识

　　本章的知识点是沼气发酵基本原理、基本条件、常用发酵工艺及发酵装置，重点和难点是将所学的沼气基本理论灵活应用于沼气生产实践。

　　本教程所讲的沼气是指利用人工的方法所获得的"人工沼气"，研究人工制取和利用沼气的科学称为沼气工程学。沼气工程学涉及微生物学、化学、力学及建筑、机械、热工、电力、土壤肥料、环保卫生等多种学科，只有掌握有关沼气的基础知识，才能更好地为沼气工程建设事业服务，为生态循环农业作出更大的贡献。

第一节　沼气的概念与性质

　　学习目标：掌握沼气的定义和主要特性，为解决沼气生产中发酵常见问题打基础。

一、沼气的来源

　　在日常生活中，特别是在气温较高的夏、秋季节，人们经常可以看到，从死水塘、污水沟、储粪池中，咕嘟咕嘟地向表面冒出许多小气泡，如果把这些小气泡收集起来，用火去点燃，便可产生蓝色的火苗，这种可以燃烧的气体就是沼气。由于它最初是从沼泽中发现的，如图 4-1 所示，所以叫作沼气（marsh gas）。由于沼气是有机物质在水隔绝空气厌氧条件下产生出来的气体，因此，沼气又称为生物气（biogas）。

　　沼气实质上是人畜粪尿、生活污水和植物茎叶等有机物质在一定的水分、温度和厌氧件下，经沼气微生物的发酵转换而成的一种方便、清洁、优质、高品位气体燃料，可以直接炊事和照明，也可以供热、发电等。沼气发酵剩余物是一种高效有机肥料，回到农业中形成养分有机循环进行综合利用，可产生显著的生态、经济综合效益。

　　沼气发酵是自然界中普遍而典型的物质循环过程，按其来源不同，可分为天然沼气和人工沼气两大类。天然沼气是在没有人工干预的情况下，由于特殊的自然环境条件而形成的。除广泛存在于粪坑、阴沟、池塘等自然界厌氧生态系统外，地层深处的古代有机体在逐渐形成石油的过程中，也产生一种可燃性

图 4-1　沼气的产生

气体，叫作天然气。人类在分析掌握了自然界产生沼气的规律后，便有意识地模仿自然环境建造沼气池，将各种有机物质作为原料，用人工的方法制取沼气，这就是人工沼气。人工沼气的性质近似于天然气，但也有不同之处，其主要不同点见表 4-1。

表 4-1　人工沼气和天然气的差异

气体种类	获得方法	可燃成分	含量（%）	热值（千焦/米^3）
人工沼气	发酵法	甲烷、氢气	55~70	20 000~29 000
天然气	钻井法	甲烷、丙烷、丁烷、戊烷	90 以上	36 000 左右

二、沼气的成分

无论是天然产生的，还是人工制取的沼气，都是以甲烷为主要成分的混合气体，其成分不仅随发酵原料的种类及相对含量不同而有变化，而且因发酵条件及发酵阶段各有差异。一般情况下，沼气中的主要成分是甲烷（CH_4）、二氧化碳（CO_2）和少量的硫化氢（H_2S）、氢气（H_2）、一氧化碳（CO）、氮气（N_2）等气体。其中，甲烷占 50%~70%，二氧化碳占 30%~40%，其他成分含量极少。沼气中的甲烷、氢气、一氧化碳等是可以燃烧的气体，人类主要利用这一部分气体的燃烧特性来满足能源用途。

三、沼气的性质

沼气是一种无色气体，由于它常含有微量的硫化氢气体，所以脱除硫化氢前，有轻微的臭鸡蛋味，燃烧后，臭鸡蛋味消除。沼气的主要成分是甲烷，它的理化性质也近似于甲烷，如表 4-2 所示。

表 4－2 甲烷与沼气的主要理化性质

理化特点	甲烷（CH_4）	标准沼气（$CH_4$60％，$CO_2$40％）
体积百分比（％）	54～80	100
热值（千焦/米³）	35 820	21 520
密度（克/升，标准状态）	0.27	1.22
相对密度（与空气相比）	0.55	0.94
临界温度（℃）	−82.5	−48.42～−25.7
临界压力（×10⁵ 帕）	46.4	53.93～59.35
爆炸范围（与空气混合的体积比，％）	5～15	8.8～24.4
气味	无	微臭

1. 热值 甲烷是一种发热值相当高的优质气体燃料。1 米³ 纯甲烷，在标准状况下完全燃烧，可放出 35 822 千焦的热量，最高温度可达 1 400℃。沼气中因含有其他气体，发热量稍低一点，为 20 000～29 000 千焦，最高温度可达 1 200℃。因此，在人工制取沼气中，应创造适宜的发酵条件，以提高沼气中甲烷的含量。

2. 相对密度 与空气相比，甲烷的相对密度为 0.55，标准沼气的相对密度为 0.94。因此，在沼气池气室中，甲烷较轻，分布在上层；二氧化碳较重，分布于下层。沼气比空气轻，在空气中容易扩散，扩散速度比空气快 3 倍。当空气中甲烷的含量达 25％～30％时，对人畜有一定的麻醉作用。

3. 溶解度 甲烷在水中的溶解度很小，在 20℃、一个大气压下，100 个单位体积的水只能溶解 3 个单位体积的甲烷，这就是沼气不但在淹水条件下生成，还可用排水法收集的原因。

4. 临界温度和压力 气体从气态变成液态时，所需要的温度和压力称为临界温度和临界压力。标准沼气的平均临界温度为−37℃，平均临界压力为 56.64×10⁵ 帕（即 56.64 个大气压）。这说明沼气液化的条件是相当苛刻的，也是沼气只宜以管道输气、不宜液化装罐作为商品能源交易的原因。

5. 分子结构与尺寸 甲烷的分子结构是一个碳原子和四个氢原子构成的等边四面体，相对分子质量为 16.04，其分子直径为 3.76×10⁻¹⁰ 米，约为水泥砂浆孔隙的 1/4，这是研制复合涂料，提高沼气池密封性的重要依据。

6. 燃烧特性 甲烷是一种优质气体燃料，一个体积的甲烷需要两个体积的氧气才能完全燃烧。氧气约占空气的 1/5，而沼气中甲烷含量为 60％～70％，所以一个体积的沼气需要 6～7 个体积的空气才能充分燃烧。这是研制沼气用具和正确使用用具的重要依据。

7. 爆炸极限 在常压下，标准沼气与空气混合的爆炸极限是 8.80％～24.4％；沼气与空气按 1∶10 的比例混合，在封闭条件下，遇到火会迅速燃烧、膨胀，产生很大的推动力，因此，沼气除了可以用于炊事、照明、发电外，还可以用作动力燃料，也是爆炸燃烧引安全事故的原因。

了解和熟悉沼气的上述主要理化性质，对于制取和利用沼气很有必要。

第二节 沼气发酵基本原理

学习目标：掌握沼气发酵微生物在水解—产酸—产甲烷过程中的基本规律。

沼气发酵又称为厌氧消化、厌氧发酵和甲烷发酵，是指有机物质（如人畜家禽粪便、秸秆、杂草、屠宰废水等）在一定的水分、温度和厌氧条件下，通过种类繁多、数量巨大且功能不同的各类微生物的分解代谢，产生甲烷和二氧化碳等混合气体（沼气）的复杂的生物化过程。

一、沼气发酵微生物

沼气发酵微生物是人工制取沼气最重要的因素，只有有了大量的沼气微生物，并使各类群的微生物得到基本的生长条件，沼气发酵原料才能在微生物的作用下转化为沼气。

（一）沼气微生物的种类

沼气发酵是一种极其复杂的微生物和化学过程，这一过程的发生和发展是五大类微生物群生命活动的结果，它们是发酵性细菌、产氢产乙酸菌、耗氢产乙酸菌、食乙酸产甲烷菌和食氢产甲烷菌。这些微生物按照各自的营养需要，起着不同的物质转化作用。从复杂有机物的降解，到甲烷的形成，就是由它们分工合作和相互作用而完成的。

在沼气发酵过程中，五大类群细菌构成一条食物链，从各类群细菌的生理代谢产物或它们的活动对发酵液 pH 的影响来看，沼气发酵过程可分为产酸阶段和产甲烷阶段。前三群细菌的活动可使有机物形成各种有机酸，因此，将其统称为产酸菌或不产甲烷菌。后二群细菌的活动可使各种有机酸转化成甲烷，因此，将其统称为产甲烷菌。

1. 不产甲烷菌 在沼气发酵过程中，不能直接产生甲烷的微生物统称为不产甲烷菌。不产甲烷菌能将复杂的大分子有机物变成简单的小分子物质。它们的种类繁多，现已观察到的包括细菌、真菌和原生动物三大类。以细菌种类最多，目前已知的有 18 属 51 种，随着研究的深入和分离方法的改进，还在不断发现新的种。根据微生物的呼吸类型可将其分为好氧菌、厌氧菌、兼性厌氧菌三种类型。其中，厌氧菌数量最大，比兼性厌氧菌、好氧菌多 100～200 倍，是不产甲烷阶段起主要作用的菌类。根据作用基质来分，有纤维分解菌、半纤维分解菌、淀粉分解菌、蛋白质分解菌、脂肪分解菌和其他一些特殊的细菌，如产氢菌、产乙酸菌等。

2. 产甲烷菌 在沼气发酵过程中，利用小分子化合物形成沼气的微生物统称为产甲烷菌。如果说微生物是沼气发酵的核心，那么产甲烷菌又是沼气发酵微生物的核心，产甲烷菌是一群非常特殊的微生物。它们需要严格厌氧环境，对氧和氧化剂非常敏感，适宜在中性或微碱性环境中生存繁殖。它们依靠二氧化碳和氢气生长，并以废物的形式排出甲烷，是要求生长物质最简单的微生物。产甲烷菌的种类很多，目前已发现的产甲烷菌有3目、4科、7属和13种，根据它们的细胞形态、大小、有无鞭毛、有无孢子等特征，可分为甲烷杆菌类、甲烷八叠球菌类、甲烷球菌类、甲烷螺旋形菌类，如图4-2所示。产甲烷菌生长缓慢，繁殖倍增时间一般都比较长，长则达4~6天，短则3小时左右，大约为不产甲烷菌繁殖倍增时间的15倍。由于产甲烷菌繁殖较慢，在发酵启动时，需加入大量甲烷菌种。

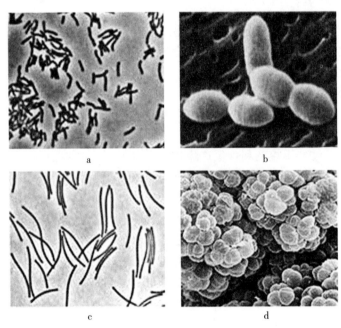

图4-2 产甲烷菌的形态
a. 甲烷杆菌类　b. 甲烷球菌类　c. 甲烷螺旋形菌类　d. 甲烷八叠球菌类

产甲烷菌在自然界中广泛分布，如土壤，湖泊、沼泽，动物特别是反刍动物（牛羊等）的肠胃道，淡水或碱水池塘污泥，下水道污泥，腐烂秸秆堆，动物粪以及城乡垃圾堆中都有大量的产甲烷菌存在。由于产甲烷菌的分离、培养和保存都有较大的困难，迄今为止，所获得的产甲烷菌的纯种不多。一些菌的培养方法没有过关，所以对产甲烷菌的生理生化特征还不清楚，产甲烷菌的纯种还不能应用于生产，这些直接影响到沼气发酵研究的进展，也是沼气池产气率提高不快的重要原因。

（二）沼气发酵微生物的作用

在沼气发酵过程中，不产甲烷菌与产甲烷菌相互依赖，互为对方创造维持生命活动所需的物质基础和适宜的环境条件，同时又相互制约，共同完成沼气发酵过程。它们之间的相互关系主要表现在下列几个方面：

1. 不产甲烷菌为产甲烷菌提供营养　原料中的碳水化合物、蛋白质和脂肪等复杂有机物不能直接被产甲烷菌吸收利用，必须通过不产甲烷菌的水解作用，使其形成可溶性的简单化合物，并进一步分解，形成产甲烷菌的发酵基质。这样，不产甲烷菌通过其生命活动为产甲烷菌源源不断地提供合成细胞的基质和能量。同时，产甲烷菌连续不断地将不产甲烷菌所产生的乙酸、氢和二氧化碳等发酵基质转化为甲烷，使厌氧消化过程中不致有酸和氢的积累，不产甲烷菌也就可以继续正常的生长和代谢。不产甲烷菌与产甲烷菌的协同作用，使沼气发酵过程达到产酸和产甲烷的动态平衡，维持沼气发酵的稳定运行。

2. 不产甲烷菌为产甲烷菌创造适宜的厌氧生态环境　在沼气发酵启动阶段，由于原料和水的加入，沼气池中随之进入了大量的空气，这显然是对产甲烷菌不利的，但是由于不产甲烷菌类群中的好氧和兼性厌氧微生物的活动，使发酵液的氧化还原电位不断下降（氧化还原电位愈低，厌氧条件愈好），逐步为产甲烷菌创造厌氧生态环境促进产甲烷菌的生长繁殖。

3. 不产甲烷菌为产甲烷菌清除有毒物质　在以工业废水或废弃物为发酵原料时，其中往往含有酚类、苯甲酸、氰化物、长链脂肪酸和重金属等物质，这些物质对产甲烷菌是有毒害作用的，而不产甲烷菌中有许多菌能分解和利用上述物质，这样就可以解除对产甲烷菌的毒害。此外，不产甲烷菌发酵产生的硫化氢可以与重金属离子作用，生成不溶性的金属硫化物而沉淀下来，从而解除了某些重金属的毒害作用。

4. 不产甲烷菌与产甲烷菌共同维持环境中适宜的 pH　在沼气发酵初期，不产甲烷菌首先降解原料中的淀粉和糖类等，产生大量的有机酸。产生的二氧化碳也部分溶于水，使发酵液 pH 下降。但是，由于不产甲烷菌类群中的氨化细菌迅速进行氨化作用，产生的氨（NH_3）可中和部分有机酸。同时，由于产甲烷菌不断利用乙酸、氢和二氧化碳形成甲烷，而使发酵液中有机酸和二氧化碳的浓度逐步下降。通过两类群细菌的共同作用，就可以使 pH 稳定在一个适宜的范围。因此，在正常发酵的沼气池中，pH 始终能维持在适宜的状态而不用人为的控制。

5. 产甲烷菌利用小分子化合物依靠二氧化碳和氢气生长产生沼气　产甲烷菌类群以不产甲烷菌类群分解出的小分子物质乙酸、氢和二氧化碳为基础物质产生沼气。

（三）沼气发酵微生物的特点

理论和实践证明，沼气发酵过程实质上是多种类群微生物的物质代谢和能量转换过程，在此过程中，沼气发酵微生物是核心，发酵工艺过程及工艺条件的控制都以沼气发酵微生物学为理论指导。沼气发酵微生物具有以下特点：

1. 分布广，种类多　上至 1.2 万米的高空，下至 2 千米的地层深处都有微生物的踪迹。目前，已被人们研究过的微生物有 3 万～4 万种之多。沼气微生物在自然界中分布也很广，特别是在沼泽、粪池、污水池以及阴沟污泥中存在有各种各样的沼气发酵微生物，种类达 200～300 种，它们是可利用的沼气发酵菌种的源泉。

2. 繁殖快，代谢强　在适宜条件下，微生物有很高的繁殖速度。不产甲烷菌在生长旺盛时，20 分钟或更短的时间内就可以繁殖一代，产甲烷菌繁殖速度较慢，约为不产甲烷菌的 1/15。微生物之所以能够出现这样高的繁殖速度，主要是因为它们具有极大的表面积和体积比值，例如直径为 1 微米的球菌，其面积和体积的比值为 6 万，而人的这种比值却不到 1。所以，微生物能够以极快的速度与外界环境发生物质交换，使之具有很强的代谢能力。

3. 适应性强，容易培养　与高等生物相比，多数微生物适应性较强，并且容易培养。在自然条件下，成群体状态生长的微生物更是如此。例如，沼气池里的微生物（主要是厌氧菌和兼性厌氧菌两大菌群）在 10～60℃ 条件下，都可以利用多种多样的复杂有机物进行沼气发酵。有时经过驯化培养后的微生物可以加快这种反应，从而更有效地达到生产沼气能源和保护环境的目的。

二、沼气发酵过程

沼气发酵过程，实质上是微生物的物质代谢和能量转换过程，在分解代谢过程中沼气微生物获得能量和物质，以满足自身生长繁殖，同时大部分物质转化为甲烷和二氧化碳。这样各种各样的有机物质不断地被分解代谢，就构成了自然界物质循环和能量流动的重要环节。科学测定分析表明：有机物约有70%被转化为沼气，10%被沼气微生物用于自身的消耗。发酵原料转换成沼气是通过一系列复杂的生物化学反应来实现的，一般认为这个过程大体上分为水解发酵、产酸和产甲烷三个阶段。

（一）水解发酵阶段

各种固体有机物通常不能进入微生物体内被微生物利用，必须在好氧和厌氧微生物分泌的胞外酶、表面酶（纤维素酶、蛋白酶、脂肪酶）的作用下，将固体有机质水解成分子质量较小的可溶性单糖、氨基酸、甘油、脂肪酸，如图 4－3 所示。这些分子质量较小的可溶性物质就可以进入微生物细胞之内被进一步分解利用。

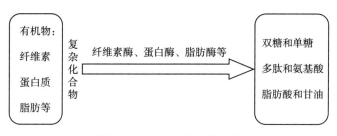

图 4-3　水解发酵阶段示意

（二）产酸阶段

各种可溶性物质（单糖、氨基酸、脂肪酸），在纤维素细菌、蛋白质细菌、脂肪细菌、果胶细菌及胞内酶作用下继续分解转化成小分子物质，如丁酸、丙酸、乙酸及醇、酮、醛等简单有机物质；同时，也有部分氢气、二氧化碳和氨等无机物的释放。但在这个阶段中，主要的产物是乙酸，约占 70% 以上，所以称为产酸阶段，如图 4-4 所示。参加这一阶段的细菌称为产酸菌。

上述两个阶段是一个连续过程，通常称为不产甲烷阶段，它是复杂的有机物转化成甲烷菌可利用的简单物质的过程，也是产沼气的先决条件。

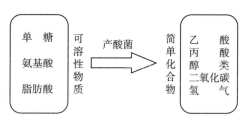

图 4-4　产酸阶段示意

（三）产甲烷阶段

由产甲烷菌将第二阶段分解出来的乙酸等简单有机化合物分解成甲烷、二氧化碳和少量其他气体，其中部分二氧化碳在氢气的作用下还可原成甲烷。这一阶段叫产沼气阶段，或叫产甲烷阶段，如图 4-5 所示。

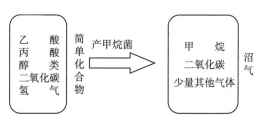

图 4-5　产甲烷阶段示意

综上所述，复杂有机物变成沼气的过程，好比工厂里生产一种产品的 3 道工序，1～2 道工序是分解细菌将复杂有机物加工成半成品即结构简单的化合物，第 3 道工序是在产甲烷菌的作用下，将半成品加工成产品即沼气。也可以将3道工序简化成2道工序，如图4-6所示。

图4-6 简化的沼气发酵过程

三、沼气发酵原料

总体来看，可用于沼气发酵的原料是有机质，它是沼气发酵微生物赖以生存的物质基础，也是沼气发酵微生物进行生命活动并产生沼气的营养物质。农业、畜牧业及食品加工等的废弃物都是有机质，但按其物理形态分为固态原料和液态原料两类；按其来源分为农业有机原料、畜牧业有机原料、食品加工有机原料和水生植物有机原料三类；按其营养成分又有富氮原料和富碳原料之分。

（一）富氮原料

富氮原料是指富含氮元素的有机质，如人、畜、禽粪污，这类原料经过了人和动物肠胃系统的充分消化，一般颗粒细小，含有大量人和动物未吸收消化的中间产物小分子化合物，含水量较高。因此，在进行沼气发酵时，它们不必进行特殊预处理，就容易厌氧分解，产气很快，发酵周期较短。另外，还有食品加工废水也属于富氮原料。

（二）富碳原料

富碳原料通常指富含碳元素的有机质，如农作物秸秆、青菜叶、青草和水生植物等，这类原料富含纤维素、半纤维素、果胶以及难降解的木质素和植物蜡质。干物质量比富氮的粪便原料高，且质地疏松，密度小，进沼气池后容易飘浮形成发酵死区——浮壳层，发酵前一般需经预处理。富碳原料厌氧分解比富氮原料慢，产气周期较长。主要富氮原料和富碳原料的产气情况、碳氮比、比重，如表4-3、表4-4、表4-5、表4-6所示。

表4-3 沼气池容积与畜禽饲养量的关系

项目	成猪	成牛	成羊	成鸡
日排粪量（千克）	3.0	15.0	1.5	0.1
总固体（%）	18.0	17.0	75.0	30.0
6米³沼气池（头、只）	5	1	20	167
8米³沼气池（头、只）	7	2	28	222
10米³沼气池（头、只）	8	3	32	278

表4-4　生产1米³沼气的原料用量

发酵原料	含水量（%）	沼气生产转换率（米³/千克）	生产1米³沼气的原料用量（千克）	
			干重	鲜重
猪粪	82	0.25	4.00	13.85
牛粪	83	0.19	5.26	26.21
鸡粪	70	0.25	4.00	13.85
人粪	80	0.30	3.33	16.65
稻草	15	0.26	3.84	4.44
麦草	15	0.27	3.70	4.33
玉米秸	18	0.29	3.45	4.07
水葫芦	93	0.31	3.22	45.57
水花生	90	0.29	3.45	34.40

表4-5　农村常用沼气原料的碳氮比

原料名称	碳素占原料比例（%）	氮素占原料比例（%）	碳氮比（C∶N）
牛粪	7.30	0.29	25∶1
鲜马粪	10.00	0.42	24∶1
鲜猪粪	7.80	0.60	13∶1
鲜羊粪	16.00	0.55	29∶1
鲜人粪	2.50	0.85	2.9∶1
鸡粪	25.50	1.63	15.6∶1
干麦草	46.00	0.53	87∶1
干稻草	42.00	0.63	67∶1
玉米草	40.00	0.75	53∶1
树叶	41.00	1.00	41∶1
青草	14.00	0.54	26∶1

表4-6　原料体积与重量的换算

原料	1米³原料的重量（吨）	1吨原料的体积（米³）	备注
鲜牛粪	0.700	1.43	
鲜马粪	0.400	2.50	新堆原料
鲜猪粪	0.510	1.96	
鲜禽粪	0.300	3.33	
羊圈粪	0.670	1.49	
旧沼渣	1.000	1.00	
堆沤秸秆	0.350	2.85	
混合干草	0.055	18.18	
小麦秆	0.038	26.32	
大麦秆	0.048	20.83	

四、促进剂与抑制因素

沼气发酵过程中有些物质能使沼气发酵微生物繁殖生长加快，称为促进剂；相反，有些物质使沼气微生物减慢繁殖生长或停止繁殖生长甚至死亡，称为抑制因素。

1. 促进剂 能加快沼气发酵微生物繁殖生长的物质：添加过磷酸钙、纤维素酶，能促进纤维素分解提高产气率；添加镁、锌、锰，能增加酶的活性。适当添加这些物质能提高产气率。

2. 抑制因素 抑制沼气发酵微生物繁殖生长的因素：有毒物质如农药、老鼠药、消毒剂、氰化钾、葱、蒜、桃树叶、马钱子、解放草等。在沼气发酵工程中要避免这些物质进入沼气发酵池或罐中。部分有机杀菌剂和抗生素的允许浓度如表4-7所示。

表4-7 部分有机杀菌剂和抗生素的允许浓度

化合物	允许浓度（毫克/升）	化合物	允许浓度（毫克/升）
苯酚	1 000	烷基苯磺酸	50
甲苯	500	青霉素	5 000
五氯酚	10	链霉素	5 000
甲酚（来苏儿）	500～1 000	卡那霉素	5 000

第三节 沼气发酵基本条件

学习目标：掌握沼气发酵的基本条件及调控技能。

人们在观察了沼气气泡从沼泽、池塘水面以下的污泥中和粪坑的底部冒出的现象以后，受到启示，认识到丰富的有机物质在隔绝空气和保持一定水分、温度的条件下能产生沼气。于是在实验室里，对沼气的产生过程进行了深入研究，逐步弄清了人工制取沼气的基本条件及工艺。

一、适宜的发酵原料碳氮比

氮是构成沼气微生物躯体细胞质的重要原料，碳不仅构成微生物细胞质，而且能提供生命活动的能量。发酵原料的碳氮比不同，其发酵产气情况差异也很大。从营养学和代谢作用角度看，沼气发酵微生物消耗碳的速度比消耗氮的速度要快25～30倍。因此，在其他条件都具备的情况下，碳氮比配成（25～30）：1可以使沼气发酵在较佳的速度下进行。如果比例失调，就会使产气和微生物的生命活动受到影响。因此，制取沼气不仅要有充足的原料，还应注意采用各种发酵原料搭配使混合后碳氮比达到（25～30）:1。计算各种原料用量时，参考表4-4和表4-5数据，按干物质计算出配比，再按配比配料。

二、质优足量的菌种

沼气发酵微生物是人工制取沼气的内在条件，一切外在条件都是通过这个基本的内在条件才能起作用。因此，沼气发酵的前提就是要接入含有大量这种微生物的接种物，也称含量丰富的菌种。

沼气发酵微生物都是从自然界来的，而沼气发酵的核心微生物群落是产甲烷菌群，一切具备厌氧条件和含有有机物的地方都可以找到它们的踪迹。一般产酸菌随处有，但产甲烷菌群生存在特定场所，人们采集产甲烷菌群的接种物来源主要有如下地方：沼气池、湖泊、沼泽、池塘底部，阴沟污泥，积水粪坑，动物粪便，屠宰场、酿造厂、豆制品厂、副食品加工厂等阴沟。

给新建的沼气工程加入丰富的沼气微生物群落，目的是为了很快地启动发酵，而后又使其在新的条件下繁殖增生，不断富集，以保证大量产气。沼气工程一般加入接种物的量为总投料量的10%～30%。在其他条件相同的情况下，加大接种量，产气快，气质好，启动调节时间短。

三、严格的厌氧环境

沼气微生物的核心菌群——产甲烷菌是一种厌氧性细菌，对氧特别敏感，它们在生长、发育、繁殖、代谢等生命活动中都不需要空气，空气中的氧气会使其生命活动受到抑制，甚至死亡。产甲烷菌只能在严格厌氧的环境中才能生长。因此，修建沼气池，要严格隔绝空气或密封，达到不漏水、不漏气，这不仅是收集沼气和储存沼气发酵原料的需要，也是保证沼气微生物生存的厌氧生态条件，满足沼气池能正常产气的需要。这就是为什么把漏水、漏气的沼气池称为"病态池"的道理。

四、适宜的发酵温度

温度是沼气发酵的重要外在条件，温度适宜则细菌繁殖旺盛，活力强，厌氧分解和生成甲烷的速度就快，产气就多，如表4-8所示。从这个意义上讲，温度是产气好坏的关键。

研究发现，在10～60℃的范围内，沼气均能正常发酵产气。低于10℃或高于60℃都严重抑制微生物生存、繁殖，影响产气。在这一温度范围内，一般温度愈高，微生物活动愈旺盛，产气量愈高（图4-7）。微生物对温度变化十分敏感，温度突升或突降，都会影响微生物的生命活动，使产气状况恶化。

表 4 - 8　沼气原料在不同温度下的产气率

发酵原料	发酵温度（℃）	沼气产气率［米³/（米³·天）］
猪粪＋稻草	29～31	0.55
猪粪＋稻草	24～26	0.21
猪粪＋稻草	16～20	0.10
猪粪＋稻草	12～15	0.07
猪粪＋稻草	8 以下	微量

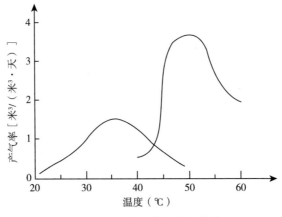

图 4 - 7　温度对产气率的影响

通常把不同的发酵温度区分为三个范围，即把 46～60℃ 称为高温发酵，28～38℃ 称为中温发酵，10～26℃ 称为常温发酵。农村沼气池靠自然温度发酵，属于常温发酵。常温发酵虽然温度范围较广，但在 10～26℃ 范围内，温度越高，产气越好。这就是为什么沼气池在夏季，特别是气温最高的 7 月产气量大，而在冬季最冷的 1 月产气很少。

五、适宜的 pH

沼气微生物的生长、繁殖，要求发酵原料的 pH 保持中性，或者微偏碱性，过酸、过碱都会影响产气。测定表明，pH 在 6～8，均可产气，以 pH 6.5～7.5 产气量最高，pH 低于 6 或高于 9 时均不产气。

农村户用沼气池发酵初期由于产酸菌的活动，池内产生大量的有机酸，导致 pH 下降。随着发酵持续进行，氨化作用产生的氨中和一部分有机酸，同时产甲烷菌的活动，使大量的挥发酸转化为甲烷和二氧化碳，使 pH 逐渐回升到正常值。所以在正常的发酵过程中，沼气池内的 pH 变化可以自然进行调解，先由高到低，然后又升高，最后达到恒定的自然平衡（即适宜的 pH），一般不需要进行人为调节。只有在完全未经酸化的大量新鲜原料加入沼气池时，正常发酵过程受到破坏的情况下，才可能出现有机酸大量积累，发酵料液过于偏酸的现象。此时，可取出部分料液，加入等量的接种物，将积累的有机酸转化为甲烷，或者添加适量的草木灰或石灰澄清液，中和有机酸，使 pH 恢复到正常。

六、合适的发酵浓度

沼气工程的负荷常用容积有机负荷表示，即单位体积沼气池每天所承受的有机物的数量（COD），通常以千克/（米³·天）为单位。容积负荷是沼气工程设计和运行的重要参数，其大小主要由厌氧活性污泥的数量和活性决定的。

沼气工程的负荷通常用发酵原料浓度来体现，适宜的干物质浓度为 4%～10%，即发酵原料含水量为 90%～96%。发酵浓度随着温度的变化而变化，夏季一般为 6%左右，冬季一般为 8%～10%。浓度过高或过低，都不利于沼气发酵。浓度过高，则含水量过少，发酵原料不易分解，并容易积累大量酸性物质，不利于产甲烷菌的生长繁殖，影响正常产气。浓度过低，则含水量过多，单位容积里的有机物含量相对减少，产气量也会减少，不利于沼气工程的充分利用。

七、搅拌

静态发酵沼气池原料加水混合与接种物一起投进沼气池后，按其密度和自然沉降规律，从上到下将明显地逐步分成浮渣层、清液层、活性层和沉渣层，如图 4-8a 所示。这样的分层分布对微生物以及产气是很不利的。沼气料液的分层会导致原料和微生物分布不均，大量的微生物集聚在底层活动，因为此处接种污泥多，厌氧条件好，但原料缺乏，尤其是用富碳的秸秆作为原料时，容易漂浮到料液表层，不易被微生物吸收和分解，同时形成的密实结壳，不利于沼气的释放。为了改变这种不利状况，就需要采取搅拌措施，变静态发酵为动态发酵（图 4-8b）。

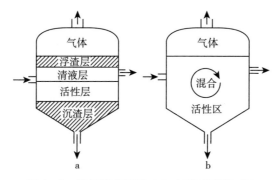

图 4-8　沼气静态发酵（a）与动态发酵（b）

沼气工程的搅拌通常分为机械搅拌、气体搅拌和液体搅拌三种方式，如图4-9所示。机械搅拌是通过机械装置旋转达到搅拌目的；气体搅拌是将沼气从池底部冲进去，产生较强的气体回流，达到搅拌的目的；液体搅拌是从沼气罐的下部抽出发酵液，然后从沼气罐中上部冲入沼气罐内，产生较强的液体回流，达到搅拌的目的。

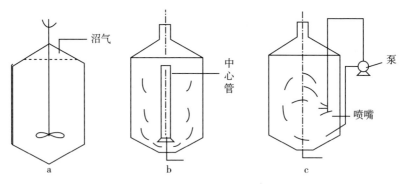

图4-9　沼气工程的搅拌方式
a. 机械搅拌　b. 气体搅拌　c. 液体搅拌

沼气工程常采用强制回流的方法进行人工液体搅拌。实践证明，适当的搅拌方法和强度，可以使发酵原料分布均匀，增强微生物与原料的接触，使微生物获取营养物质的机会增加，活性增强，生长繁殖旺盛，从而提高产气量。搅拌又可以打碎结壳，提高原料的利用率及能量转换效率，并有利于气泡的释放。采用搅拌后，平均产气量可提高30%以上。

第四节　沼气发酵常用工艺

学习目标：掌握沼气发酵常用工艺类型和工艺流程。

沼气发酵工艺是指从发酵原料到产生沼气并持续运行的整个过程所采用的技术和方法，包括原料的收集和预处理，接种物的选择和富集，沼气发酵装置的发酵启动和日常操作管理，以及其他相应的技术措施。

一、沼气发酵工艺类型

沼气发酵工艺从不同角度有不同的分类方法，一般从投料方式、发酵温度、发酵阶段、发酵级差、发酵浓度、料液流动方式等角度，可做如下分类：

（一）按投料方式划分

沼气发酵微生物的新陈代谢是一个连续过程，根据该过程中投料方式的不同，可分为连续发酵、半连续发酵和批量发酵三种工艺。

1. 连续发酵工艺　沼气工程发酵启动后，根据设计时预定的处理量，连续不断地或每天定量地加入新的发酵原料，同时排走相同数量的发酵料液，使发酵过程连续进行下去。发酵装置不发生意外情况或不检修时，均不进行大出料。采用这种发酵工艺，沼气罐内料液的数量和质量基本保持稳定状态，因此，产气量也很均衡。

这种发酵工艺的最大优点，可用两个字概括，就是"稳定"。它可以维持较稳定的发酵条件，可以保持较稳定的原料消化利用速度，可以维持较持续稳定的发酵产气。

这种工艺流程是较先进的一种，但发酵装置结构和发酵系统比较复杂，造价也较贵，因而适用于大型的沼气发酵工程系统。如大型畜牧场粪污、城市污水和工厂废水净化处理，多采用连续发酵工艺。该工艺要求有充分的原料保证，否则就不能充分有效地发挥发酵装置的负荷能力，也不可能使发酵微生物逐渐完善和长期保存下来。因为连续发酵，不会因大换料等原因而造成沼气发酵装置利用率上的浪费，从而使原料消化能力和产气能力大大提高。

2. 半连续发酵工艺　沼气发酵装置初始投料发酵启动一次性投入较多的原料（一般占整个发酵周期投料总固体量的 $1/4 \sim 1/2$），经过一段时间，开始正常发酵产气，随后产气逐渐下降，此时就需加入新物料，以维持正常发酵产气，这种定期加入新物料的工艺称为半连续发酵工艺。我国农村的沼气池大多属于此种类型。其中，"三结合"沼气池，就是将猪圈、厕所里的粪便随时流入沼气池，在粪便不足的情况下，可定期加入铡碎并堆沤后的作物秸秆等纤维素原料，起到补充碳源的作用。这种工艺的优点是比较容易做到均衡产气和计划用气，能与农业生产用肥紧密结合，适宜处理粪便和秸秆等混合原料。

3. 批量发酵工艺　发酵原料成批量地一次投入沼气池，待其发酵完后，将残留物全部取出，又成批地换上新料，开始第二个发酵周期，如此循环往复。农村小型沼气干发酵装置和处理城市垃圾的"卫生坑填法"均采用这种发酵工艺。这种工艺的优点是投料启动成功后，不再需要进行管理，简单省事；其缺点是产气分布不均衡，高峰期产气量高，其后产气量低，因此所产沼气适用性较差。

（二）按发酵温度划分

沼气发酵的温度范围一般在 $10 \sim 60℃$，温度对沼气发酵的影响很大，温度升高，沼气发酵的产气率也随之提高。沼气发酵工艺通常以沼气发酵温度区分为：高温发酵工艺、中温发酵工艺和常温发酵工艺。

1. 高温发酵工艺　高温发酵工艺指发酵料液温度维持在 $50 \sim 60℃$ 的范围，实际控制温度多在 $（53 \pm 2）℃$，该工艺的特点是微生物生长活跃，有机物分解速度快，产气率高，滞留时间短。采用高温发酵可以有效地杀灭各种致病菌和寄生虫卵，具有较好的卫生效果，从除害灭病和发酵剩余物肥料利用的角度看，选用高温发酵是较为实用的。但要维持消化器的高温运行，能量消耗较大。一般情况下，在有余热可利用的条件下，可采用高温发酵工艺，如处理经高温工艺流程排放的酒精废醪、柠檬酸废水和轻工食品废水等。

2. 中温发酵工艺　中温发酵工艺指发酵料液温度维持在（35±2）℃的范围。与高温发酵相比，这种工艺消化速度稍慢一些，产气率要低一些，但维持中温发酵的能耗较少，沼气发酵能总体维持在一个较高的水平，产气速度比较快，料液基本不结壳，可保证常年稳定运行。为减少维持发酵装置的能量消耗，工程中常采用近中温发酵工艺，其发酵料液温度为 25～30℃。这种工艺因料液温度稳定，产气量也比较均衡。总之，与经济发展水平相配套，工程上采取增温保温措施是必要的。

3. 常温发酵工艺　常温发酵工艺指在自然温度下进行的沼气发酵，发酵温度受气温影响而变化，我国农村户用沼气池基本上采用这种工艺。其特点是发酵料液的温度随气温、地温的变化而变化，一般料液温度最高时为 25℃，低于 10℃ 以后，产气效果很差。其优点是不需要对发酵料液温度进行控制，节省保温和加热投资，沼气池本身不消耗热量；其缺点是在同样投料条件下，一年四季产气率相差较大。南方农村沼气池建在地下，冬季产气效率虽然较低，但有足够原料的情况下，还可以维持用气量。北方的沼气池则需建在太阳能暖圈或日光温室下，这样可确保沼气池安全越冬，维持正常产气。

（三）按发酵阶段划分

根据沼气发酵分为"水解→产酸→产甲烷"三个阶段理论，以沼气发酵不同阶段，可将发酵工艺划分为单相发酵工艺和两相（步）发酵工艺。

1. 单相发酵工艺　将沼气发酵原料投入一个装置中，使沼气发酵的产酸和产甲烷阶段合二为一，在同一装置中自行调节完成，即"一锅煮"的形式。我国农村全混合沼气发酵装置，大多数采用这一工艺。

2. 两相发酵工艺　两相发酵也称两步发酵，或两步厌氧消化。该工艺是根据沼气发酵三个阶段的理论，把原料的水解、产酸阶段和产甲烷阶段分别安排在两个不同的消化器中进行。水解、产酸池通常采用不密封的全混合式或塞流式发酵装置，产甲烷池则采用高效厌氧消化装置，如污泥床、厌氧过滤等。

从沼气微生物的生长和代谢规律以及对环境条件的要求等方面看，产酸菌和产甲烷菌有着很大差别。因而为它们创造各自需要的最佳繁殖条件和生活环境，促使其优势生长，迅速地繁殖，将消化器分开来，是非常适宜的。这既有利于环境条件的控制和调整，也有利于人工驯化、培养优异的菌种，总体上便于进行优化设计。也就是说，两相发酵较之单相发酵工艺的产气量、效率、反应速度、稳定性和可控性等方面都要优越，而且生成的沼气中的甲院含量也比较高。从经济效益看，这种工艺流程加快了挥发性固体的分解速度，缩短了发酵周期，从而也就降低了生成甲烷的成本和运转费用。

（四）按发酵级差划分

1. 单级沼气发酵工艺 简单地说，就是产酸发酵和产甲烷发酵在同一个沼气发酵装置中进行，而不将发酵物再排入第二个沼气发酵装置中继续发酵。从充分提取生物质能量、杀灭虫卵和病菌的效果以及合理解决用气、用肥的矛盾等方面看，它是很不完善的，产气效率也比较低。但是这种工艺流程的装置结构比较简单，管理比较方便，因而就修建和日常管理费用来说，比较低廉，是目前我国农村最常见的沼气发酵类型。

2. 多级沼气发酵工艺 所谓多级发酵，就是由多个沼气发酵装置串联而成。一般第一级发酵装置主要是发酵产气，产气量可占总产气量的50%左右，而未被充分消化的物料进入第二级消化装置，使残余的有机物质继续彻底分解，这既有利于物料的充分利用和彻底处理废物中的可降解有机物，也在一定程度上能够缓解用气和用肥的矛盾。如果能进一步深入研究双池结构的形式，降低其造价，提高两级发酵的运转效率和经济效果，对加速我国农村沼气建设的步伐是有现实意义的。从延长沼气池中发酵原料的滞留时间和滞留路程，提高产气率，促使有机物质的彻底分解角度出发，采用多级发酵是有效的。对于大型的两级发酵装置，第一级发酵装置安装加热系统和搅拌装置，以利于提高产气量，而第二级发酵装置主要是彻底处理有机废物中的可生化降解部分，不需要搅拌和加温。但若采用大量纤维素物料发酵，为防止表面结壳，第二级发酵装置中仍需设置搅拌。

把多个发酵装置串联起来进行多级发酵，可以保证原料在装置中的有效停留时间，但是总的容积与单级发酵装置相同时，多级装置占地面积较大，装置成本较高。另外，由于第一级池较单级池水力滞留期短，其新料所占比例较大，承受冲击负荷的能力较差。如果第一级发酵装置失效，有可能引起整个装置的发酵失效。

（五）按发酵浓度划分

1. 湿发酵工艺 湿发酵又称液体发酵，是发酵料液的干物质浓度控制在10%以下，在发酵启动时，加入大量的水。出料时，发酵液如用作肥料，无论是运输、储存或施用都不方便。对于干旱地区，由于水源不足，进行液体发酵也比较困难。

2. 干发酵工艺 干发酵又称固体发酵，发酵原料的总固体浓度控制在20%以上，干发酵用水量少，其方法与我国农村沤制堆肥基本相同。此方法可一举两得，既沤了肥，又生产了沼气。干发酵工艺由于出料困难，不适合户用沼气池采用。

（六）按料液流动方式划分

1. 无搅拌且料液分层的发酵工艺　当沼气池未设置搅拌装置时，无论发酵原料为非匀质的（草类混合物）或匀质的（粪），只要其固形物含量较高，在发酵过程中料液会出现分层现象。这种发酵工艺，因沼气微生物不能与浮渣层原料充分接触，上层原料难以发酵，下层沉淀又占有越来越多的有效容积，因此，原料产气率和池容产气率均较低，并且必须采用大换料的方法排除浮渣和沉淀。

2. 全混合式发酵工艺　在发酵装置内安装搅拌装置，进入新料液后进行充分搅拌的发酵方式称全混合式发酵工艺。由于采用了混合措施或装置，池内料液处于完全均匀或基本均匀状态，因此，微生物能和原料充分接触，整个投料容积都是有效的。这种发酵工艺具有消化速度快、容积负荷率和体积产气率高的优点。处理畜禽粪便和城市污泥的大型沼气工程常采用这种类型。

3. 塞流式发酵工艺　料液从进料口进入发酵装置后，无纵向混合，借助于新鲜料液的推动作用向后移动最终排出的发酵工艺称作塞流式发酵工艺。这种工艺能较好地保证原料在沼气池内的滞留时间，在实际运行过程中，完全无纵向混合的理想塞流方式是没有的。许多大中型畜禽粪污沼气工程采用这种发酵工艺。

沼气发酵工艺除有以上划分方式外，还有一些其他的划分方式。例如，把"塞流式"和"全混合式"结合起来的工艺，即"混合-塞流式"发酵工艺；以微生物在沼气池中的生长方式区分的工艺，如"悬浮生长系统"发酵工艺，"附着生长系统"发酵工艺。需要注意的是，上述发酵工艺是按照发酵过程中某一条件特点进行分类的，而实践中应用的发酵工艺所涉及的发酵条件较多，上述工艺类型一般不能完全概括。因此，在实际中确定是什么发酵工艺时，应具体情况具体分析。比如，我国农村大多数户用沼气池的发酵工艺，从温度来看，是常温发酵工艺；从投料方式来看，是半连续投料工艺；从料液流动方式看，是静态发酵工艺；按原料的生化变化过程看，是单相发酵工艺；因此，其发酵工艺属于常温、半连续投料、分层、单相发酵工艺。

二、沼气发酵工艺流程

（一）连续发酵工艺流程

处理大、中型集约化畜禽养殖场粪污和工业有机废水的大、中型沼气工程，一般都采用连续发酵工艺，其工艺流程如图4-10所示。

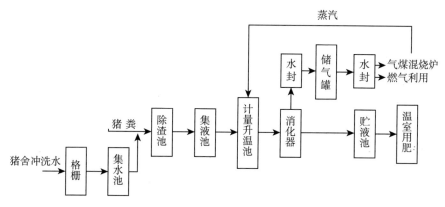

图 4 - 10　连续发酵工艺流程

这种工艺流程控制的基本参数为进料浓度、水力滞留期、发酵温度。启动阶段完成之后，发酵效果主要靠调节这三个基本参数来进行控制。比如原料产气率、体积产气率、有机物去除率等，都是由这三个参数所决定的。

在连续发酵工艺中，当每天处理的总固体量相同时，料液浓度和水力滞留期不同，要求发酵装置的有效容积也不同，并且变化幅度较大。其进料浓度和水力滞留期都可以在较大范围内变化，这就给人们选择最佳方案造成了极大的困难。目前尚未找到一个大家接受的、能在实际设计上广泛应用的选择最佳参数的公式，许多沼气工程是依据定点条件试验或单因子试验结果，甚至是经验来进行设计的，它们离"最佳化"还有相当的距离。

如果采用连续自然温度发酵工艺，一般不考虑最高池温，但要考虑最低池温。也就是说沼气池内的温度变化到最低点时，在选定的进料浓度和水力滞留期条件下，发酵不至于全部失效。根据我国大多数地方地下沼气池全年的温度变化数据以及一些试验数据，可供选择的水力滞留期大都在 40～60 天，进料总固体浓度为 6％左右。由于发酵原料一般不随温度而增减，在夏季，选择这种参数的沼气池在某种程度上是处于"饥饿"状态，冬季则处于"胀肚子"状态。尽管如此，从当前情况看，这种连续自然温度发酵工艺，在我国仍有广泛的发展前景。

在设计连续恒温发酵工艺时，对参数的选择必须十分谨慎。如果原料自身温度高，或者附近有余热可利用来加温和保温，则应尽量按高温或中温设计。如果不存在上述条件，则参数的选择必须十分谨慎。因为任何一个参数的变化不仅将引起投资成本的变化，而且还引起沼气工程自身耗能的变化，给工程的效益带来较大的影响。

（二）半连续发酵工艺流程

我国农村户用沼气池一般都采用常温半连续发酵工艺生产沼气，其工艺流程如图 4-11 所示。这种发酵工艺采用的主要原料是粪便和秸秆，应控制的主要参数是启动浓度、接种物比例及发酵周期。启动浓度一般小于 6%，这对顺利启动有利。接种物一般占料液总量的 10% 以上，秸秆较多时应加大接种物数量。发酵周期根据气温情况和农业用肥情况而定。

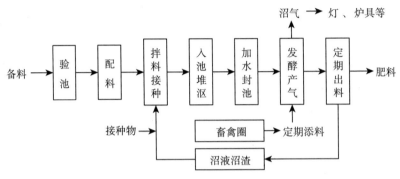

图 4-11　半连续发酵工艺流程

采用这种工艺遇到的问题是，容易忽视经常不断地补充新鲜原料，因为发酵一段时间之后，启动加入的原料已大部分分解，此时不补料，产气必然很快下降。为解决这一问题，在建池时应把猪圈、厕所与沼气池连通起来，以便粪尿能自动地流入池中。采用这种工艺，出料所需劳力比较多，应注意事先做好劳力安排，有条件的地方尽量采用出料机具。

（三）批量发酵工艺流程

批量发酵工艺为将发酵原料批量一次投入沼气池，发酵后，取出残留物，又成批换上新料，开始第二个发酵周期，如此循环。小型沼气工程或秸秆等固体原料进行干式发酵时，通常采用批量发酵工艺，其基本工艺流程为：

原料及接种物的收集→原料预处理→原料、接种物混合入池→发酵产气→出料

这种工艺应控制的主要参数为启动浓度、发酵周期及接种物的比例。原料的滞留期等于发酵周期，启动浓度按总固体计算一般应高于 20%。这是为了保证沼气池能处理较多的总固体，为提高池容产气率打下物质基础，同时也便于保温和发酵残渣的再利用。按总重量计算，接种物的重量应超过原料 1.5 倍以上。发酵周期多长？什么时候换料？这要根据原料来源、温度情况、用肥季节而定。一般来讲，夏秋季的发酵周期为 100 天左右。

采用这种工艺遇到的问题：一是启动比较困难。这是因为浓度较高，启动时容易出现产酸较多，发生有机酸积累，使发酵不能正常进行。为避免这种问题的出现，应准备质量较好、数量较多的接种物，调节好碳氮比，并对原料进行预处理。二是进出料不太方便。采用这种工艺，一般投入原料较多，但活动

盖口较小的沼气池，进出料不太方便，因此，应根据发酵工艺特点，对发酵装置进行优化设计，采用盖口较大的沼气池或用半塑式沼气池，有条件的地方应尽量采用出料机具。

（四）两步发酵工艺流程

20世纪70年代以来，受沼气发酵过程分段理论的启迪，美国的Ghosh和Klass等首先开展了沼气两步发酵工艺（简称两步法）的研究，获得成功之后，美国、英国、比利时、荷兰、日本、中国、印度、泰国等国家的科技工作者积极研究和开发这项高效的新工艺。目前，世界上已建成多个两步发酵的中试和实用的生产规模装置，成功地用于处理牲畜粪便和某些工业废水。

两步发酵工艺流程如图4-12所示。

图4-12　两步发酵工艺流程

按发酵方式可将沼气两步发酵工艺划分成全两步发酵法和组合两步发酵法。

全两步发酵法按原料的形态、特性可划分成液态和固态两种类型。液态型和固态型的原料可以先经预处理或者不预处理，然后进入产酸池。产酸池的特点在于：控制固体物和有机物的高浓度和高负荷；采用连续或间歇式进料（液体原料）和批量投料（固态原料）；产酸池形成的富含挥发酸的"酸液"进产甲烷池。产甲烷池常采用升流式厌氧污泥床、厌氧过滤器（AF）、部分充填的上流式厌氧污泥床或者厌氧接触式反应器等高效反应器。

组合两步发酵法是利用两步发酵工艺原理，将厌氧消化速度悬殊的原料综合处理，达到较高效率的简易工艺。它将秸秆类原料进行池外沤制，产生的酸液进产甲烷池产气，残渣继续加水浸沤。而液体原料（粪便等）则直接进入产甲烷池发酵。这种工艺，原料的产气量基本不变，沼气池的产气率显著提高，且秸秆不进产甲烷池，避免了出料难，减少了很多麻烦。

第五节　沼气工程分类

学习目标：掌握沼气工程的类型、功能、特性和应用范围。

各种有机质通过微生物的作用，进行厌氧发酵人工制取沼气的密闭装置在我国被称为沼气池，它是畜禽粪污处理并能源化和肥料化利用的基础和核心。在设计上力求简易、实用、高效、易管理，在修建上保证不漏水、不漏气。

在我国，沼气经过 100 多年的发展历程，形成了各种各样的沼气池和沼气工程。按储气方式分，有水压式、浮罩式和气囊式三类；按建筑材料分，有砖结构池、混凝土结构池、钢筋混凝土结构池、玻璃钢池、塑料池和各种钢板罐等；按发酵温度分，有常温发酵工程、中温发酵工程和高温发酵工程。

一、户用沼气池

（一）结构特点

1. 水压式沼气池 水压式沼气池是我国推广最早、数量最多的池形。水压式沼气池工作原理：池内装入发酵原料约占池体积的 80% 左右，以料液表面为界限，上部为储气间，下部为发酵间；当沼气池内产生沼气时，沼气集中在储气间内，随着沼气的增多，池内的压力不断增大，此时沼气压迫发酵液进入水压间；当用气时，储气间的沼气被放出，此时，水压间内的料液进入发酵间，如此"气压水""水压气"反复进行。因此，称之为水压式沼气池。图 4-13 是水压式沼气池示意。水压式沼气池构造简单，施工方便，各种建筑材料均可使用，取材容易，建筑成本较低。

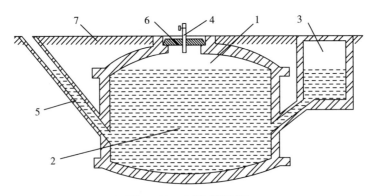

图 4-13 水压式沼气池

1. 储气间 2. 发酵间 3. 水压间 4. 出气管 5. 进料管 6. 池盖 7. 地面

2. 曲流布料沼气池 曲流布料沼气池是户用沼气池的典型代表，有 A、B、C 等系列池型。曲流布料沼气池为圆柱形沼气池，其工作原理是原料通过带有检料器的进料口进入沼气池，长纤维状原料及砖石颗粒被滤出，然后原料通过曲流布料器（水泥挡板，因改变了料液流向，故称曲流布料器）均匀分布于池内。池顶设置破壳装置，利于池内产气，用气时液面波动破除结壳。池底为斜坡底，发酵后的沼渣通过坡底流向出料口。出料口加一塞流固菌板（水泥挡板，起阻塞作用），阻止了原料"短路"排出，同时又起到固定及截留菌种的作用。曲流布料沼气池适宜于以纯粪便为原料的连续发酵工艺，曲流布料沼气池结构示意如图 4-14 至图 4-17 所示。

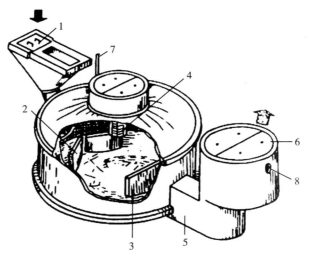

图 4-14　曲流布料沼气池
1. 进料口　2. 导气管　3. 破壳输气吊笼　4. 水压间
5. 溢流口　6. 出料管　7. 塞流固菌板　8. 曲流布料器

图 4-15 为曲流布料沼气池 A 池型，池底部最低点在出料间底部，在 5°倾斜扇形池底的作用下，形成一定的流动推力，利用流动推力形成扇形布料，实现主发酵池进出料自流，大换料时，不必打开活动盖，全部料液由出料间取出，管理简单方便，适合一般农户应用。条件好的专业户或有环保要求的用户，可选用 B、C 池型（图 4-16、4-17）。曲流布料池在发酵间内设置了布料板，使原料进入池内时，由曲流布料器进行布料，形成多路曲流，增加新料扩散面，充分发挥池容负载能力，提高池容产气率；扩大池墙出口，并在内部设塞流固菌板（图 4-16）。池拱中央多功能活动盖下部设中心破壳输气吊笼，输送沼气入气箱，并利用内部气压、气流产生搅拌作用，缓解上部料液结壳（图 4-17）。从水压间底部至原料预处理池上部，安装强制回流装置，可把水压间底部料液回流至预处理池，实现循环搅拌和菌种回流。

（二）工艺特点

发酵原料为人粪尿、畜禽粪便；采用连续发酵工艺，维持比较稳定的发酵条件，使沼气微生物趋于稳定，保持逐步完善的原料消化速度，提高原料利用率和沼气池负荷能力，达到较高的产气率；工艺本身耗能少，简单方便，容易操作。

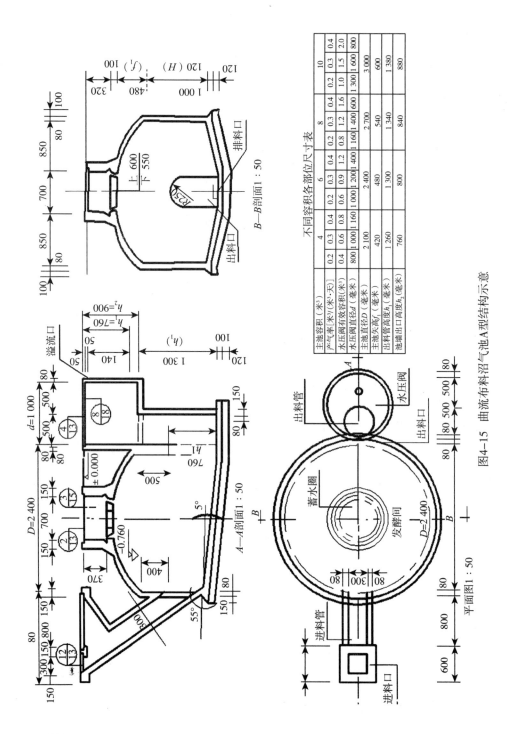

不同容积各部位尺寸表

主池容积（米³）	4		6		8		10	
产气率（米³/米³·天）	0.2	0.4	0.2	0.4	0.2	0.4	0.2	0.4
水压阀有效容积（米³）	0.4	0.8	0.6	1.2	0.8	1.6	1.0	2.0
水压阀直径d（毫米）	800	1 160	1 000	1 400	1 160	1 600	1 300	1 600
主池直径D（毫米）	2 100		2 400		2 700		3 000	
主池矢高f（毫米）	420		480		540		600	
出料膛高度h₂（毫米）	1 260		1 300		1 340		1 380	
池墙出口高度h₃（毫米）	760		800		840		880	

图4-15　曲流布料沼气池A型结构示意

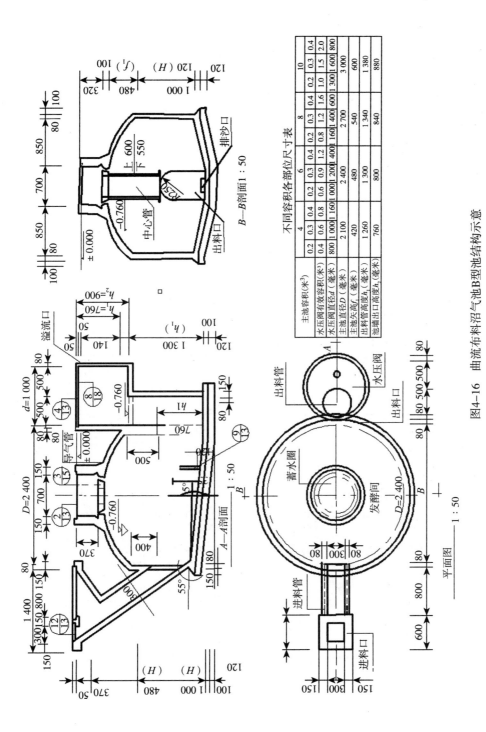

不同容积各部位尺寸表

主池容积(米³)	4			6			8			10		
水压阀容积(米³)	0.2	0.3	0.4	0.2	0.3	0.4	0.2	0.3	0.4	0.2	0.3	0.4
水压阀直径d（毫米）	0.6	0.8		0.9	1.2		0.8	1.2	1.6	1.0	1.5	2.0
主池直径D（毫米）	800	1 000	1 160	1 000	1 200	1 400	1 160	1 400	600	1 300	1 600	800
主池矢高f（毫米）	2 100			2 400			2 700			3 000		
出料管高度h（毫米）	420			480			540			600		
池顶出口高度h（毫米）	1 260			1 300			1 340			1 380		
	760			800			840			880		

图4-16 曲流布料沼气池B型池结构示意

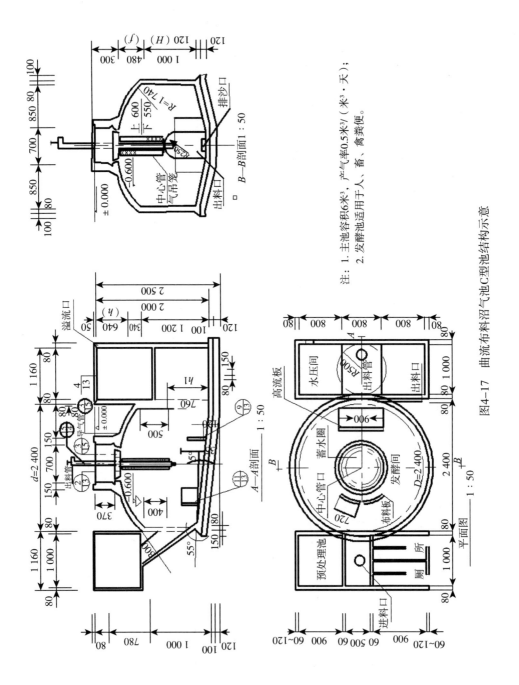

注：1. 主池容积6米³，产气率0.5米³/（米³·天）；
2. 发酵池适用于人、畜、禽粪便。

图4-17 曲流布料沼气池C型池结构示意

(三) 工艺流程

选取 (培育) 菌种→备料、进料→池内堆沤 (调整 pH 和浓度) →密封 (启动运转) 日常管理 (进出料、回流搅拌)。

二、中小型沼气工程

(一) 池型结构

中小型沼气工程是指发酵容积小于 300 米³ 的沼气工程，主要用于养殖规模 1 000 头猪当量以下的专业户粪污处理及能源化和肥料化利用，目前主要是地下式，有圆柱型和长方隧道型两种池型。

1. 圆柱型　地下圆柱型沼气池，具体结构如图 4-18 所示。

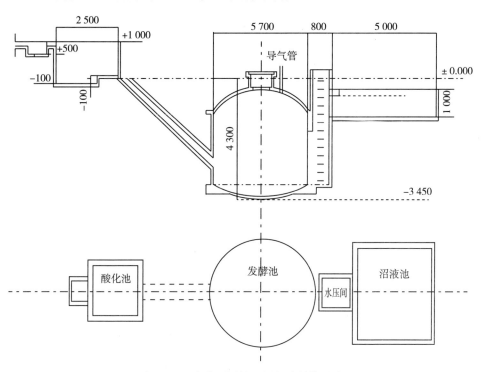

图 4-18　中小型圆柱型沼气池结构示意

2. 隧道型　地下隧道型沼气池，具体结构如图 4-19 所示。

如图 4-18、图 4-19 所示，一般发酵池和沼液池建在地下，酸化池建在地上，高出地面 1.5 米左右，左边是沉砂池，丘陵、山区可利用地势高差来满足要求，实现无动力自流，平原地区可采用微动力提升发酵原料到沉砂池，后面为自流。圆柱型与隧道型的不同只是地下发酵池不同，圆柱型发酵池的直径和深度随容积变化，如 100 米³ 的沼气池大约直径 6 米、深 4 米，容积再继续

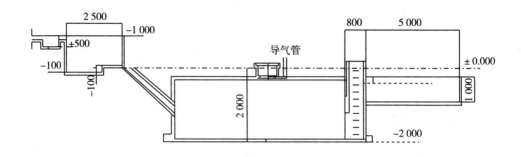

图 4-19　中小型隧道式沼气池结构示意

增加，直径和深度还会增加，这对池顶强度和开挖都不利，同时还会出现两边的物料不流动形成死角；而隧道型则是容积变化只与发酵池的长度有关，深度和宽度不变，保证了池顶强度，物料进行塞流式移动。

（二）工艺特点

发酵原料为畜禽粪便；采用连续发酵工艺，维持比较稳定的发酵条件，使沼气微生物趋于稳定，保持逐步完善的原料消化速度，提高原料利用率和沼气池负荷能力，达到较高的产气率；工艺本身耗能少，简单方便，容易操作。

（三）工艺流程

工艺流程如图 4-20 所示。

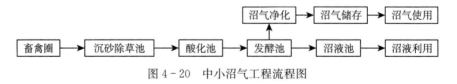

图 4-20　中小沼气工程流程图

三、大型沼气工程

（一）罐体结构

大型沼气工程发酵罐一般在地上，容积在 $500 \sim 5\,000$ 米^3，罐体结构基本相同，可以由普通钢板、搪瓷钢板、钢筋混凝土等材料制作而成。其结构如

图 4 - 21 所示，实物如图 4 - 22 所示。

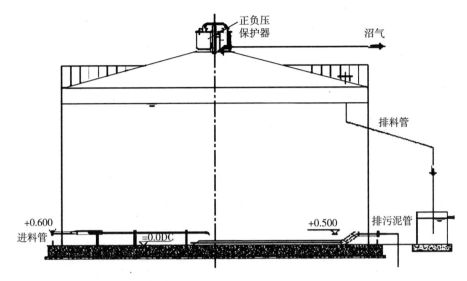

图 4 - 21　大型沼气工程发酵罐结构示意

图 4 - 22　大型沼气工程发酵罐实物

（二）发酵工艺

目前，大型沼气工程的发酵工艺常用的有升流式、全混流式、塞流式三种。

1. 升流式　发酵罐内没有搅拌装置，发酵液从罐体底部进入，并有布水装置使其分布到整个底面，再慢慢上升推动顶部已发酵好的料液从溢流管排出。此发酵工艺优点是原料发酵充分，缺点是需要较长时间培养大量活性污泥。升流式发酵工艺一般适用于浓度较低的有机废水（总固体浓度＜3%），如

图 4-23 所示。

2. 全混流式 发酵罐内装有搅拌装置，先进料然后搅拌，使整个罐内的新老发酵液充分混合。这种发酵工艺适合较高浓度的沼气发酵（总固体浓度＞5%），其优点是新老发酵液充分混合，原料能充分接触沼气微生物，产气率高，缺点是排出料液时要带走部分新料。大型特别是特大型沼气工程常采用这种发酵工艺，如图 4-24 所示。

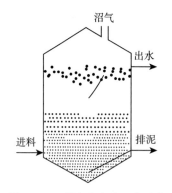

图 4-23　升流式发酵工艺示意

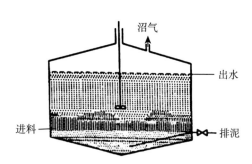

图 4-24　全混流式发酵工艺示意

3. 塞流式 发酵罐一般为卧式布置，发酵原料从一头进入，从另一头排出，一般适合密度较小的发酵物料，如牛粪。这种发酵装置容积不可能做得很大，如图 4-25 所示。

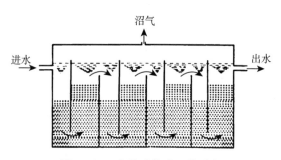

图 4-25　塞流式发酵工艺示意

（三）大型沼气工程工艺流程

大型沼气工程的流程如图 4-26 所示。

大型沼气工程的流程主要包括 5 个部分：①预处理部分主要有沉砂、集污酸化、计量等；②发酵部分主要有发酵罐、进料管、出料管、搅拌装置等；③沼气净化部分主要有脱硫塔、气水分离器等；④沼气储存部分主要有储气柜、阻火器等；⑤沼液、沼渣利用部分主要有储存池、沼液和沼渣利用装置和设备。

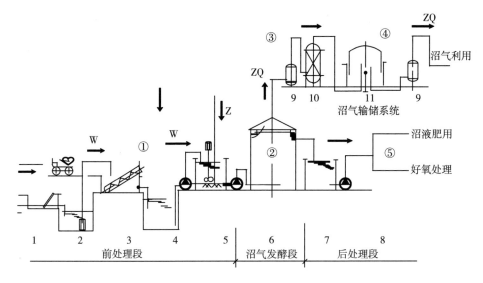

图 4 - 26　大型沼气工程基本流程

1. 粗细格栅　2. 集水沉淀池　3. 除渣池　4. 储料池　5. 酸化调节池　6. 沼气发酵罐

7. 储液池　8. 沼肥利用或好氧处理　9. 水封罐　10. 脱硫塔　11. 储气柜

（W 表示粪污，Z 表示自来水或回流沼液，ZQ 表示沼气）

第六节　综合利用的典型模式

学习目标：了解生态有机循环农业的概念和典型模式，重点和难点是因地制宜构建和应用好以高效沼气工程为纽带的生态循环模式。

以农村可再生能源和生态农业技术为基础，通过对先进适用技术的优化、组装、配套，使农民生活环境得到明显改善，生产活动实现经济生态良性循环，达到家居温暖清洁化、庭院经济高效化、农业生产无害化，实现经济、生态和社会的可持续发展。

一、有机循环农业的特征

生态有机循环农业是以沼气工程为纽带，使畜禽粪污和秸秆高效循环到农业生产中，既解决农业废弃物的面源污染，又达到提高农民生活质量，发展生态农业，促进无公害农产品生产，实现家居温暖清洁化、庭院经济高效化、农业生产无害化和增加农民收入的目的。其循环路径如图 4 - 27 所示。

生态有机循环农业实现农业内部农牧结合，解决农业废弃物的面源污染，促进种植业和养殖业发展，提高农产品质量，带动农业向优质、高产、高效发

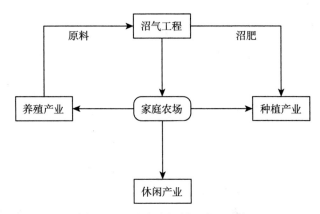

图 4-27　生态有机循环农业示意

展。其特征有：一是以问题为导向着重解决农业废弃物的面源污染，从农业最关心的面源污染入手，重视农业的最基本生产条件建设，围绕农业可持续目标发展；二是强化综合，通过对农业种植、养殖技术的优化组合，综合开发，实现集约化发展；三是循环利用，通过以沼气工程为纽带的生态有机循环利用模式的推广，形成种植业生产、养殖业消费、微生物分解的生态循环，实现生态有机循环农业；四是注重实效，大力推广适用技术、成熟技术，通过典型带动、效益吸引，增强农民建设的主动性；五是着眼全局，大处着眼，小处着手，以微观系统的生态良性循环来促进宏观系统的生态环境改善，促进低碳绿色农业建设，兼顾国家生态利益和农民长久生计。

二、南方"猪-沼-果"能源生态模式

南方"猪-沼-果"能源生态模式是以农户为基本单元，利用房前屋后的山地、水面、庭院等场地，主要建设畜禽舍、沼气池、果园等几部分，同时使沼气池建设与畜禽舍和厕所三结合，形成"养殖-沼气-种植"三位一体庭院经济格局，形成生态良性循环，增加农民收入。

该模式的基本要素是"户建一口池，人均年出栏两头猪，人均种好一亩果"。基本运作方式是沼气用于农户日常做饭点灯，沼肥用于果树或其他农作物，沼液用于鱼塘和饲料添加剂喂养生猪，果园套种蔬菜和饲料作物，满足庭院畜禽养殖饲料需求。

该模式围绕农业主导产业，因地制宜开展沼液、沼渣综合利用。除养猪外，还包括养牛、养羊、养鸡等庭院养殖业；除与果业结合外，还与粮食、蔬菜、经济作物等相结合，构成"猪-沼-果""猪-沼-菜""猪-沼-鱼""猪-沼-稻"等衍生模式，如图 4-28 所示。

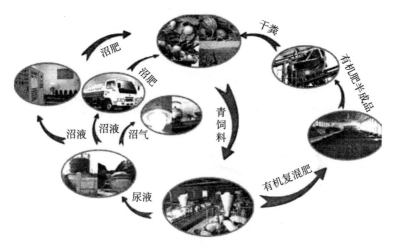

图 4 - 28 南方"猪-沼-果"生态模式示意

三、北方"四位一体"能源生态模式

北方"四位一体"能源生态模式是建日光温室，在温室的一端地下建沼气池，沼气池上建猪圈和厕所，温室内种植蔬菜或水果。

该模式以太阳能为动力，以沼气为纽带，种植业和养殖业相结合，形成生态良性循环，增加农民收入。

该模式以 200～600 米^2 的日光温室为基本生产单元，在温室内部西侧、东侧或北侧建一座 20 米^2 的太阳能畜禽舍和一个 2 米^2 的厕所，畜禽舍下部为一个 6～10 米^3 的沼气池。利用塑料薄膜的透光和阻散性能及复合保温墙体结构，将日光能转化为热能，阻止热量及水分的散发，达到增温、保温的目的，使冬季日光温室内温度保持 10℃ 以上，从而解决了反季节果蔬生产、畜禽和沼气池安全越冬问题。温室内饲养的畜禽可以为日光温室增温并为农作物提供二氧化碳气肥，促进农作物光合作用的同时又能增加畜禽舍内的氧气含量；沼气池发酵产生的沼气、沼液和沼渣可用于农民生活和农业生产，从而达到改善环境、利用能源、促进生产、提高生活水平的目的，基本构成如图 4 - 29 所示。

北方"四位一体"能源生态模式各单元的功能：

1. 沼气池 "四位一体"模式的核心，起着连接养殖与种植、生产与生活用能的纽带作用。沼气池位于日光温室内的一端，利用畜禽舍自流入池的粪尿厌氧发酵，产生以甲烷为主要成分的混合气体，为生活（照明、炊事）和生产提供能源。同时，沼气发酵的残余物为蔬菜、果品和花卉等生长发育提供优质有机肥。

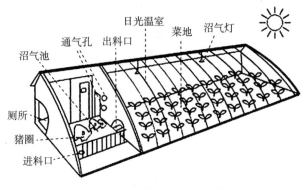

图 4-29　北方"四位一体"生态模式示意

2. 日光温室　"四位一体"模式的主体，沼气池、猪舍、厕所、栽培室都装入温室中，形成全封闭状态。日光温室采用合理采光时段理论和复合载热墙体结构理论设计的新型节能型日光温室，其合理采光时段保持 4 小时以上。

3. 太阳能畜禽舍　"四位一体"模式的基础，根据日光温室设计原则设计，使其既达到冬季保温、增温，又能在夏季降温、防晒；生猪全年生长，缩短育肥时间，节省饲料，提高养猪效益，并使沼气池常年产气利用。

北方"四位一体"能源生态模式的效益：

（1）以家庭为基础，充分利用空间，搞地下、地上、空中立体生产，提高了土地利用率。

（2）高度利用时间，生产不受季节、气候限制，改变了北方一季有余、二季不足的局面，使冬季农闲变农忙。

（3）高度利用劳动力资源。北方模式是以自家庭院为生产基地，家庭妇女、闲散劳力、男女老少都可从事生产。

（4）缩短养殖、种植时间，提高养殖业和种植业经济效益。一般每户年可养猪 20 头，种植蔬菜 660 米^2，年纯收入 20 000 元。

（5）为城乡人民提供充足的鲜肉和鲜菜，繁荣了市场，发展了经济。

四、西北"五配套"能源生态模式

西北"五配套"能源生态模式是由沼气池、厕所、太阳能暖圈、水窖、果园灌溉设施等五个部分配套建设而成（图 4-30）。沼气池是西北"五配套"能源生态模式的核心部分，通过高效沼气池的纽带作用，把农村生产用肥和生活用能有机结合起来，形成以牧促沼、以沼促果、果牧结合的良性生态循环系统，基本构成如图 4-30 所示。

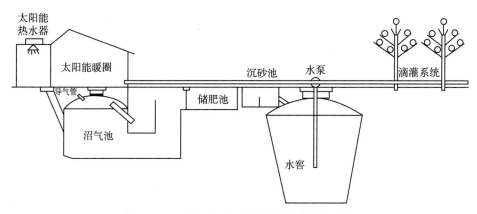

图 4 - 30 西北"五配套"能源生态模式示意

（一）西北"五配套"能源生态模式的单元功能

1. 高效沼气池 西北"五配套"能源生态模式的核心，起着连接养殖与种植、生活用能与生产用肥的纽带作用。在果园或农户住宅前后建一口 8 米³的高效沼气池，既可解决点灯、做饭所需燃料，又可解决人畜粪便随地排放造成的各种病虫害的滋生，改变了农村生态环境。同时，沼气池发酵后的沼液可用于果树叶面喷肥、打药、喂猪，沼渣可用于果园施肥，从而达到改善环境、利用能源、促进生产、提高生活水平的目的。

2. 太阳能暖圈 西北"五配套"能源生态模式实现以牧促沼、以沼促果、果牧结合的前提。采用太阳能暖圈养猪，解决了猪和沼气池的越冬问题，提高了猪的生长率和沼气池的产气率。

3. 水窖及集水场 收集和储蓄地表径流雨、雪等水资源的集水设施。为果园配套集水系统，除供沼气池、园内喷药及人畜生活用水外，还可弥补关键时期果园滴灌、穴灌用水，防止关键时期缺水对果树生长的影响。

4. 果园灌溉设施 将水窖中蓄积的雨水通过水泵增压提水，经输水管道输送、分配到滴灌管滴头，以水滴或细小射流均匀而缓慢地滴入果树根部附近。结合灌水可使沼气发酵子系统产生的沼液随灌水施入果树根部，使果树根系区域经常保持适宜的水分和养分。

（二）西北"五配套"能源生态模式的效益

西北"五配套"能源生态模式实行鸡猪主体联养、圈厕池上下联体，种养沼有机结合，使生物种群互惠共生、物能良性循环，取得了省煤、省电、省劳、省钱，增肥、增效、增产，病虫减少、水土流失减少，净化环境的"四省、三增、两减少、一净化"的综合效益。

1. 拉动了种养业的大发展 西北"五配套"能源生态模式将农业、畜牧业、林果业和微生物技术结合起来，养殖和种植通过沼气池的纽带作用紧密联系在一起，形成无污染、无废料的生态农业良性循环体系。沼肥中含有 30%～40% 的有机质，10%～20% 的腐殖酸，丰富的氮、磷、钾和微量元素，以及氨基酸等，是优质高效的有机肥，施用沼肥可以改良土壤，培肥地力，增强土地增产的后劲。用沼液喷施果树叶面和沼渣根施追肥，不仅果树长势好，果品品质、商品率和产量提高，还能增强果树的抗旱、抗冻和抗病虫害能力，降低果树生产成本。通过果园种草，达到了保墒、抗旱、增草促畜、肥地改土的作用。

2. 加快了农民致富奔小康的步伐 西北"五配套"能源生态模式解决了农村能源短缺问题，增加了农民收入。建一口 8 米³ 的旋流布料沼气池，日存栏生猪 5 头，全年产沼气 380～450 米³；用沼气照明，全年节约照明用电 200 千瓦时以上，折合人民币 100 余元；用沼气作燃料，节约煤炭 2 000 千克，折合人民币 300 元；年产沼肥 20 吨左右，可满足 0.4 公顷果园的生产用肥，节约化肥折合人民币 1 000 元；用沼液喷施果树，能防治螨虫、红蜘蛛等病虫害发生，年减少农药用量 20%，0.4 公顷果园用药节约人民币 200 元。利用沼肥种果，可使果品品质和商品率提高，增产 25% 以上。

3. 改善农业生态环境 西北"五配套"能源生态模式促进了庭院生态系统物能良性循环和合理利用，一方面为农民提供了优质生活燃料，降低了林木植被资源消耗，提高了人力资源、土地资源以及其他资源的利用率，另一方面有利于巩固和发展造林绿化的成果，提高林木植被覆盖率，保护植被，涵养水源，改善生态环境。同时，长期施用沼肥的土壤，有机质、氮、磷、钾及微量元素含量显著提高，保水和持续供肥能力增强，能为建立稳产、高产农田奠定良好的地力基础。

4. 促进了农村精神文明建设 西北"五配套"能源生态模式使人厕、沼气池、猪圈统一规划，合理布局，人有厕，猪有圈，人畜粪便及时入池，经过沼气池密封发酵，既杀死了虫卵病菌，又得到了优质能源和肥料，减少了各种疾病的发生与传播。加之用沼气灶煮饭，干净卫生，使农村的环境卫生和厨房卫生彻底改善，提高了农民的生活质量。

五、以沼气为纽带的生态循环农业模式

该模式将畜禽养殖场排泄物、农作物秸秆、农村生活污水等作为沼气原料并处理了废弃物，产生的沼气作为燃料，沼液、沼渣作为有机肥。结合测土配方施肥、标准农田地力培肥、优质农产品基地建设、无公害农产品等工作，探索"一气两沼"综合利用模式。开展沼渣、沼液生态循环利用技术研究与示范推广，推行"猪-沼-果（菜、粮、桑、林）"等循环模式，形成上联养殖业、下联种植业的生态循环农业新格局，如图 4-28 所示。

第七节 沼气工程的功能和效应

学习目标：掌握沼气工程在生态农业中的纽带功能和能源、经济、生态、环卫及社会效应。

人们最初认识沼气，注重的是它的能源功能，随着科学技术的发展和人类认识能力的提高，沼气的生态功能及环境卫生功能越来越被人类所认识，沼气已经成为连接养殖和种植、生活用能和生产用肥的纽带，成为实现燃料、肥料和饲料转化的最佳途径，在生态农业中起着使农业废弃物能源化和肥料化利用的特殊作用。发展沼气工程，建设生态农业，既可为农民提供高品位清洁能源和可再生能源，替代化石能源，为实现"双碳"作贡献又可以通过生态链的延长增加农民收入，同时，能够保护和恢复森林植被，减少农药、化肥和大气污染，改善农村环境卫生，促进农业增产、农民增收和农村经济持续发展。

一、能源功能和效应

沼气具有能源功能是因为人们可以从沼气中获得生活、生产用能，借助于沼气燃烧过程中释放的能量可以满足生活需求，如做饭、供暖、照明、发电等。沼气是家畜粪便或作物秸秆在微生物参与下分解而产生的可燃性气体，主要成分是甲烷，从分类上讲属于二次能源，来源于生物质能，是可再生能源。

沼气之所以能作为农村能源被广泛应用与推广，主要原因是：

第一，沼气是一种廉价的能源。一次投资花钱不多，长期使用，这一点正好符合农村用秸秆、薪柴做饭取暖不用花钱的习惯。更重要的是沼气还能节煤节电，减少了农户煤钱和电钱，这是农民接受沼气的主要原因。

第二，沼气能够持续使用。加强沼气池管理，能连续产气，可以实现一天三餐，时时使用，一年四季，天天使用。

第三，沼气使用方便快捷。沼气使用方便，优于秸秆、薪柴和煤等，热效率高，缩短了做饭时间。

第四，沼气洁净卫生、杜绝烟熏火燎。厨房内燃烧作物秸秆，烟尘满室，做饭费时费力，而沼气则可以避免使用秸秆的弊端，有助于将厨房改造为干净卫生、健康的环境。

第五，大型沼气工程产生的沼气还可以发电上网和提纯成生物天然气替代石化能源为"碳达峰、碳中和"作贡献。

综上所述，沼气既可以为农村提供高品位集中供气能源，又实现了农业废弃物能源化，以替代石化能源为"碳达峰、碳中和"作贡献。

二、环境卫生功能和效应

沼气能够净化农村家居庭院，创造卫生健康的生活环境。我国农村过去大多居住环境较差，人畜粪便在院内院外露天堆放，多数情况下疏于管理，成为蚊蝇滋生之地。夏季遇到暴雨，粪便随水四处横流，臭味熏天，甚至流入河道、池塘，污染地表水质，导致池塘富氧化。同时又为疾病传染提供了可乘之机，加之农户养殖业近几年的方兴未艾，一些地方的养殖大户的畜禽粪便处理成为棘手的问题。通过引入沼气系统，重新合理规划厕所、畜圈禽舍，把人、畜、禽粪便从地面引入地下，利用厌氧微生物发酵原理，一是能获得洁净能源——沼气；二是能生产出充分腐熟的有机肥料——沼液和沼渣；三是能消灭、杀死人畜禽粪便中虫卵和病菌，使农村庭院结构从杂乱无序到整齐有序，从脏乱到洁净。更重要的是因沼气系统在农村的引入，刺激与加快了农村村容、村貌的变化，农村按功能统一规划，出现了畜牧养殖小区、住宅小区和农产品加工小区，街道也进行了水泥硬化处理，院内院外干净整洁，蚊子、苍蝇减少，居住与生活环境大为改善与改观，农村也有像城市一样的面貌。已受益农民、农村对沼气带来的巨大变化十分认同。

三、生态功能和效应

沼气的生态功能首先体现在它能够替代农村传统能源——秸秆、薪柴，缓解农村能源紧缺的局面，改变农村能源结构，从而节省农户秸秆，特别是减少了对薪柴的砍伐，保护了植被，减少了水土流失，促进了生态环境的恢复与改善。据推算，一个 8 米^3 的户用沼气池，一年所产沼气的能量相当于0.2 公顷的薪炭林所产薪柴的能量。因此，推广户用沼气池相当于保护乔灌植被，其生态效益十分可观，特别是在生态环境脆弱的西部地区。农村户用沼气池推广范围越广泛，推广数量越大，其生态效益越显著。在越来越重视生态环境建设的当今社会，沼气技术无疑是推动实现"绿水青山就是金山银山"的有力措施。

沼气的生态功能和效应还体现在农业生态系统中。初级生产的副产品作物秸秆在大多数农村的处理方式都是一烧了之，这样做既浪费资源，还污染环境，即使用来做饭取暖，热效率很低，而且破坏和断开了农业生态系统物质的正常循环路径，直接导致农田土壤养分降低与耗竭，土壤缺乏有机质，保水性能、保矿质离子性能下降，土粒结构破坏，土地生产力下降等；在西北地区有些区域还导致土壤沙化，难以继续耕种，因此，就难以实现土地的持续生产与经营，农业的可持续发展就更难以实现。只有真正改革作物秸秆的使用方式，才能从根本上解决问题。据试验测定，作物秸秆和畜禽粪污在沼气发酵后，热能利用效率可达 60％，营养物质在沼液、沼渣中可保存 98％，施入农田的氮、磷、钾的利用率可达 95％，通过沼气来利用作物秸秆，不仅可以获取沼气能源，而且保证了作物秸秆和畜禽粪污很高的养分归还率，有效地维持和培肥土壤肥力，提高了农业生态系统的生产力，防止了农业面源污染，加强了农业生态系统的稳定性。农作物秸秆还可以作为家畜的粗饲料，通过家畜次级生产转化为奶、肉，既扩大了养畜，增加农民收入，又丰富了食物类型，增加了农产品的产出数量，还能加快农村产业结构调整步伐，引导农民致富奔小康。

另外，沼气的生态功能还体现在它能生产出绿色无污染食品。现代农业由于大量施用农药，导致有害物质残留于农产品中，降低了使用价值，直接危害人类健康。同时大量施用化肥，尽管产量上去了，但品质却下来了，农产品特有的色、香、味不存在了，这样的食品消费者极不满意。沼气发酵系统生产的优质无毒、无污染的有机肥料——沼液和沼渣，可以施入农田、果园与菜地，沼液不仅可作农作物的全素营养液，而且是预防和防治农作物病虫害的"生物农药"，这一点在高效设施农业中有着重要地位和巨大作用，不仅降低和减少了农民在农药和化肥上的投资成本，而且向市场提供让消费者满意放心的安全绿色食品。

四、经济功能和效益

沼气除直接的能源效益外，还可带来直接的经济效益，它是农业生态系统的核心与纽带，刺激和带动农村的种、加、养发展，拓展农民致富的渠道，更重要的是还能发展绿色无污染农产品，其产值成倍增加。在不同的农业生态模式中，其效益表现不尽相同，只要农畜产品及其加工产品适销对路，得到市场认同，形成产业化就会产生可观的经济效益。目前，沼气与设施养殖及设施种植相结合的模式，经济效益最好。例如温室栽植反季节蔬菜、矮化果树、花卉集约种植，无须购买化肥农药，不仅投资低，而且投资回收期短，在我国东南西北均适应，北方冬季大棚西瓜上市价格 20～30 元/个，每 667 米² 大棚收入至少 3 万元；大棚内芦荟育苗无须额外补给热能，年收入 5 万～10 万元，关键是要看准市场。大棚与畜禽圈舍配套，能促肥促长，缩短存栏期，饲养 2～3 头奶牛，年产奶 10 吨，可收入 1 万元，饲养 8～10 头猪，毛收入可达 3 000～4 000元。另外，沼渣养食用菌，沼液养鱼均能带来经济效益。

沼气除了创造经济效益外，其节支效益也比较明显，如户用新型沼气池全年可节约柴草 2 000 千克，节电 200 千瓦时，燃料节支可达 300 元，电费节支

100 元。户用沼气池一年生产的沼肥相当于 50 千克硫酸铵、40 千克过磷酸钙和 15 千克氯化钾，化肥节支 200 元。另外，沼气增收效益也较明显，如日光温室施用二氧化碳气肥，黄瓜增产 30％，芹菜增产 25％，番茄增产 20％，叶菜类增产 35％等；沼液浸种小麦增产 5％～15％，水稻增产 5％～20％；沼液叶面喷肥苹果增产 20％以上；沼液喂猪可提前 20～30 天出栏，节约成本 40～50 元；沼液养奶牛，日产奶可增加 0.5～1.0 千克；沼气加温养蚕，产茧量增加 10％以上；沼渣种蘑菇可增产增收 20％～30％。最后是沼气的增值效益更明显，在崇尚绿色低碳消费的今天，沼液、沼渣是无公害肥源，而且沼液还有独特的防治病虫害功效，为绿色农产品的生产提供了基础，其潜在价值很大。

五、社会功能和效应

发展农村沼气，建设生态家园的社会功能体现在以下四个方面：

1. 为社会提供丰富、优质的农产品　以沼气为纽带的生态农业，强化了农牧结合，既能促进农业的发展，又能加强畜牧业的发展。一方面表现为农牧业生产水平均有提高，而生产水平的提高直接使农产品的数量增加，在现今农业发展的水平下无疑具有重要意义。另一方面持续提高农畜产品的质量，利用农牧系统的内在本质循环关系，构成了无害于环境、无害于人类的生产系统，在不断完善农业生产技术体系的同时，不断向社会提供优质、多样化的绿色食品，这一趋势正逐渐成为主流。

2. 既能推动农业发展，又能引导农民增收　发展是硬道理，农业要是没有发展，便也没有了出路。在"政策＋科技＋投入"的合力下，通过沼气为纽带形成生态农业，通过沼肥的科学利用和优质农产品开发，打造生态农业的品牌农产品，实现农民增收。

3. 促进农村精神文明建设　在物质文明发展的同时，精神文明不断进步，首先是农业科技意识不断增强，对农业科技的认识与需求日益迫切，对加强农业科技学习的认识也日益增强。其次是环境保护意识的不断加强，在实践中培养了热爱环境和保护环境的思想。最后是生活习惯日益趋向于健康发展，通过邻村和邻居的影响，良好的卫生习惯一天天地培养起来。

综上所述，沼气建设可在农村、农业、农民中能够发挥重要的作用，它可以改善农村面貌，建设社会主义现代化新农村；可以促进农业发展，为社会提供优质、多样、绿色农副产品；它可以帮助农民脱贫致富，增加收益，同时还有助于农村精神文明建设；它还可以在促进三农向前发展的进程中保护和改善生态环境。

思考与练习题

1. 什么是沼气？它是从什么地方产生的？

2. 沼气是由哪些成分组成的？有什么特性？

3. 沼气发酵微生物包括几大种类？几大种群？

4. 什么是不产甲烷菌？它有什么作用？

5. 什么是产甲烷菌？它有什么作用？

6. 沼气发酵微生物有什么特点？

7. 沼气发酵过程分为哪几个阶段？各阶段物质是如何转化的？

8. 沼气发酵应具备什么条件？各条件应如何调控？

9. 沼气发酵分为哪些工艺类型？各种类型有什么特点？

10. 曲流布料沼气池由哪些部分组成？各部分起什么作用？

11. 什么是生态有机循环农业？它有什么特征？

12. 什么是南方"猪-沼-果"能源生态模式？它有什么特征？

13. 什么是北方"四位一体"能源生态模式？它有什么特征？

14. 什么是西北"五配套"能源生态模式？它有什么特征？

15. 沼气的能源功能体现在哪些方面？有什么作用和效益？

16. 沼气的生态功能体现在哪些方面？有什么作用和效益？

17. 沼气的经济功能体现在哪些方面？有什么作用和效益？

18. 沼气的环境卫生功能体现在哪些方面？有什么作用和效益？

19. 沼气的社会功能体现在哪些方面？有什么作用和效益？

第五章 沼气生产与使用设备基础知识

本章的知识点是沼气燃烧器具、输配系统及沼气生产设备的基本知识，重点和难点是将沼气燃烧器具及沼气生产设备知识灵活应用于沼气生产实践。

农村沼气设备包括灶具、灯具、热水器、进出料设备和输配管道系统，是正常生产和使用沼气的基础。

第一节　沼气燃烧及器具

学习目标：掌握沼气灶、沼气灯、沼气饭煲和沼气热水器的结构、原理、特性及使用方法。

一、沼气燃烧方法及燃烧器

（一）扩散式燃烧及燃烧器

人工沼气在燃烧前不预先混合空气，而是在喷出燃烧器后，依靠扩散作用从周围大气中获得氧气，即沼气与空气边混合边燃烧，这种燃烧方法称为扩散式燃烧。按此方法设计的燃烧器称为扩散式燃烧器。

扩散式燃烧器结构简单，使用方便，火焰稳定，但其燃烧速度较慢，火焰较长而呈黄色，无清晰的轮廓。该燃烧器为达到完全燃烧，需要较多的过剩空气，因此，燃烧温度较低，最高不超过900℃。扩散式燃烧器适合温度不高但要求温度比较均匀的工业炉和民间燃具。小型扩散式燃烧器也常用作点火器。

（二）大气式燃烧及燃烧器

沼气在燃烧前预混部分空气而进行的燃烧称为大气式燃烧，按此方法设计的燃烧器称为大气式燃烧器。沼气以一定压力自喷嘴喷出，进入混合管（即引射器），由于喷嘴后形成的负压使所需的一部分空气被吸入，在混合管中混合后从燃烧器头部火孔逸出而燃烧，形成了火焰的内锥。其余的燃气依靠扩散作用和周围的二次空气混合燃烧，形成火焰的外锥。火焰呈淡蓝色，在内外焰交界处的火焰温度为最高。大气式燃烧器燃烧比较完全，使用方便，但负荷较大时结构较庞大笨重。多孔大气式燃烧器如图 5-1 所示，广泛用于民用燃具。

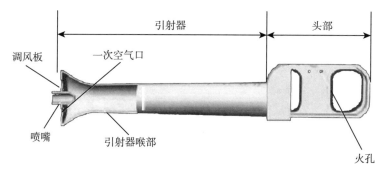

图 5-1　大气式燃烧器

　　燃烧的稳定性是以有无脱火、回火和光焰现象来衡量的。正常燃烧时，燃气离开火孔速度同燃烧速度相适应，这样在火孔上便形成了稳定的火焰。如果燃气离开火孔的速度大于燃烧速度，火焰就不能稳定在火孔出口处，而会离开火孔一定距离，并有些颤动，这种现象叫离焰。如果燃气离开火孔的速度继续增大，火焰继续上浮，最后会熄灭，这种现象叫脱火。由于沼气的火焰传播速度比其他燃气小得多，如果火孔的出流速度超过一定范围，燃烧器设计加工不合理，则易产生脱火。

　　相反，当燃气离开火孔的速度小于燃烧速度，火焰会缩入火孔内部，导致混合物在燃烧器内进行燃烧，从而破坏一次空气的引射和形成化学不完全燃烧，这种现象称为回火。

　　当燃烧时空气供给不足（如关小风门），则不会产生回火。但此时在火焰表面将形成黄色边缘，这种现象称为光焰，说明它产生化学不完全燃烧。

　　脱火、回火和光焰现象都是不允许的，因为它们都会引起不完全燃烧，产生一氧化碳等有毒气体。这些现象的产生是与一次空气系数、火孔出口流速、火孔直径以及制造燃烧器的材料等有关。

　　目前，各地使用的沼气燃烧器大多属于大气式燃烧器，由于沼气的火焰传播速度较低，故容易产生离焰或脱火。一般防止脱火的方法有：①采用少量较大孔代替同面积的数量较多的小火孔；②利用稳焰器使局部气流产生旋转（旋风）降低沼气流速，以达到新的动平衡；③在主火焰根部加热，起连续点火的作用；④采用密置火孔等，在火头上放如图 5-2 所示的多孔陶瓷板。

（三）无焰式燃烧及燃烧器

　　燃气和燃烧所需的全部空气预先混合，并且能在很小的过剩空气系数下达到完全燃烧，燃烧过程中火焰很短，火焰外锥几乎完全消失甚至看不见，这种

图 5-2 多孔陶瓷板

燃烧器一般采用引射器吸入空气，经混合后在高温网络或上孔式火道中完全燃烧，因此具有无焰的特性。如在多孔陶瓷板（图 5-2）上进行的无焰燃烧使其表面呈现一片红色，其表面温度通常为 850～900℃，甚至更高；燃烧产生的热量相当一部分以辐射热的形式散发出来，因此，又称为沼气红外线辐射板。

（四）沼气灶具的主要特性

1. 沼气灶的热流量 沼气灶热流量是指单位时间内可输出的热量，表明燃具加热能力大小，单位为千焦/时，通俗的说是指灶具燃烧火力的大小，也称热负荷。

热流量可按下式进行计算：

$$I = V_0 Q_H \qquad (5-1)$$

式中 I——沼气灶具的热流量（千焦/时）；

V_0——沼气灶具的流量（米³/时）；

Q_H——沼气的热值（千焦/米³）。

热流量过大，锅来不及吸收，火跑出锅外，热损失大，热效率低，浪费沼气。此时虽可缩短炊事时间，但加热时间的减少并不显著。热流量过小，延长了加热时间，不能满足炊事用热要求，特别是不利于炒菜时使用。因此，热流量过大、过小都不适宜。一般家用沼气灶的热流量为 24 000 千焦/时左右。

2. 沼气灶具的热效率 热效率是指被加热物吸收的热量与沼气灶具所放出的热量之比，即有效利用热量占沼气放出热量的百分数。热效率通常以符号"η"来表示。

热效率可按下式进行计算：

$$\eta = \frac{被加热吸收的热量（千焦）}{灶具放出的热量（千焦）} \times 100\% \qquad (5-2)$$

热效率的高低与整个沼气燃烧过程、传热过程等因素有关，是一个受多种因素影响的综合系数。

要使热效率提高，应尽可能使沼气得到完全燃烧，热量得到充分利用。家用沼气灶（GB 3606—2001）规定热效率最低不得小于55%。

3. 沼气灶具的一次空气参数　一般家用沼气灶均属大气式燃烧器，对大气式沼气灶具而言，燃烧时需要提供6～7倍空气，所需的空气由两部分供给，一部分是从引射器进风口吸入，它在沼气燃烧之前预先与沼气混合，称为一次空气；另一部分是沼气一边燃烧，一边由火焰周围的大气供给，称为二次空气。

一次空气量与理论空气量之比，称为一次空气参数，以α表示。

即 $$\alpha = \frac{一次空气量}{理论空气量} \tag{5-3}$$

一次空气系数是衡量沼气灶具燃烧性能好坏的一个重要指标，都是根据燃烧方式来决定的。一般大气式沼气灶具，α取0.85～0.90。

二、家用沼气灶

（一）家用沼气灶的组成

我国目前常用的沼气灶具种类有不锈钢脉冲及压电点火双眼灶（图5-3）和单眼灶。沼气灶由燃烧系统、供气系统、辅助系统及点火系统四部分组成。

图5-3　压电点火沼气双眼灶

在灶具的四个组成部分中，燃烧器是最重要的部件，一般采用大气式燃烧器。燃烧器的头部一般均为圆形火盖式（图5-4）。火孔形式有圆形、梯形、方形、缝隙形（图5-5）。

供气系统包括沼气阀和输气管，沼气阀主要用于控制沼气通路的关与闭，应经久耐用，密封性能可靠。

辅助系统是指灶具的整体框架、灶面、锅支架等。简易锅支架一般采用

3个支爪，可以120°上下翻动。较高级的双眼灶上都配有整体支架，一面放平底锅，一面放尖底锅。

图5-4　圆形火盖

图5-5　缝隙型火盖

点火系统多配在高档灶具上。常用的点火器有压电陶瓷火花点火器（图5-6）和电脉冲火花点火器。

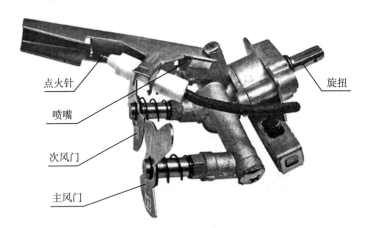

点火针

喷嘴

次风门

主风门

旋扭

图5-6　压电陶瓷火花点火器

（二）家用沼气灶的结构原理

家用沼气灶具一般由喷嘴、调风板、引射器和头部等四部分组成，其结构如图5-7所示。

1.喷嘴　喷嘴是控制沼气流量（即负荷），并将沼气的压能转化为动能的关键部件，一般采用金属材料（最好是铜）制成。喷嘴的形式和尺寸大小，直接影响沼气的燃烧效果，也关系到吸入一次空气量的多少。喷嘴直径与燃烧炉具的热流量、压力等因素有关，家用沼气炉具的喷嘴孔径，一般控制在2.5毫米左右。喷嘴管的内径应大于喷孔直径的3倍，这样才能使沼气在通过喷嘴时有较快的流速。喷嘴管内壁要光滑均匀，喷气孔口要正，不能偏斜。

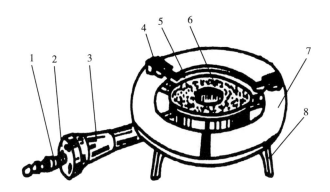

图 5 - 7 家用沼气灶结构原理图
1. 喷嘴 2. 调风板 3. 引射器 4. 锅支架
5. 燃烧器头部 6. 火孔 7. 炉盘 8. 脚撑

2. 调风板 调风板一般安装在喷嘴和引射器的喇叭口的位置上，用来调节一次空气量的大小。当沼气热值或者炉前压力较高时，要尽量把调风板开大，使沼气能够完全和稳定地燃烧。

3. 引射器 引射器由吸入口、直管、扩散管三部分构成。三者尺寸比例，以直管的内径为基准值，直管内径又根据喷嘴的大小及沼气和空气的混合比来确定。前段吸入口的作用是减少空气进入时的阻力，通常做成喇叭形；中间直管的作用是使沼气和空气混合均匀；扩散管的作用是对直管造成一定的抽力，以便吸入燃烧时需要的空气量。扩散管的长度一般为直管内径的 3 倍左右，扩散角度为 8°左右。初次使用沼气炉具之前，应认真检查一下引射器，如果里面有铁砂或其他东西堵塞，应及时清除。

4. 燃烧器 燃烧器是沼气炉具的主要部位，它由气体混合室、喷火孔、火盖、炉盘四部分构成，其作用是将混合气通过喷火孔均匀地送入炉膛燃烧。头部的截面积应比燃烧孔总面积大 2.5 倍，燃烧孔的截面积之和是喷嘴孔面积的 100～300 倍，孔深应为其直径的 2～3 倍。支撑头部的部位叫炉座，炉座高度对充分利用沼气燃烧时的最高温度，提高燃烧效率有着举足轻重的作用。因此，一定要认真调试，使其保持在最佳高度。

（三）沼气灶具的工作原理

沼气由导气管送至喷嘴，具有一定压力的沼气从喷嘴喷出时，借助自身的能量，通过引射器吸入要求的空气。在前进中，沼气与空气进行充分混合，然后由头部小孔逸出，进行燃烧。一次空气进风量的多少，可通过调风板来控制调节。

《家用沼气灶》国家标准灶具前压力为 800～1 600 帕，用量最多的是 800

帕的沼气灶。选购沼气灶具时，要选择符合国家标准的，经过专家技术鉴定的优良产品。

（四）家用沼气灶的技术性能

家用沼气灶的主要技术性能参数的国家标准如表5-1所示。

表5-1　家用沼气灶具的主要技术性能

灶具名称	额定压力（帕）	热流量（千瓦）	热效率（％）	CO（％）
家用沼气灶	800 1 600	2.79 [10 041.6 千焦/时] 3.26 [10 715.2 千焦/时]	55	0.05

三、家用沼气灯

沼气灯是把沼气化学能转变为光能的一种燃烧装置。它和沼气灶具一样，是广大农村沼气用户重要的沼气用具。特别是在偏僻、边远无电力供应的地区，用沼气来照明，其优越性尤为显著。它还可用于大棚蔬菜，提供光照、热能和二氧化碳（蔬菜光合作用合成有机质的碳源），有助于增产。沼气灯耗气量少，只相当于炊事沼气用气量的1/6～1/5，每天做饭剩余的少量沼气都可用来点灯，使用方便、灵活。

（一）沼气灯的结构

沼气灯是一种大气式燃烧器，分吊式和座式两种。吊式沼气灯见图5-8，座式两用沼气灯见图5-9。

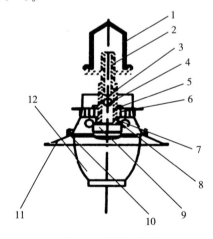

图5-8　吊式沼气灯

1. 吊环　2. 喷嘴　3. 横担　4. 一次空气进风口　5. 引射器　6. 螺母

7. 垫圈　8. 上罩　9. 泥头　10. 烟孔　11. 反光罩　12. 玻璃灯罩

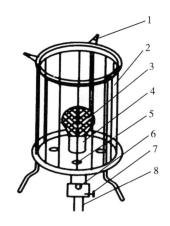

图 5-9 座式两用沼气灯
1. 支架 2. 玻璃灯罩 3. 纱罩 4. 泥头
5. 二次进风孔 6. 一次进风孔 7. 调节环 8. 喷嘴

沼气灯一般由喷嘴、引射器、泥头、纱罩、聚光罩、玻璃灯罩等主要部件组成（图 5-10）。

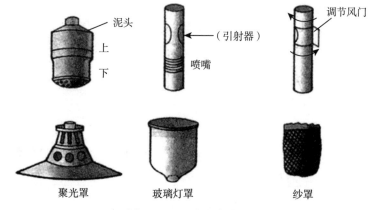

图 5-10 沼气灯部件图

1. 喷嘴和引射器 喷嘴和引射器的作用与炊事燃具的原理、作用相同。为简化结构，引射器做成直圆柱管，与喷嘴用螺纹直接连接。喷嘴在引射器上可转动自如。在离喷嘴不远的引射器上对开两个直径为 7～9 毫米的圆孔，作为一次空气进风口。一次空气进量的多少，可通过调节喷嘴至一次空气口的距离来调节。喷嘴的喷孔很小，一般为 1 毫米左右，很容易堵塞和锈塞，沼气进入前，最好用细铜丝网或不锈钢丝网过滤，滤去杂质。

2. 泥头 泥头是用耐火材料制成的，端部开有很多小孔，起均匀分配气流和缓冲压力的作用，上面安装着纱罩。泥头与铁芯（引射器）采用螺纹连接，以便损坏时更换。更换时将泥脚在铁芯上旋紧之后，再稍稍地往回旋一点（不能太松，以免跌落），使泥脚与铁芯有上一点点宽松余地，以用于适应因铁芯受热膨胀需要。

3. 纱罩 纱罩是用芝麻、植物纤维、人造丝按 3∶5∶15 的比例配线织网，然后用 98.5%～99% 的氧化钍（ThO_2）和 1%～1.5% 氧化铈（CeO_2）溶液浸渍而成的发光元件。

4. 聚光罩 聚光罩又称反光罩、灯盘，用来安装玻璃罩，并起到反光和聚光作用，一般用白搪瓷或铝板制成。灯盘上部的小孔起散热和排除废气之用。

5. 玻璃灯罩 用耐高温玻璃制成，用来防风和保护纱罩，防止飞蛾撞击。

（二）沼气灯的工作原理

沼气由输气管送至喷嘴，在一定的压力下，沼气由喷嘴喷入引射器，借助喷入时的能量，吸入所需的一次空气（从进气孔进入），沼气和空气充分混合后，从泥头喷火孔喷出燃烧，在燃烧过程中得到二次空气补充，由于纱罩在高温下收缩成白色珠状——二氧化钍在高温下发出白光，供照明之用。一盏沼气灯的照明度相当于 40～60 瓦白炽电灯，其耗气量只相当于炊事灶具的 1/6～1/5。

（三）沼气灯的技术性能

沼气灯有高压灯和低压灯之分，分别与沼气池配套使用，其技术性能参数的国家标准如表 5-2 所示。

表 5-2 沼气灯的主要技术性能参数

灯具名称	额定压力（帕）	热流量（瓦）	照度（勒）	发光效率（勒/瓦）	CO（%）
家用沼气灯	800	410 [1 464.4 千焦/时]	60	0.13	0.05
	1 600	525 [1 882.8 千焦/时]	45	0.10	

四、沼气饭煲

沼气饭煲是以沼气作为燃料的饭煲，保持了传统明火煮饭的优点，令饭质达到最佳状态，饭味甘香可口，饭熟能自动关闭主燃气门，并继续驱动保温系统，是电饭煲无法比拟的。饭煲具有安全、方便、省时、节能等四大优点。沼气饭煲煮饭一次用 20 分钟，如用 1 000 瓦电饭锅煮饭一次 30 分钟，而且饭的口感好于电饭煲。沼气饭煲与其他燃气饭煲的结构基本相同，只是喷嘴孔的直径稍微大一点，其照片如图 5-11 所示。

沼气饭煲主要由感温器、燃烧器、燃气开关、保温按钮等组成，另外有锅

盖、内锅、风罩等部件。沼气饭煲，一次可煮饭
2.5千克米饭，耗时20分钟左右，耗气0.13～
0.15米³，可自动开关，使用方便，省时省力。沼
气饭煲都使用脉冲点火器，非常方便。沼气饭煲
安装比较简单，只需将沼气输气管接到饭锅的进
气管上就可以了，饭煲安装在离沼气灶30厘米的
地方。使用时，注意饭锅的内锅不要碰变形，以
免影响使用效果，电池使用3个月后必须更换。

图 5-11　沼气饭煲

五、沼气热水器

　　沼气热水器与其他燃气热水器的结构基本相同，区别只在燃烧器部分适于
沼气的特点。热水器一般由水供应系统、燃气供应系统、热交换系统、烟气排
除系统和安全控制系统五个部分组成。当前多采用后制式热水器，即其运行可
以用装在冷水进口处的冷水阀，也可以用装在热水口处的热水阀进行控制。图
5-12为我国目前生产的一般后制式快速热水器的工作原理图。

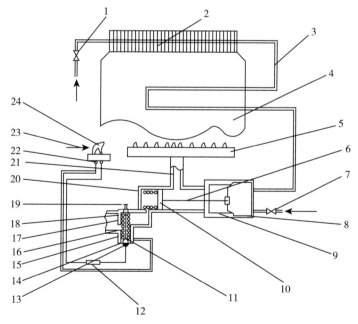

图 5-12　后制式快速热水器工作原理图

1. 热水阀　2. 热交换器　3. 蛇形管　4. 热交换器壳体　5. 主燃烧器　6. 阀杆
7. 进水阀　8. 鼓膜　9. 水阀体　10. 水-气联动阀　11. 电磁阀　12. 过热保险丝
13. 磁极　14. 衔铁　15、18、20. 弹簧　16、17. 阀盖　19. 旋钮　21. 燃气管
22. 热电偶　23. 点火装置　24. 常明火

六、沼气锅炉

沼气锅炉是以沼气为燃料的锅炉。它和其他燃气锅炉一样都是室燃锅炉，只是燃料不同而已。沼气锅炉主要有燃烧喷嘴，配备控制器（控制锅炉点火，控制锅炉温度，自动停气），配有熄火保护、缺水保护、超高温保护。提供全面的安全保护，操作简单方便。一般沼气锅炉有卧式和立式两种，如图 5 - 13 立式沼气锅炉和图 5 - 14 卧式沼气锅炉所示。

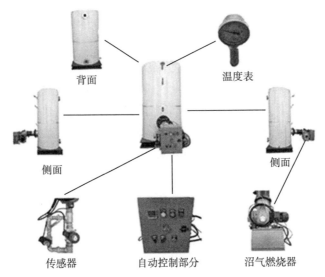

图 5 - 13　立式沼气锅炉构成图

图 5 - 14　卧式沼气锅炉图

七、沼气发电机

沼气发电机是指利用沼气进行发电的发电系统。其主要设备是沼气发电机组，包括发电机和热回收装置。工作原理是沼气经脱硫器由储气罐供给沼气发电机组，从而驱动与沼气内燃机相连接的发电机而产生电力。沼气发电机组排出的冷却水和废气中的热量通过热回收装置进行回收后可作为沼气发酵的加温热源或供暖（图 5-15）。国内有从 8～5 000 千瓦各级容量的沼气发电机组。沼气发电机主要有以下几部分构成：

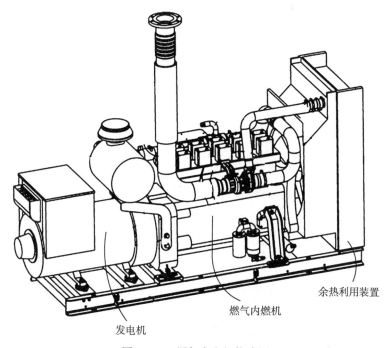

余热利用装置

燃气内燃机

发电机

图 5-15 沼气发电机构成图

1. 沼气脱硫及稳压、防爆装置 供发动机使用的沼气要先经过脱硫装置，以减少硫化氢对发动机的腐蚀。沼气进气管路上安装稳压装置，以便于对流量进行调节，达到最佳的空燃比。另外，为防止进气管回火，应在沼气总管上安置防回火与防爆装置。

2. 进气调节系统 在进气总管上，需设置一套精确、灵敏的燃气混合器，以调节空气和沼气的混合比例。

3. 发动机点火系统 沼气的燃烧速度慢，对于原来使用汽油、柴油及天然气的发动机的点火系统要进行一定程度的改造，以提高燃烧效率，减少后燃烧现象，延长运行寿命。

4. 调速系统 若沼气发电机组独立运行，即以用电设备为负荷进行运转，用电设备的并入和卸载都会使发电机的负荷产生波动。为了确保发电机组正常运行，沼气发动机上的调速系统必不可少。

5. 余热利用系统 采用余热利用装置，对发动机冷却水和排气中的热量进行利用，提高沼气的能源利用效率。

6. 并网控制系统 主要包括发电机调压电路，自动准同期并列控制电路，手动并列和解列控制电路，测量电路，燃气发动机及辅助设备控制电路等。沼气发电系统对电能的最经济使用方式是先满足建设单位自身的用电需求，然后再将多余的电力并入公共电网；产生的热能也是先满足发酵池所需，然后再考虑住所、农场的取暖或输送至公用供热网。

第二节　沼气输配设施

学习目标：掌握沼气管道、配件、压力表、脱硫器和集水器的特性及安装技能。

农村户用沼气输配设施由导气管、输气管、管道连接件、开关、压力表、脱硫器、集水器等组成，如图 5-16 所示。其作用是将沼气池内产生的沼气畅通、安全、经济、合理地输送到每一个用具处，保证压力充足，火力旺盛，满足不同的使用要求。

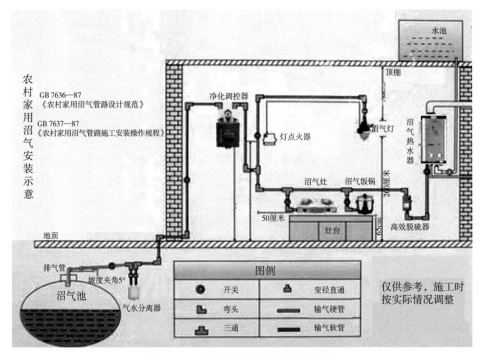

图 5-16　农村户用沼气输配设施示意

一、输气管道

1. 材质 要求气密性好，耐老化，耐腐蚀，光滑，价格低。输配沼气一般使用 PVC 或 PE 硬管。

2. 管径 沼气输气管道的管径大小应根据气压、距离、耗气量等情况而定。农村户用沼气输配系统一般选用内径 14 毫米的硬塑管如图 5－17 所示。另外，还有连接沼气灶具等用具的软管如图 5－18 所示。

图 5－17　PVC 沼气硬管

图 5－18　连接沼气用具软管

二、管道配件

管道配件包括导气管、三通、四通、弯头、开关等。

1. 导气管 指安装在沼气池顶部或活动盖上面的那根出气短管。对其要求是耐腐蚀，具有一定的机械强度，内径要足够大，一般应不小于 12 毫米。常用材质为镀锌钢管、ABS 工程塑料、PVC 等，如图 5－19 所示。

2. 管件 管件包括三通、四通、异径接头，一般用硬塑制品，如图 5－20 所示。管件内径要求不小于 12 毫米。硬塑管接头采用承插式胶黏连接，其内径与管

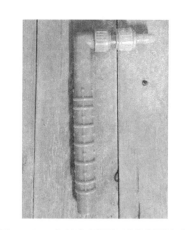

图 5－19　农村户用沼气池常用导气管

径相同。变径接头要求与连接部位的管道口径一致，以减小间隙，防止漏气。要求所有管接头管内畅通，无毛刺，具有一定的机械强度。

3. 开关 是控制和启、闭沼气的关键附件。应耐磨、耐腐蚀，光滑，并有一定的机械强度。其质量要求是：气密性好；通道孔径必须足够大，应不小

于 6 毫米；转动灵活，光洁度好，安装方便；两端接头要能适应多种管径的连接。农村户用沼气池常用 PE 开关、铜开关、铝开关。铜开关质量好，经久耐用，应首选使用。

图 5-20　沼气管件

三、压力表

压力表是观察产气量、用气量及测量池压的简单仪表，也是检查沼气池和输气系统是否漏气的工具。农村户用沼气输气系统常用低压盒式压力表和 U 形压力表。

1. 低压盒式压力表　采用防酸碱、防腐蚀材料加工成型，直径为 60 毫米，重量 32克，检测范围 0～10 千帕，如图 5-21 所示。该压力表具有体积小、重量轻、耐腐蚀，压力指示准确、直观，运输携带安装方便等特点，用于沼气灶等低压燃气炉具的压力监测和沼气池密封测试等。

2. U 形压力表　有玻璃直管形和玻璃或透明软塑管 U 形两种。一般常用透明软塑料管或玻璃管 U 形压力表，内装带色水柱，读数直观明显，测量迅速准确。

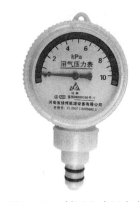

图 5-21　低压盒式压力表

这种压力表的制作方法为：在一块长1.2 米、宽 0.2 米左右的木板（或三合板、纤维板等）上用 1 号线卡钉上市售的沼气压力表纸；再用软橡皮套管将两根长约 1 米的玻璃管连接成 U 形（或直接用透明塑料管弯成 U 形），管内注入用 1/2 水稀释的红墨水，以指示沼气压力；U 形管的一端接气源，另一端接安全瓶，如图 5-22 所示。当沼气压力超过规定的限度时，便将 U 形管内的红水冲入安全瓶内，多余的沼气就通过瓶内的短管排出；当压力降低时，红水又回到形管内。这种压力计不仅能显示沼气池的气压，而且能起到安全水封的作用，避免了因沼气

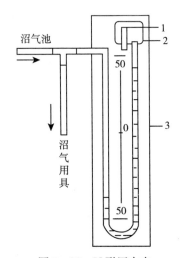

图 5-22　U 形压力表
1. 排水管　2. 安全瓶　3. 透明塑料管

池内压力骤增而胀裂池体，也可防止压力过大时把液柱冲出玻璃管而跑气。

四、流量计

沼气流量计分沼气站总流量计和户用流量计两类。沼气站总流量计是沼气站不可缺少的仪器仪表，它反映沼气工程的运行状态是否正常，每天产气量基本一致、有少量波动为发酵正常，产气量变化很大则为发酵不正常，要寻找原因排除故障。户用流量计是用户用以计量用气量。

（一）总流量计

目前，总流量计主要有涡轮式、涡街式和腰轮式三种。

1. 涡轮式流量计　气体涡轮流量计是综合了气体力学、流体力学、电磁学等理论，集温度、压力、流量传感器和智能流量积算仪于一体的新一代高精度、高可靠性的气体精密计量仪表，具有出色的低压和高压计量性能、多种信号输出方式以及对流体扰动的低敏感性，广泛适用于天然气、煤制气、液化气、轻烃气、石油气、氩气、高压氢气、沼气等无腐蚀性气体的计量。

涡轮式流量计工作原理：当流体流入流量计时，在进气口专用一体化整流器的作用下得到整流并加速，由于涡轮叶片与流体流向成一定角度，此时涡轮产生转动力矩，在克服摩擦力矩和流体阻力矩后，涡轮开始旋转。在一定的流量范围内，涡轮旋转的角速度与流体体积流量成正比。根据电磁感应原理，利用磁敏传感器从同轴转动的信号轮上感应出与流体体积流量成正比的脉冲信号，该信号经放大、滤波、整形后与温度、压力传感器信号一起进入智能流量积算仪的微处理单元进行运算处理，并把气体的体积流量和总量直接显示于LCD屏上。

涡轮式流量计特点：

（1）优质合金涡轮，具有更高的稳流和耐腐蚀作用。

（2）优质专用轴承，使用寿命长。

（3）计量室与通气室隔绝，保证了仪表的安全性。

（4）可检测被测气体的温度、压力和流量，能进行流量自动跟踪补偿，并显示标准状态下的气体体积累积量，可实时查询温度压力数值。

（5）流量范围宽（$Q_{max}/Q_{min} \geqslant 20$），重复性好，精度高（可达 1.0 级），压力损失小，始动流量低，可达 0.6 米^3/时。

（6）智能化仪表系数多点非线性修正。

（7）内置式压力、温度传感器，安全性能高、结构紧凑、外形美观。

（8）仪表具有防爆及防护功能。

（9）系统低功耗工作，一节 3.2 伏、10 安时锂电池可连续使用 3 年以上。

（10）仪表系数、累计流量值掉电十年不丢。

实物和两种安装方式如图 5 - 23 所示。

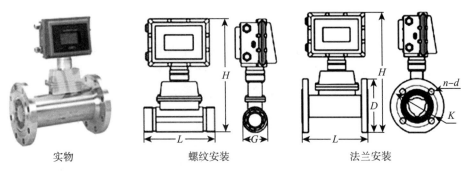

实物　　　　　　　　　螺纹安装　　　　　　　　法兰安装

图 5 - 23　涡轮式流量计图

2. 涡街式流量计　涡街流量计是一种采用压电晶体作为检测元件，输出与流量成正比的标准信号的流量仪表。该仪表可以直接与智能流量积算仪配套使用，也可以与计算机及集散系统配套使用，对不同介质的流量参数进行测量。该仪表根据流体涡街的检测原理，其检测涡街的压电晶体不与介质接触，仪表具有结构简单、通用性好和稳定性高的特点。流量计可用于各种气体、液体和蒸汽的流量检测及计量。气体流量计厂家选型一般大多数都是涡街流量计，采用频谱信号处理，抗干扰能力强，智能液晶表头，耐震加强型本体采用智能滤波电路滤除振动虚假信号，具备一体化温压补偿，测量稳定耐用。

涡街流量计的基本原理是卡门涡街原理，即"涡街旋涡分离频率与流速成正比"。流量计流通本体直径与仪表的公称口径基本相同。如图 5 - 24 所示，流通本体内插入有一个近似为等腰三角形的柱体，柱体的轴线与被测介质流动方向平行，底面迎向流体，当被测介质流过柱体时，在柱体两侧交替产生旋涡，旋涡不断产生和分离，在柱体下游便形成了交错排列的两列旋涡，即"涡街"。理论分析和实验已证明，旋涡分离的频率与柱侧介质流速成正比。

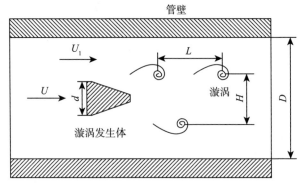

图 5 - 24　卡门涡街图

涡街流量计的特点：

（1）压力损失小，量程范围大，精度高。

（2）在测量工况体积流量时几乎不受流体密度、压力、温度、黏度等参数的影响。

（3）无可动机械零件，因此可靠性高、维护量小。

（4）仪表参数能长期稳定。本仪表采用压电应力式传感器，可靠性高，可在－25～320℃的工作温度范围内工作。

（5）应用范围广，蒸汽、气体、液体等流体流量均可测量。

（6）基于点阵显示的人性化菜单和界面，配合明亮的背光，支持中文和英文两种语言。

（7）支持温度、压力测量，方便气体介质温压补偿的需求。

（8）支持流速换算显示功能，方便现场看当前流速。

（9）支持分屏显示功能，可以让屏幕上放大显示单个或两个参数（温度，压力，工况、标况的流量和流速等）。

（10）仿真输出功能，支持4～20毫安电流仿真、频率输出仿真，方便现场非实流调试。

（11）支持4～20毫安输出、脉冲（当量）输出、报警输出、RS485通讯输出。实物和结构如图5-25所示。

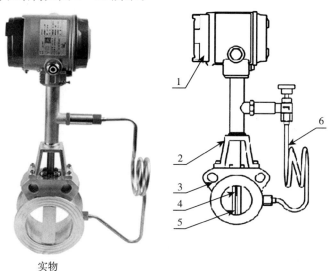

实物

图5-25　涡街流量计图

1. 转换器　2. 支撑杆　3. 传感器壳体　4. 检测元件
5. 漩涡发生体　6. 温度、压力补偿装置

3. 腰轮式流量计 腰轮式流量计是准确计量气体通过的容积式流量仪表，集流量、压力、温度检测功能于一体，并能进行压力、温度、压缩因子自动补偿。腰轮式流量计具有高精度、宽范围度、高可靠性、长寿命等特性。

该流量计适用于封闭管道中气体流量的计量，可广泛应用于天然气、煤制气、惰性气体、空气、沼气等非腐蚀性气体的流量计量，是石油、化工、工业、民用锅炉、燃气调压箱、科研等部门理想的流量计量装置。

腰轮式流量计工作原理：作为一种传统的容积式仪表，采用旋转定排量的工作原理，其精度是由一对精密加工的转子和坚固的计量室，确保非调整的高精度。计量精度不受气体密度、压力和流量变化的影响，特别适合高精度、中等流量计量范围，结构紧凑坚固，入口无须直管段，适于安装在环境狭窄的场合。

腰轮式流量计的特点：

（1）高强度。壳体采用高强度的铝合金型材，增加壁厚，使其能够抵抗安装时产生的应力，并能保证长期尺寸稳定性和计量精度。

（2）优化转子结构。转子头部型线经过优化设计，将转子与壳体间的密封型式由线密封改变为面密封，改善密封效果，扩大了仪表的范围度。

（3）使用寿命更长。壳体及转子表面经过特殊化学处理表面形成坚硬氧化膜，增强耐磨性和耐腐蚀性，且转子间、转子与壳体间无磨损转动、无接触密封，确保了其长期稳定工作。

（4）高精度、高可靠性。高精度球轴承，具有不需调整的高精度，不受介质条件变化的影响，保证产品长期精度稳定。

（5）范围度更大。不同规格型号范围度可以达到 160∶1，甚至可达 250∶1。适于计量负荷变动大的气体流量。

（6）通用性好。所有流量传感器、压力传感器、温度传感器等均可使用通用附件。

（7）压力损失小。不同规格流量计的压力损失 0.06～0.5 千帕。

（8）高性能低功耗。采用先进的微机技术和高性能的集成芯片，整机功能强大、性能优越。采用微功耗电路设计，整机功耗低，内置电池供电可持续运行 5 年以上。

（9）主板稳定可靠。线路主板采用表贴工艺，整机结构紧凑、抗干扰能力强、可靠性高。

（10）独立电池仓。安装电池方便，用户更换电池而不影响主板使用。

实物和结构如图 5 - 26 所示。

（二）户用流量计

目前户用流量计主要用的是 IC 卡流量计，具有自动收费功能，一户一表一卡，用户将费用交给沼气管理部门，管理部门将购气量通过计算机管理系统

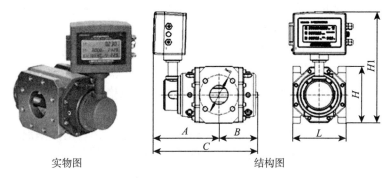

实物图 　　　　　　　　　　　结构图

图 5 - 26　腰轮式流量计图

写入 IC 卡中，用户将 IC 卡再插入 IC 卡沼气表中，便可获得所购沼气量的使用权限。在用户用气的过程中，IC 卡智能表中的微电脑自动核减剩余气量，所购气量用尽后便会自动关阀断气，用户需重新购沼气方能再次使 IC 卡燃气表开阀供气。IC 卡还能记录沼气表的运行情况，在管理软件下将表的总用气量、总购气量、开关阀状态等信息进行管理。IC 卡沼气表可以提高管理效率，有效防止欠费，避免上门抄表，适合用于天然气、煤气、沼气等流量的计量。带漏气报警功能的 IC 卡燃气表可以监测表内气体的泄漏，当表内可燃气体泄漏时，该燃气表的可燃气体探测器会发出声光报警提示，同时表内的液晶屏也会显示报警信息，并自动关闭阀门，以达到保障人民生命财产安全的效果。

　　城市燃气预收费管理系统由计算机管理软件、IC 卡、燃气表组成。计算机管理软件系统由最新计算机程序设计语言在 Windows 平台上设计而成，界面亲切，操作简便直观，数据库安全可靠，具备良好的保密性。燃气管理部门可根据当地的不同情况或委托银行代收款，或设置居民小区电脑终端，实行网络化管理。

　　软件特点：

　　（1）发卡，用户资料管理，售气收费管理，查询。

　　（2）制作报表，备份数据，打印票据。

　　（3）独特的数据加密。

　　（4）对操作员分级管理，对用户分类管理。

　　（5）统计非正常用户的"黑名单"。

　　户用 IC 卡流量计实物如图 5 - 27 所示。

图 5 - 27　户用 IC 卡流量计图

五、脱水装置

沼气中含有一定量的饱和水蒸气，发酵温度越高，水蒸气越多。沼气的净化一般包括沼气的脱水、脱硫及脱二氧化碳，沼气的水分与硫化氢共同作用，能加速管道及阀门、流量计的腐蚀，所以在进行沼气脱硫时，需要同时满足脱硫程序中对沼气的湿度的要求。如果需要脱水，对高、中温的沼气温度进行适量降温，采用旋风式脱水法，将沼气中的部分水蒸气脱除。另外，在长距离输送沼气时，输气管道中水蒸气遇冷后凝结成水，积聚在管道中，堵塞输气管道，使沼气输送受阻。所以，脱水装置分脱水器和集水器两种。

1. 脱水器　脱水器原理是脱水器外部采用碳钢结构，内部防腐处理，或不锈钢制作成直径 400～800 毫米、高 600～1 200 毫米不等的圆柱体，根据气量多少而定，采用旋风式脱水法，将沼气中的部分水蒸气脱除。当沼气以一定的压力从上部的进气口沿切线进入后，水滴在离心力作用下旋转与脱水器壁发生碰撞，使水滴失去动能在重力作用下沿内壁向下流动，达到脱水的目的。脱的水存于装置底部，并定期排出。其结构如图 5-28 所示。

2. 集水器　沼气中含有一定量的饱和水蒸气，发酵温度越高，水蒸气越多。这些水蒸气在输气管道中遇冷后变成水，积聚在管道中，堵塞输气管道，使沼气输送受阻，用气时，水柱压力表经常发生波动，沼气炉、沼气灯燃烧不稳定，火焰忽大忽小、忽明忽暗。在寒冷地区，常因积水结冰，沼气输送不畅，严重影响用气。集水器是用来清除输气管道内积水的装置，一般采用自动排水集水器。这种集水器不需监视积水水位，装好后，便可自动排积水。自动排水集水器的制作方法：在一个瓶塞上插三根玻璃管，其中两根下端插入水瓶的水中，插入水的一根直管上端与大气相通，作为溢流水孔，该溢流水孔应低于三通管，否则在产气量较低时，冷凝水也会堵塞管道，如图 5-29 所示。如果气量大，该装置可放大尺寸制作成罐体形式，以满足大气量要求。

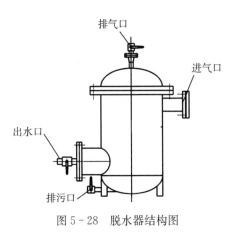

图 5-28　脱水器结构图

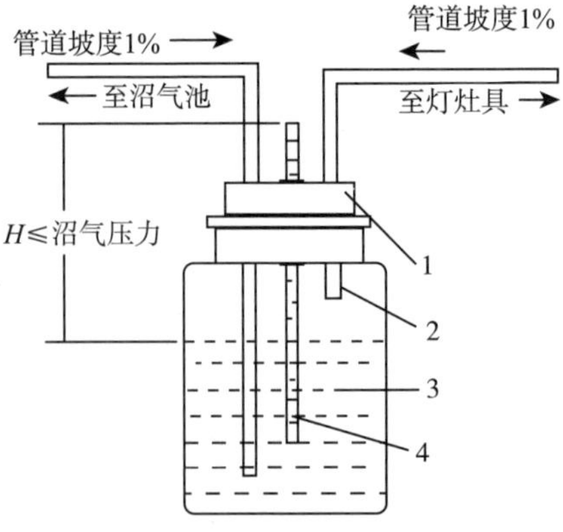

图 5-29　自动排水集水器图
1. 橡皮塞　2. 玻璃管　3. 玻璃瓶　4. 溢流管

六、脱硫装置

由于沼气中还有水蒸气存在，水与沼气中的硫化氢共同作用，加速了金属管道、阀门和流量计的腐蚀和堵塞。另外，硫化氢燃烧后生成的二氧化硫，与燃烧产物中的水蒸气结合成亚硫酸，对设备及旁边金属器件具的金属表面有很强的腐蚀性，并且还会造成对大气环境的污染，影响人体健康。因此，在使用沼气之前，必须脱除其中的硫化氢。脱硫方法有干式脱硫法、湿式脱硫法和生物脱硫法。

（一）干式脱硫

1. 干式脱硫法原理 含有硫化氢的沼气进入脱硫塔底部，在穿过脱硫填料层到达顶端的过程中，硫化氢与脱硫剂发生以下的化学反应：

脱硫反应：$Fe_2O_3 \cdot H_2O + 3H_2S \Longrightarrow Fe_2S_3 \cdot H_2O + 3H_2O + 63KJ$。

饱和后再生反应：$Fe_2S_3 \cdot H_2O + 1.5O_2 \Longrightarrow Fe_2O_3 \cdot H_2O + 3S + 609KJ$。

2. 干式脱硫装置结构 干式脱硫装置又称脱硫塔，主要包括主体钢结构罐、脱硫剂填料、观察窗、压力表、温度表等组件。脱硫塔通常设计为一用一备，交替使用，即一个脱硫，一个再生更换脱硫剂。一般脱硫塔装有两层脱硫剂，含有硫化氢的沼气首先与底部入口处荷载相对高的第一层脱硫剂反应，再上升到反应器上部与负载低的第二层脱硫剂层进一步反应，通过设计良好的沼气线速，干式脱硫能到达良好的精脱硫效果。干式脱硫塔结构示意如图 5-30 所示。

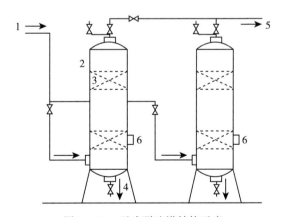

图 5-30 干式脱硫塔结构示意
1. 进气 2. 罐体 3. 脱硫剂 4. 排水 5. 出气 6. 观察孔

脱硫塔中的脱硫剂硫容量一般为 30%，超过容量的脱硫剂就达到了饱和状态，这时固体脱硫剂颜色变黑，就必须交替使用另一个脱硫塔。当前的脱硫塔在沼气放空后，进行自然通风，对脱硫剂进行再生。一般再生两次，当再生效果不佳时，应从塔体底部将废弃的脱硫剂排除，在底部排放废弃填料的同时，相同体积的新鲜脱硫填料加入反应器中。鲜脱硫剂与饱和脱硫剂的区别如图 5-31 所示。

鲜脱硫剂   饱和脱硫剂

图 5-31　鲜脱硫剂与饱和脱硫剂的区别

3. 干法脱硫的特点

（1）结构简单，使用方便。

（2）工作过程中无须人员值守，定期换料，一用一备，交替运行。

（3）脱硫率新原料时较高，后期有所降低。

（4）与湿式相比，需要定期换料。

（5）运行费用偏高。

（二）湿式脱硫

1. 湿式脱硫法原理　湿式脱硫可以归纳分为物理吸收法、化学吸收法和氧化法三种。物理和化学方法存在硫化氢再处理问题，一般采用氧化法，氧化法是以碱性溶液为吸收剂，并加入载氧体为催化剂，吸收硫化氢，并将其氧化成单质硫。湿式氧化法是把脱硫剂溶解在水中，液体进入设备，与沼气混合，沼气中的硫化氢与液体产生氧化反应，生成单质硫。吸收硫化氢的液体有氢氧化钠、氢氧化钙、碳酸钠、硫酸亚铁等。成熟的氧化脱硫法，脱硫效率可达 99.5% 以上。

运行时，沼气由下至上通过脱硫塔，硫酸钠溶液（或氢氧化钠溶液）从顶部向下喷淋，使得硫化氢气体与碱液发生了充分的化学反应。

碱液存储在脱硫塔的下方，通过计量泵自动添加，计量泵的添加控制通过对出气硫化氢浓度的监控自动运行。

当采用碳酸钠试剂脱硫时，主要发生如下两个反应：

$$H_2S + Na_2CO_3 =\!=\!= NaHS + NaHCO_3$$

$$CO_2 + Na_2CO_3 + H_2O \Longrightarrow 2NaHCO_3$$

由于沼气中含有的大量二氧化碳成分，同样会消耗碱液。系统应能对反应条件（包括反应温度、pH）等进行控制，设置最优反应条件，尽可能地减少碱液的消耗量。

在大型的脱硫工程中，一般先采用湿法进行粗脱硫，之后再通过干法进行精脱硫。

2. 湿式脱硫装置结构　湿式脱硫塔主体包括洗涤塔、硫化氢采样与监测系统、碱液配置槽、供软水装置、液位控制系统等。脱硫系统通过对出气硫化氢浓度的监控以及 pH 监控，实现全自动运行。湿式脱硫塔结构示意如图 5-32 所示。

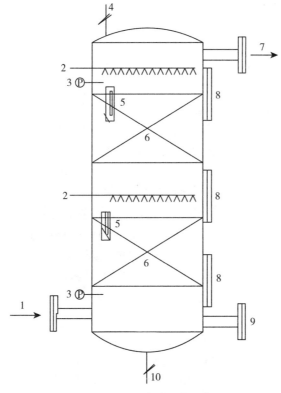

图 5-32　湿式脱硫塔示意
1. 进气　2. 喷淋器　3. pH 检测　4. 放溢阀　5. 监控检测
6. 填料　7. 出气　8. 人孔　9. 再生液出口　10. 排渣阀

3. 湿式脱硫的特点

（1）设备可长期不停地运行，连续进行脱硫。

（2）用 pH 来保持脱硫效率，运行费用低。

（3）工艺复杂需要专人值守。

（4）设备需保养。

（三）生物脱硫

沼气生物脱硫是 20 世纪 90 年代发展起来的新技术，在国外已得到了广泛研究，在应用方面也取得了很大进展。国外已有较成熟的沼气生物脱硫集成技术，主要包括荷兰帕克公司的壳牌-帕克工艺（shell-PAQ 工艺）、奥地利英环（EnvironTec）生物滤池脱硫工艺等，这些工艺在国内也得到了较广泛应用。国内的生物脱硫技术还处于研究阶段。下面以奥地利英环 EnvironTec 生物脱硫技术为例，介绍沼气生物脱硫工艺。EnvironTec 生物脱硫在全球迄今已完成 400 多个工程案例，在国内也有不少工程案例，该技术被证明是沼气脱硫的最佳实践技术，一个典型的案例表明，生物脱硫的综合运行成本低于每立方米沼气 2 分钱。

1. 生物脱硫原理　生物脱硫技术包括生物过滤法、生物吸附法和生物滴滤法，三种系统均属开放系统，其微生物种群随环境改变而变化。在生物脱硫过程中，氧化态的含硫污染物必须先经生物还原作用生成硫化物或硫化氢然后再经生物氧化过程生成单质硫，才能去除。在大多数生物反应器中，微生物种类以细菌为主，真菌为次，极少有酵母菌。常用的细菌是硫杆菌属的氧化亚铁硫杆菌、脱氮硫杆菌及排硫杆菌。最成功的代表是氧化亚铁硫杆菌，其生长的最佳 pH 为 2.0～2.2。

生物脱硫是将一定量的空气导入含有硫化氢的沼气中，混合气体通过 EnvironTec 生物脱硫塔去除硫化氢。在反应器内部安装有特殊的塑料填料，它们为脱硫细菌繁殖提供充分的空间。营养液的循环使填料保持潮湿状态，并且补充脱硫细菌生长繁殖所需的营养。专属菌种（如丝硫菌属或者硫杆菌属），借助营养液在填料中繁殖。在这种情况下，他们从混合沼气中吸收硫化氢，并将他们转化为单质硫，进而转化为稀硫酸。

化学反应式如下：

$$H_2S + 2O_2 = H_2SO_4$$
$$H_2S + O_2 = 2S + 2H_2O$$
$$S + H_2O + 1.5O_2 = H_2SO_4$$

生成的稀硫酸在营养液和自来水的缓冲中和作用下，一起排出系统，此过程周而复始。

2. 生物脱硫装置结构　生物脱硫工艺分为两种，一种为一体式，另一种为分离式，如图 5-33 所示。

一体式生物脱硫是将一定量的空气导入含有硫化氢的沼气中，混合气体通过生物滤池以去除硫化氢。该方式在反应器内部安装塑料填料，营养液循环使填料保持潮湿状态，并补充脱硫细菌生长所需的营养。一体式脱硫效率高，可

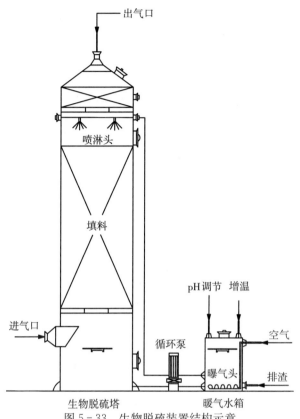

图 5-33　生物脱硫装置结构示意

达 95%～99%，运行成本低，自动化程度高，操作简便，造价较低。但是一体式脱硫方法的填料易堵，不仅影响处理效果、增加劳动强度，而且空气直接与沼气混合，一旦控制仪表发生故障，沼气极易达到爆炸极限，安全风险高。另外，运行控制精度过高（温度 30～31℃），系统易失控。如脱硫产物为硫酸，则会形成大量的低浓度硫酸，较难处理，并且不能处理高于 1.5% 硫化氢浓度的沼气。由于运行成本低，被广泛应用于沼气脱硫发电项目中。

分离式生物脱硫工艺是指：含硫化氢的沼气气体首先进入生物洗涤塔，在塔内与混合液中碱反应从沼气中脱除硫化氢，然后生物洗涤液进入生物反应器。将反应器中的硫化物转化为单质硫，同时碱液得到再生，重复使用。随着嗜盐脱硫菌的发现，分离式脱硫工艺得到长足发展，解决了一体式生物脱硫容易出现的硫填料易堵塞的问题。在沼气提纯压缩天然气的工艺中，以及高浓度硫化氢的沼气处理工艺中，分离式脱硫工艺占有绝对优势。

3. 生物脱硫的特点

（1）高效率。硫化氢去除率高达 98.5%。

（2）高适应范围。可处理硫化氢浓度高达 1.5%。

（3）低成本。与其他脱硫技术相比，运行成本最低。

（4）高安全性。设有多重的安全保护装置。

（5）无人值守。系统通过在线监测系统全自动运行。

（6）维护简单。少量的维护工作（如定期校正 pH 探头）。

七、储气装置

储气装置是用来储存发酵装置产生的沼气以备用的装置。一般情况下沼气发酵是源源不断地在产生沼气，但是用沼气则要根据具体的情况而定，时间并不同步，所以需要一个储存装置将发酵装置连续产生的沼气储存起来，并保持气体压力基本不变，供需要时使用。目前，沼气工程常用的储气装置有湿式储气柜和双膜储气柜两种类型。

（一）湿式储气柜

1. 湿式储气柜结构 湿式储气柜采用全焊接钢结构，主要材料为普通碳钢板，是简单常见的一种气柜，通常用于煤气、沼气的储存。它由水封槽、钟罩及配重、导轨及导轮等组成。钟罩是没有底的、可以沿导轨上下活动的圆筒形容器，钟罩与水封槽壁之间由水密封，所以寒冷地区为防冬季水封槽结冰，需对水封槽进行保温处理。其结构简图如图 5-34 所示，实物图如图 5-35 所示。

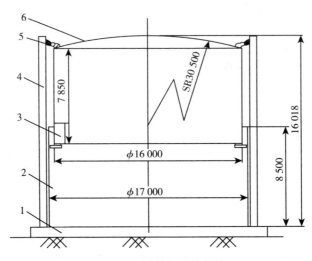

图 5-34 湿式储气柜结构简图

1. 基础 2. 水封槽 3. 配重 4. 导轨 5. 导轮 6. 钟罩

2. 湿式储气柜工作原理 湿式储气柜工作原理是当沼气输入气柜内储存时，放在水槽内的钟罩上升；当沼气从气柜内导出时，钟罩下降。钟罩和水槽之间，是水将柜内沼气与大气隔绝。利用钟罩的升降满足储气容积的变化，因此，随钟罩升降，沼气的储存容积是变化着的，而压力变化不大基本稳定。

3. 湿式储气柜的特点　湿式储气柜需要做防腐处理措施。建设成本不高，基础建设要求低。

（1）沼气压力基本恒定，因钟罩在水槽的淹没深度有浮动，导致浮力引起压力微小波动，采用配重调节可以使压力稳定在 4 000～80 000 帕任意设定值供气。

（2）做好防腐处理措施后使用寿命比较长。

（3）钟罩升降自动运行，使用成本低。

图 5-35　湿式储气柜实物图

（二）双膜储气柜

1. 双膜储气柜结构　双膜储气柜主要由底膜、内膜、外膜、恒压控制柜、安全保护器及一些控制设备和辅助材料组成。结构示意如图 5-36 所示。

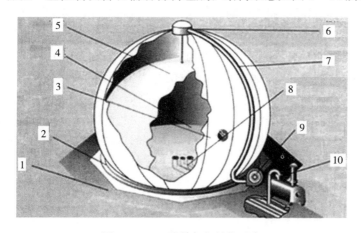

图 5-36　双膜储气柜结构示意
1. 基础　2. 压膜圈　3. 外膜和视镜　4. 底膜　5. 内膜　6. 测距仪
7. 风管　8. 进、出气和排水管　9. 风机　10. 安全阀

外膜：形成调压室，使内膜沼气恒压输出并对内膜起到保护作用，外膜与内膜及底膜的边缘或发酵罐口连接。作为气柜的外壳保护内膜，恒定柜内压强。

内膜：隔离储存的气体，和外膜调压气体。

底膜：主要用于基础密封，以实现传统基础设施无法达到的防腐、防渗透。

控制柜：检测气柜压力和内膜容积，还可按需集成了内膜容积、泄漏浓度、系统流量等众多信息。根据压力自动注入或排出调压空气。

安全保护器：调压室空气释放和内膜过量保护性排放。

基础：基础一般采用钢筋混凝土，力学性能要达到设计指标，基础下面按照设计预埋管道和连接法兰。边缘预埋钢制连接环。基础地基要求承载力达到100千帕；基础周围要求有5米的安全空间；尽可能地选择在距离反应器较近的地方。

压板：双膜储气柜的外膜、内膜及底膜由压板和螺栓连接在一起并固定在基础上，压板分为上、下压板，下压板需预埋于混凝土，上压板通过螺栓与下压板连接。

双膜储气柜膜材均采用耐腐蚀的环保专用复合材料，主要由高强抗拉纤维、气密性防腐涂层、表面涂层组成，具有防腐、抗老化、抗微生物及紫外线等功能，并且防火级别达到 B 级标准。内、外膜结构如图 3 - 11 所示。

2. 双膜储气柜原理 双膜储气柜原理是底膜、外膜形成一个密闭空间，内膜将该密闭空间隔成储气空间和调压空间。当储存气体增多时内膜上升，安全保护器就释放调压空气腾出一定的容量，使气体能够顺利进入储气空间，如果内膜上升至极限，出现受压的情况时，安全保护器则会保护性地释放内膜气体，达到不让内膜受压、保护内膜的目的。当使用内膜储存的沼气时内膜下降，控制设备则注入调压空气，平衡柜内的压强，稳定气压，同时稳定外膜刚度，使储存的气体能顺利流出气柜。

外膜安装有可燃气体探测仪，检测外膜中的可燃气体含量，当外膜内沼气浓度达到一定量时报警。

3. 双膜储气柜的特点

（1）安全可折叠。气柜可折叠，气柜内气体 100％可被压出利用，气体少时不会产生负压损坏气柜。

（2）防腐、寿命长。气柜主材采用氟化物制造，安全寿命可达 15～20 年，条件适宜采用 PTFE（聚四氟乙烯）材料寿命可达 50 年。

（3）防冻、免维护。气柜内没有水，所以不需要考虑防冻，特别适合在高寒地区使用。

（4）结构简单、重量轻。双膜储气柜自重轻，运输轻松，安装维修简便。

（5）投资少。双膜储气柜在工厂采用工业化生产，效率高、造价较低，且可以重复使用。气柜对安装及基础要求不高，附属费用低。用一体化气柜时，安装在反应器上方，节省地基和反应器顶盖成本。

（6）双备份。一般增压系统、泄压系统、压力控制系统及紧急安全保护系统均采用双备份处理，确保设备运转正常。

（7）气密性更好。膜材是由中间的纤维丝附涂气密性材料和抗老化涂层制成，中间的纤维丝不具有防漏功能。普通的焊接缝合会导致气体较大程度地渗透，加上受力后的变形渗透更是严重。内膜焊缝采用的是专利焊接技术，经多次处理最大限度地防止气体的渗透。并且在压力控制方面充分考虑到内膜作为隔离层不能承受较大压力的特性，采用了平衡压力技术，使内膜始终处于安全压力范围内。

（8）柜体简洁合理。柜体分片设计时根据球体受力走向裁切，形状更合理变形更少。

八、增压泵

当用气设备离沼气站距离较远时，特别是双膜储气柜，一般需要安装增压泵。沼气增压泵是专门针对沼气而设计的增压泵。可以改善沼气压力不足的现象，使沼气燃烧更充分，火力更大。泵的负压作用，使沼气池的产气更充分，广泛用于各类沼气池和远距离输送沼气。目前，输送沼气的增压泵有罗茨风机泵和变频活塞泵两种类型。

（一）罗茨风机泵

1. 罗茨风机泵的结构　罗茨鼓风机是美国罗茨兄弟在 19 世纪发明出来的，我国是在 20 世纪 50 年代时开始进行制造，自 60—70 年代开始自行设计研发并成熟和广泛应用。罗茨风机泵属于容积式回转风机泵，主要由动力和工作部件组成，动力一般采用电机驱动，工作部件的结构主要由侧板、机壳、主动叶轮、从动叶轮、齿轮、轴承等构成，如图 5 - 37 所示。

2. 罗茨风机泵的原理　罗茨风机泵有两个叶轮，在电机带动下，两个叶轮会相向转动，当叶轮转过进气口之后，两个叶轮和墙板及机壳之间会形成一个密封的腔室，叶轮继续转动，密封腔室里面的气体会被压入排气口，如此反复经过进气口和排气口，将气体以一定的压力输送至目的地，压力大小由主动叶轮的转速大小决定。罗茨风机泵的工作过程如图 5 - 38 所示。

3. 罗茨风机泵的特点

（1）结构简单合理，进气口与出气口之间可以成180°，也可以成90°分布。

（2）运行可靠，结构简单运行平稳可靠。

（3）使用寿命长。

（4）操作维修方便，用简单工具和配件就能自己维修。

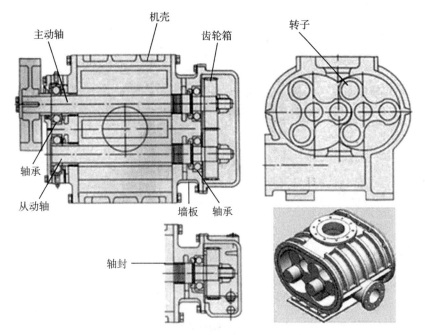

图 5 - 37　罗茨鼓风机沼气增压泵结构图

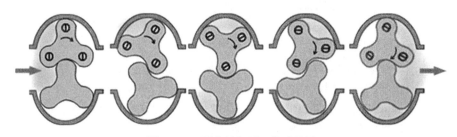

图 5 - 38　罗茨风机泵工作过程图

（二）变频活塞泵

1. 变频活塞泵的结构　变频活塞泵由驱动电机及变频器和活塞工作部件组成，活塞工作部件主要由壳体、活塞组件等构成，如图 5 - 39 所示。

2. 变频活塞泵的原理　变频活塞泵是利用大面积活塞的低气压产生小面积活塞的高气压，对大径气体驱动。活塞施加一个低的压力，当此压力作用于一个小面积活塞上时，产生一个高压，通过一个二位五通换向阀，增压泵能够实现连续运行，由单向阀控制高压柱塞不断地将气体排出。当驱动部分和输出气体部分之间的压力达到平衡时，增压泵会停止运行。当输出压力下降时，增压泵会自动启动运行，直到再次达到压力平衡后自动停止，采用单气控非平衡气体分配阀来实现泵的自动往复运动。通过变频控制器控制泵的驱动，然后时

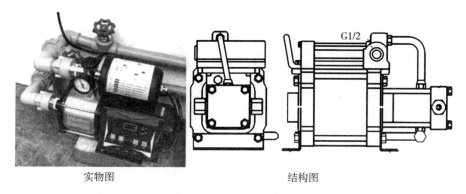

实物图　　　　　　　　　　　　结构图

图 5-39　变频活塞泵结构图

刻调节运行转速，用来实现恒压运行。

3. 变频活塞泵的特点

（1）气密性好。从进气口到出气口进行严格的气密性检测，不漏气，6.8千帕压力下无泄漏。

（2）耐酸碱。从进气口到出气口通道都是耐酸碱的塑料件或橡胶件，可以通过富含水气的弱腐蚀性气体。

（3）寿命长。气路和电路严格分开，不会因气体富含水气而影响电气寿命。

（4）维修性好。用简单工具和配件就能自己维修。

九、阻火器

阻火器一般安装在储气罐之后，燃烧用气设备之前，其用途是阻止火焰继续传播回烧到储气罐引起爆炸性燃烧事故。

1. 阻火器结构　阻火器结构非常简单，主要由壳体和不锈钢网状多孔或波文填料组成，不锈钢填料有细小通道既能让气体通过又能将火焰分细成火焰流，其结构如图 5-40 所示。

2. 阻火器原理　阻火器是由能够通过气体的许多细小、均匀或不均匀的通道或孔隙的不锈钢材质填料所组成。要求这些通道或孔隙尽量小，小到只要能够通过火焰就可以。这样，火焰进入阻火器后就分成许多细小的火焰流被熄灭。火焰能够被熄灭的机理是传热作用和器壁效应。

（1）传热作用。管道阻火器能够阻止火焰继续传播并迫使火焰熄灭的因素之一是传热作用。我们知道，阻火器是由许多细小通道或孔隙组成的，当火焰进入这些细小通道后就形成许多细小的火焰流。由于通道或孔隙的传热面积很大，火焰通过通道壁进行热交换后，温度下降，到一定程度时火焰即被熄灭。

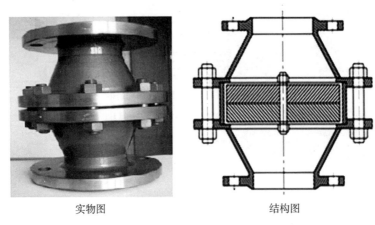

实物图　　　　　　　　　　　结构图

图 5-40　阻火器

有试验表明，当把阻火器材料的导热性提高 460 倍时，其熄灭直径仅改变 2.6％。这说明材质问题是次要的。即传热作用是熄灭火焰的一种原因，但不是主要的原因。因此，对于作为阻爆用的阻火器来说，其材质的选择不是太重要的。但是在选用材质时应考虑其机械强度和耐腐蚀等性能。

（2）器壁效应。根据燃烧与爆炸连锁反应理论，认为燃烧炸现象不是分子间直接作用的结果，而是在外来能源（热能、辐射能、电能、化学反应能等）的激发下，使分子分裂为十分活泼而寿命短促的自由基。化学反应是靠这些自由基进行的。自由基与另一分子作用，作用的结果除了生成物之外还能产生新的自由基。这样自由基又消耗又产生新的，如此不断地进行下去。可知易燃混合气体自行燃烧（在开始燃烧后，没有外界能源的作用）的条件是：新产生的自由基数等于或大于消失的自由基数。当然，自行燃烧与反应系统的条件有关，如温度、压力、气体浓度、容器的大小和材质等。随着阻火器通道尺寸的减小，自由基与反应分子之间碰撞概率随之减小，而自由基与通道壁的碰撞概率反而增大，这样就促使自由基反应减少。当通道尺寸减小到某一数值时，这种器壁效应就造成了火焰不能继续进行的条件，火焰即被阻止。由此可知，器壁效应是阻火器阻火焰的主要机理。由此点出发，可以设计出各种结构形式的阻火器，满足不同场合的需要。

第三节　沼气生产常用设备

学习目标：掌握沼气生产常用设备的结构、原理、特性及使用方法。

随着养殖业的发展，沼气工程发酵原料主要是畜粪污，其主要设备有进料泵、搅拌装置、保温增温设施、沼液沼渣利用设备等。

一、进料泵

沼气工程的发酵原料要用泵注入罐内，而发酵原料一般为畜禽粪污、秸秆等有机物，含有大量的纤维物质，所以，沼气工程的进料泵要采用切割式潜污泵。

1. 切割式潜污泵的结构　切割式潜污泵是排污泵的一种，也叫切割泵，主要由泵体和设置在泵体内的电机、叶轮及入口安装的固定刀盘和两把切割刀等组成。其口径 32～150 毫米，流量范围 8～180 米³/时，扬程范围 7～30 米，电机功率为 0.75～15 千瓦，转速 1 450～2 900 转/分，额定电压 380 伏。其结构如图 5 - 41 所示。

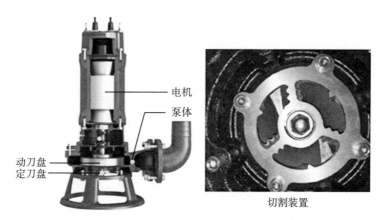

电机

泵体

动刀盘
定刀盘

切割装置

图 5 - 41　切割式污泥泵结构图

2. 切割式潜污泵的原理　切割式潜污泵是基于引进吸收了国外先进技术，利用剪切原理进行了新颖独特的设计，在进水口部位设置有切割装置，该切割装置由固定刀盘和切割动刀盘两部分构成，固定刀盘固连在泵体的进水口内，切割动刀盘位于固定刀盘内孔中并与叶轮同轴定位在电机主轴上，整个切刀包括带流水通道的切刀座，切刀座上设置有至少两道刀刃，刀刃的外壁与固定刀盘的内孔壁间隙配合，能够使进入水泵的杂物先被切碎再经由叶轮排出，可有效避免叶轮卡死现象的发生，延长水泵的使用寿命。它能将污水中长纤维、袋、带、草、布条等物质撕裂、切断，然后顺利抽排，特别适合于输送含有坚硬固体、纤维物的液体以及特别脏、黏、滑的液体。

3. 切割式潜污泵的特点

（1）切割式潜污泵排污能力强，无堵塞，能有效地通过固体颗粒。

（2）切割式潜污泵的撕裂机构能够把纤维状物质撕裂，切断，然后顺利排放，无须在泵上加滤网。

（3）切割式潜污泵设计合理，配套电机功率小，节能效果显著。

（4）切割式潜污泵采用最新材料的机械密封，可以使泵安全连续运行在8 000小时以上。

（5）切割式潜污泵结构紧凑，移动方便，安装简单，可减少工程造价，无须建造泵房。

（6）切割式潜污泵能够在全扬程范围内使用，而保证电机过载。

（7）切割式潜污泵浮球开关可以根据所需的水位变化，自动控制泵的启动与停止，不需专人看管。

（8）切割式潜污泵双导轨自动安装系统，给安装、维修带来了极大的方便，人可不必为安装而进出污水坑。

（9）切割式潜污泵配备全自动保护控制箱对产品的漏电、漏水以及过载等进行了有效保护，提高了产品的安全性与可靠性。

二、搅拌装置

沼气工程在发酵过程中，勤搅拌是提高产气量的一个重要措施。这是因为发酵原料在静止状态下，在沼气池中一般会分为图4-8所示的四层：上层为浮渣，这层发酵原料较多，但菌种少，如果浮渣太厚，还会影响沼气进入气箱；中层包括上层清液和活性层，含水分多，发酵原料少；下层为沉渣，发酵原料多，沼气菌种也多，是产生沼气的主要部位，但由于底层的水压较高，产生的沼气在较高的压力下，往往不易释放出来，如不经常搅拌，是很难多产气的。另外，为了进料均匀一致，在进料间也装有搅拌器。

1. 搅拌装置的结构 搅拌装置一般由驱动电机、减速机、联轴器、机架、密封、搅拌轴、搅拌器等组成。驱动电机有三相异步电动机、防爆电机、变频电机等。减速机有摆线针轮减速机、斜齿轮减速机、蜗轮蜗杆减速机、锥齿轮减速机、平行轴减速机等。密封形式有填料密封、机械密封、磁力密封等。搅拌器又称搅拌桨或搅拌叶轮，是搅拌设备的核心部件，其结构一般有如图5-42所示的两种形式。

2. 搅拌装置的原理 搅拌装置的核心部件是搅拌器，又称搅拌桨或搅

涡轮式叶片　　　　直式叶片

图5-42　搅拌装置结构图

拌叶轮，是一种通过使搅拌介质获得适宜流动场而向其输入机械能量的装置。

（1）按搅拌桨叶结构分类，搅拌器可分为平叶、斜（折）叶、弯叶、螺旋面叶式搅拌器。桨式、涡轮式搅拌器都有平叶和斜叶结构；推进式、螺杆式、螺带式的桨叶为螺旋面叶结构。根据安装要求又可以分为整体式和剖分式结构，对于大型搅拌器，往往做成剖分式，便于安装固定。

（2）按用途分为低黏流体用、高黏流体用。用于低黏流体的搅拌器种类有：推进式、浆式、开启涡轮式（平叶、斜叶、弯叶）、圆盘涡轮式（平叶、斜叶、弯叶）、布鲁马金式、板框桨式、三叶后弯式等。用于高黏流体的搅拌器种类有：锚式、框式、锯齿圆盘式、螺旋桨式、螺带式等。

（3）按流体流动形态分为轴向流型和径向流型。有些搅拌器在运转时，流体既产生轴向流又产生径向流的称为混合流型。推进式是轴向流型的代表，平直叶圆盘涡轮是径流向型的代表，而斜叶涡轮是混合流型的代表。

总之，主要区别在叶片的形状和倾斜角度不同。安装方式有垂直装、水平装和倾斜三种，根据实际需要而定。

3. 搅拌器的选型及安装数量依据

（1）发酵罐的尺寸。直径、高；长、宽、高。

（2）发酵罐的形式。圆柱形上下封头、圆柱形上平下封头、圆柱形上平下平、圆柱形上平下锥、长方形、正方形等。

（3）工作压力。常压、正压、负压。

（4）工作温度。常温、中温、高温等实际的工作温度。

（5）物料特性。物料密度、物料运动黏度、固-液混合等。

（6）搅拌目的。解决悬浮、混合、传热等。

三、保温与增温设施

沼气发酵的效率和产气率与发酵温度的关系很大，温度越高其效率和产气率越高。沼气工程一般采用中温［（35±2）℃］发酵，需要对发酵液加温，同时还要对发酵罐进行保温处理。

（一）发酵罐保温材料

目前，沼气工程发酵罐保温材料主要用橡塑板，如图 5 - 43 所示。橡塑板有多种厚度可选以满足中、高温发酵保温的需要，沼气工程保温要选用具有阻燃性的 B_1 级，一般中温发酵保温厚度选 3～4 厘米，高温发酵保温厚度选 5～6 厘米。

橡塑板的特点：导热系数低，隔热性能

图 5 - 43　橡塑板

高，保温效果好；不易受潮；弹性好，容易安装，可采用干溶剂胶水无缝连接。

（二）发酵罐保温与增温设施

发酵罐保温除要用橡塑板保温材料外，还要有彩钢板外壳作保护。发酵增温可充分利用太阳能、沼气发电机组余热及生物质锅炉给发酵原料增温，从而达到大中型沼气工程四季持续稳定运行和充分发酵目的。其增温设施除锅炉等提供热源的设备外，主要就是加热盘管和热水管路及阀门、温度传感器及温度显示等。热源设备产生的热水通过泵输送到盘管，在盘管与发酵液进行热交换后回到加热设备，形成闭回路循环。另外，进料计量池也要安装加热盘管，在进入发酵罐之前对发酵原料进行加温，否则大量冷发酵原料进入中温或高温发酵罐会对发酵产生冲击。发酵罐保温与增温设施构成如图 5-44 所示。

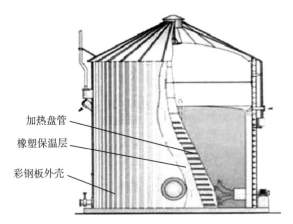

加热盘管
橡塑保温层
彩钢板外壳

图 5-44　发酵罐保温与增温设施构成图

四、人力活塞出料泵

农村沼气池用肥常采用人力活塞出料器，又名手提抽粪器。它具有不耗电，制作简单，造价低，经久耐用，不需撬开活动盖，能抽起可流动的浓粪，适应农户用肥习惯等特点。这种出料方式适宜于从事农业生产的农户小型沼气池。

手提抽粪器制作简单，一般可以自制，活塞筒常采用 110 毫米的 PVC 管制作，长度小于沼气池总深（不含池底厚）250 毫米左右，筒中放入活塞，活塞由橡胶片和底盘及手提拉杆组成，如图 5-45 所示，一般底盘直径 100 毫米，橡胶片直径 110 毫米。其工作简图如图 5-46 所示。

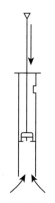

图 5 - 45　手提抽粪器活塞　　　　图 5 - 46　手提抽粪器工作示意

　　手提抽粪器的活塞筒常安放在出料间壁挨近主池的位置上，上口距地面50 毫米，下口离出料间底 250 毫米左右。在出料间旁边挨近抽粪器处建深约500 毫米、直径约 500 毫米的小坑，用于放粪桶。小坑与抽粪器之间用 110 毫米的 PVC 管连接。在活塞筒上挨小沟处开一小口，抽粪器抽取的浓粪经小口PVC 管后进入粪桶。

五、机动沼液肥泵

　　机动沼液肥泵是一种用电动机或柴油机作动力从沼液池抽出沼液肥的泵。它具有出料速度快的特点，适用于农村养猪专业户或集约化养殖场、生态农场修建的中型或较大型的沼气工程，但必须建有储沼液池。当采用机动沼液肥泵抽出地下沼气发酵池的沼液时应注意，当压力表水柱出现负压时应打开连接气柜的开关，让气柜的沼气回到发酵池，负压不得超过 500 帕。

　　机动沼液肥泵有以下两种：一种是切割式潜污泵与前述进料泵相同，这种泵是抽排污泥、液体的常用泵；另一种是自吸式泵，其泵体和动力都在池外，安装、使用都很方便。使用时，用池液将液肥层和沉渣层搅混后，渣、液一起吸出池外。动力可用电动机，亦可用柴油机，适合当前我国某些无电力供应的农村。但是，搅拌不均匀时，吸渣效果较差。自吸式泵构成如图 5 - 47 所示。

　　泵采用液下式，不必灌注引水，便于频繁启动；随泵配有三脚起吊架，用于小池出料时，泵可在起吊架上自由升降，以适应池内液面的变化；泵装有切割刀片，能将池内未腐烂的秸秆、杂草切碎泵出；泵配带有搅拌用喷头，需要搅拌时，装上喷头，利用泵出的液体进行回流搅拌，既经济又简单。工作时，自吸泵的叶轮在原动机（经过软轴传动）的带动下，高速旋转，产生离心力。离心力使液肥的压能和动能增加，一方面液肥在离心力的作用下，甩向叶轮外缘，再经过泵体流道压入出肥管（排液），另一方面在叶轮的中心处形成真空，

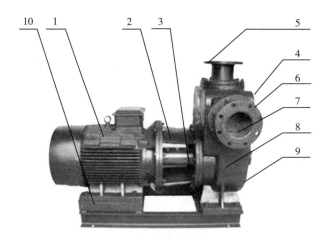

图 5-47　自吸式泵构成图

1. 电机　2. 连接盖　3. 联轴器（直联式无此项）　4. 泵体
5. 泵出水口　6. 泵进水口　7. 止回阀瓣　8. 叶轮　9. 放水栓　10. 底盘

液肥在大气压力的作用下，压入叶轮进口（吸液）。于是叶轮不断地旋转，即形成了连续的抽排过程。

六、抽排车

1. 抽排车构成　抽排车是沼气出肥机具，它具有抽取速度快，抽、运合一等特点，适用于农村较大型的猪场、农场修建的大、中型沼气工程。采用抽排车进行沼肥利用，将沼液池的沼肥抽入罐体，运送到农田边后再从罐体排出施肥到植物下。抽排车主要由通用汽车底盘、沼肥罐体、真空泵及三通四位阀门和管道等组成。抽排车构成如图 5-48 所示。

图 5-48　抽排车

2. 抽排车工作过程　其工作原理主要是利用气压进行吸粪和排污的工作。主要作业元件为真空泵，工作的时候，发动机通过变速箱，联轴器驱动真空泵。吸粪工作时，真空泵抽出罐体内空气，使之形成真空，污物在外界大气压的作用下通过吸粪管道压入罐内。排污时，真空泵反转，将外界空气抽入罐内，利用罐内空气压力将污物排出。

在工作过程中，为了避免粪渍的污染，需要使用水气分离器对罐内对空气进行过滤，过滤后的空气排出罐外，水分流回吸粪罐内。

真空泵内的循环油通过油气分离器两次分离后也可以再次利用并且可以避免污染。

操作的时候，可以通过控制三通四位阀门来调整抽排车吸粪和排污作业。

抽排车排卸作业：

（1）将吸粪胶管朝向蓄粪池内。

（2）将四通阀门后柄拉至与地面平行，开启防溢阀，使其手柄与管路轴线平行即可。

（3）将变速器挂入空挡，然后起动发动机，分离离合器，将取力器开关向后拉即挂挡取力，真空泵开始运转。

（4）罐体内沼液排卸完后，驾驶应及时将取力器操纵柄向前推即脱挡，真空泵停止运转。

（5）将加油箱直通旋塞旋柄板与进油箱轴线平行即关闭，冲洗胶管后，将其放回走台箱，关好边门，并使吊杆朝向驾驶室上方。

（6）将抽排车驶离作业点。

第四节 沼气工程检测仪器及维修必备设备

学习目标：掌握沼气工程检测仪器及维修必备设备的结构、原理、特性和使用方法。

随着养殖业的发展，利用沼气工程处理畜粪污是主要手段之一，在沼气工程使用维修过程中要使用检测仪器及维修设备。

一、沼气成分检测仪

1. 沼气成分检测仪形式及性能 沼气成分检测经常采用便携式检测仪，一般采用非分光红外气体分析技术（NDIR）及长寿命电化学传感技术（ECD），可同时在线测量沼气成分中 CH_4、CO_2、H_2S、O_2 等气体的体积浓度，如图 5 - 49 所示。其性能如表 5 - 3 所示。

图 5 - 49 便携式沼气成分检测仪

表 5 - 3　便携式沼气成分检测仪性能

项目		参数
基本参数	测量组分	$CH_4/CO_2/H_2S/O_2$
	测量原理	CH_4/CO_2：NDIR；H_2S/O_2：ECD
	测量范围	CO_2：0～100%；CO_2：0～50%；H_2S：0～9 999 ppm（0～0.999 9%）；O_2：0～25%（量程均可选）
	精度	CO_2/CO_2：±2%FS；O_2/H_2S：±3%FS
电气参数	通信	USB 接口，蓝牙 4.0
	电源	内置 18 650 充电锂电池（可更换），外置 5 伏/2 伏充电器
	显示	彩色 LCD 显示

注：FS 是满量程，精度±2.5% FS，就是最大误差不大于或满量程的±2.5%。

2. 检测原理　非分散性红外线气体传感器，是与光学气体传感器联系最紧密的商用传感器之一，可用于评估汽车尾气、测量空气质量、探测气体泄漏情况。该传感器采用特殊工艺合成的超材料制成，没有运动部件，只需很少的能量就可运行其工作原理是用一个宽波长范围的光源，用两个窄带滤光片分别在检测器之前滤光，两个检测器一个作为传感器，一个作为参比；对比两个检测的信号，得出被测气体吸收了多少红外光从而得出浓度。

电子捕获检测器（ECD）是灵敏度最高的气相色谱检测器，同时又是最早出现的选择性检测器。它仅对那些能捕获电子的化合物，如卤代烃，含 N、O 和 S 等杂原子的化合物有响应。由于它灵敏度高、选择性好，可用来检测沼气中的 H_2S、O_2 浓度。电子捕获检测器是放射性离子化检测器的一种，它是利用放射性同位素，在衰变过程中放射的具有一定能量的 β 粒子作为电离源，当只有纯载其分子通过离子源时，在 β 粒子的轰击下，电离成正离子和自由电子，在所施电场的作用下离子和电子都将做定向移动，因为电子移动的速度比正离子快得多，所以正离子和电子的复合概率很小，只要条件一定就形成了一定的离子流（基流），当载气带有微量的电负性组分进入离子室时，亲电子的组分大量捕获电子形成负离子或带电负分子。因为负离子（分子）的移动速度和正离子差不多，正负离子的复合概率比正离子和电子的复合概率高 105 ～ 108 倍，因而基流明显下降，这样仪器就输出了一个负极性的电信号，因此被测组分输出，在数据处理上出负峰。

3. 便携式沼气成分检测仪特点

（1）便于携带。可同时满足工业现场测量和实验室气囊取样分析需求。

（2）测量准确度高。传感器模块化设计，可同时在线测量沼气成分中 CH_4、CO_2、H_2S、O_2 等气体的体积浓度，还可扩展 CO、H_2 传感器，多组分测量气体间无交叉干扰。

（3）工作性能稳定。传感器采用双通道设计，稳定性强；具备自诊断功能，可在线检查传感器状态。

（4）电量智能管理。配置软启动电源开关，电池电量智能管理，避免仪器在低电量条件下工作。

（5）数据管理简捷。自动存储测量数据，具备查询、删除功能，可通过多种接口传输到上级集中控制系统。

（6）使用成本低。相较于色谱等气体分析技术，测量过程无须拆卸安装、耗费化学试剂等，操作简单，无耗材。

（7）具有蓝牙功能。能够将采集数据上传，App 显示。

二、酸度计

沼气生产过程中常常会出现发酵液酸化的现象，所以酸度计使用频率较高。检测发酵液酸度有便携式酸度计和在线酸度仪两种。

（一）便携式酸度计

1. 便携式酸度计性能参数　便携式酸度计如图 5-50 所示。

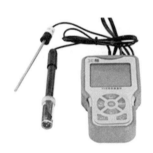

图 5-50　便携式酸度计

其性能参数：

（1）测量范围：（-2~19.99）pH，-1 999~1 999 毫伏。

（2）分辨率：0.1/0.01pH，1 毫伏。

（3）准确度：±0.01pH。

（4）输入阻抗：≥1×1 012 欧。

（5）稳定性：±0.01pH/3 小时。

（6）温度补偿范围：0~100℃（自动）。

（7）精度范围：±0.1％FS。

（8）数据存储：200 组。

（9）电源：AA×2（1.5 伏×2）

（10）尺寸/重量：340 毫米×270 毫米×50 毫米（外箱）/1.5 千克；165 毫

米×90 毫米×32 毫米（仪器）/0.31 千克。

（11）环境温度：5～35℃（0.01 级）。

2. 检测原理　水溶液 pH 的测量一般用玻璃电极作为指示电极，甘汞电极作为参比电极，当溶液中氢离子浓度（严格说是活度）即溶液的 pH 发生变化时，玻璃电极和甘汞电极之间产生的电势也随着发生变化，而电势变化关系符合下列公式：

$$\Delta E = -58.16 \times \Delta pH \times (273 + t)/293 \qquad (5-4)$$

式中　ΔE——表示电势的变化（毫伏）。

　　　ΔpH——表示溶液 pH 的变化。

　　　t——表示被测溶液的温度（℃）。

3. 便携式酸度计特点

（1）大屏幕 LCD 显示，白色背光可控。

（2）具有全自动校准、自动关机、断电保护、自动校准、手动和自动温度补偿、自动诊断等功能。

（3）具有欠压显示提示、自动关机功能延长电池使用寿命。

（4）可进行一点到三点自动标定。

（5）支持测试结果储存、删除、查阅、打印，至多可储存 200 组实验数据。

（6）标配便携手提箱防水式设计；外壳防护等级为 IP57，并且配有可折合支架。

（二）在线酸度仪

大型沼气工程需要随时监控发酵液的 pH，动态观察发酵液酸度的变化，所以要采用在线酸度仪。

1. 在线酸度仪的构成及性能　目前，市场上的在线酸度仪都具有同时检测酸度和氧化还原电位（pH/ORP）功能，一套完整的 pH/ORP 测量系统包含变送器、pH/ORP 电极、电极安装支架、LCD（液晶）显示等基本部件。它采用高性能 CPU 芯片、高精度 A/D 转换技术和 SMT 贴片技术，完成多参数测量、可带温度补偿、量程转换、仪表精度高，重复性好；配上 ORP 电极，还可以精确测量溶液的 ORP。在线酸度仪有盘装、壁挂、一体化等多种结构形式，有经济型、多功能型、防爆型可选，如图 5-51 所示。

其性能参数：

测量范围：0～14pH。

分辨率：0.01pH。

图 5-51　在线酸度仪

精确度：±0.05pH。

稳定性：≤0.05pH/24 小时。

仪器的工作条件：环境温度 0~60℃，空气相对湿度≤90%，除地球磁场外周围无强磁场干扰。

2. 在线酸度仪的特点

（1）高智能化。中文型工业 pH 计采用高精度 A/D 转换和单片机微处理技术，能完成 pH 和温度的测量、温度自动补偿、仪表自检等多种功能。

（2）高可靠性：元器件高度集成，没有了复杂的功能开关和调节旋钮。

（3）抗干扰能力强：采用最新器件，阻抗高达 1 012 欧的双高阻输入；电流输出采用光电耦合隔离技术，抗干扰能力强，实现远传；具有良好的电磁兼容性。

（4）防水防尘设计：防护等级 IP65，适宜户外使用。

（5）25℃折算：对纯水和加氨超纯水进行了 25℃基准温度折算，实现了显示 25℃时的 pH，特别适合电厂多种水质的测量。

（6）自动定时校准：确保仪器测量稳定性和可靠性。

（7）RS485 通信接口：可方便联入计算机进行监测和通讯。

三、鼓风机

在沼气工程检修时常常要进入发酵池、水封池、进料池等存有大量 CO_2 的空间，CO_2 具有使人窒息死亡的安全隐患，所以进入这些空间之前必须用鼓风机吹除 CO_2。

1. 鼓风机的构成 鼓风机主要由下列六部分组成：电机、空气过滤器、鼓风机本体、空气室、底座（兼油箱）、滴油嘴，如图 5-52 所示。通风机是指进口为标准空气进口条件下，出口压力（表压）小于 0.015 兆帕的风机；出口压力（表压）在 0.015 兆帕和 0.2 兆帕的称为鼓风机；出口压力（表压）大于 0.2 兆帕的称为压缩机。

图 5-52 鼓风机

几种不同型号鼓风机的性能参数如表5-4所示。

2. 鼓风机工作原理 鼓风机靠气室内的偏置的转子偏心运转，并使转子槽中的叶片之间的容积变化将空气吸入、压缩、吐出。在运转中利用鼓风机的压力差自动将润滑油送到滴油嘴，滴入汽缸内以减少摩擦及噪声，同时可保持气室内气体不回流，此类鼓风机又称为滑片式鼓风机。

表 5-4　几种鼓风机性能表

项目	不同型号鼓风机的参数		
	TB100-1AC	TB100-1	TB100-2AC
频率（赫兹）	50/60	50/60	50/60
功率（千瓦）	0.75	0.75	1.5
额定电压（伏）	220	380	220
额定电流（安）	3.0	3.0	5.7
最大流量（米³/分）	18	18	20
额定压力（千帕）	1.3	1.3	2.0
噪声（分贝）	70	70	70
出风口口径（毫米）	100	100	100

思考与练习题

1. 沼气的燃烧方法有几种？它们是如何工作的？

2. 沼气灶具的技术特性参数有哪些？它们的含义是什么？

3. 家用沼气灶由哪些部分构成？各部分有什么作用？

4. 家用沼气灯由哪些部分构成？各部分有什么作用？

5. 沼气热水器由哪些部分构成？各部分有什么作用？

6. 沼气输配系统由哪些部分构成？各部分有什么作用？

7. 沼气脱水装置由哪些部分构成？

8. 沼气脱硫装置由哪些部分构成？

9. 沼气储气设备有几种？各有什么特点？

10. 切割式潜污泵由哪些部分构成？

11. 搅拌装置由哪些部分构成？

12. 保温与增温设施由哪些部分构成？

13. 沼气出料设备有哪些？各种设备是如何工作的？

14. 抽排车由哪些部分构成？

15. 沼气成分检测仪能检测哪几种气体成分？

16. 沼气工程常用酸度计有哪几种？

17. 沼气工程检修为什么要使用鼓风机？

第六章　安全知识

本章的知识点是沼气生产过程中的安全知识与急救方法，并应用于沼气生产实践。

沼气过程建设和沼气生产过程中存在的安全隐患主要有用电安全、入池安全、用气安全等，掌握这些安全知识是保证沼气安全生产的基础。

第一节　二氧化碳窒息与防范和急救

学习目标：掌握沼气中所含二氧化碳对人体危害的知识，并掌握防范和急救方法。

沼气是有机质经过厌氧发酵后产生的一种混合气体，其中二氧化碳占40％左右，是一种惰性气体，也是一种有害气体。

一、二氧化碳的特点

二氧化碳是惰性气体，有以下特点：

一是比空气重，重量是空气的1.53倍，在有限空间内沉于空气之下。

二是惰性气体分子结构稳定。

二、二氧化碳窒息原因

正常状态下，空气中的二氧化碳含量为0.03％～0.1％，氧气为20.9％；当空气中的二氧化碳含量增加到1.74％时，人的呼吸就会加快、加深，换气量比原来增加1.5倍；当空气中的二氧化碳含量增加到10.4％时，人最多坚持到30秒，之后人的呼吸慢慢被抑制，最终窒息死亡；当空气中的二氧化碳含量增加到30％左右，人的呼吸就会立即受到抑制，以致麻木无力，窒息死亡。

在沼气生产过程中，发酵罐、储气柜，甚至各种敞开的池子，在这些相对封闭的空间内都会有沼气，而沼气中有40％的二氧化碳，且是空气的1.53倍重，即便是打开人孔或敞开的池子，它会沉在这些空间的底部，使这些空间底部的二氧化碳浓度超过30％，当人不加防范随意进入，就会窒息死亡。

三、二氧化碳窒息的防范

当沼气生产和维修过程中必须要进入发酵罐、储气柜甚至各种敞开的池子时，就必须要做好防范工作，以避免二氧化碳窒息死亡事件的发生。其防范方法是：入池前，打开通风口（或人孔），用鼓风机向池内吹风，吹走二氧化碳。再把鸡、鸭、兔等小动物放进去试验，若小动物能跑出来，表明确实没有窒息危险后，人才能入池操作。入池工作时，池外要有人守护。入池工作的人员要系上保险带，一旦发生危险，池外的守护人员可立即拉出抢救。

四、二氧化碳窒息的急救

当沼气生产和维修过程中未加防范误入发酵罐、储气柜甚至各种敞开的池子内，发现有人窒息后，一定不要急着慌忙入池抢救，否则会造成多人连续窒息的事故。正确的救援方法是：首先，用鼓风机等多种方法向池内鼓风，使病人吸入新鲜空气；其次，要呼叫120急救服务中心，尽快送被抢救出来的窒息人员到附近医院抢救治疗，不可耽误时间，若呼吸心跳有障者，应立即进行人工呼吸和心脏按压，等待120急救车到来；最后，尽早进行高压氧舱治疗，减少后遗症，即使是轻度和中度缺氧者，也应进行高压氧舱治疗。

第二节　硫化氢中毒与救护

学习目标：掌握沼气中所含硫化氢对人体危害的知识，并掌握中毒救护方法。

沼气是有机质经过厌氧发酵后产生的一种混合气体，其中硫化氢占1%左右，是一种剧毒气体。

一、硫化氢的毒性及对人体的危害

硫化氢是剧毒气体，其毒性程度与浓度有关，具体是：

（1）10～20微升/升，刺激眼睛的界限浓度。

（2）50～100微升/升，暴露60分钟以上会致人残疾。

（3）100～150微升/升，人吸入一些后嗅觉神经受阻，并且味觉消失，同时能意识到危险。

（4）320～530微升/升，导致肺部水肿，并可能致死。

（5）500～700微升/升，暴露30～60分钟会致人重疾。

（6）600～800 微升/升，30 分钟内会致人死亡。

（7）800～1 000 微升/升，暴露 5 分钟，50％的人有生命危险。

（8）1 000 微升/升以上，即便是只吸入一口，就会导致马上昏厥，停止呼吸。

（9）2 000 微升/升，立即致人死亡。

未经过脱硫的沼气中，硫化氢的浓度一般为 200～500 微升/升，有时可高达 1 000 微升/升，显然具有一定的毒性。同时，硫化氢燃烧后生成二氧化硫，对周边的金属有很强的腐蚀性，排到空气中形成酸雨。因此，沼气在使用前必须脱硫。

二、中毒的救护

第一，应尽快让中毒者离开中毒环境，并立即打开门窗，流通空气。

第二，中毒者应安静休息，避免活动后加重心和肺负担及氧的消耗量。

第三，有自主呼吸的中毒者，给氧气吸入。

第四，神志不清的中毒者，必须尽快抬出中毒环境，在最短的时间内检查病人呼吸、脉搏、血压情况，根据这些情况进行施救处理。

第五，病情稳定后，将中毒者护送到医院进一步检查治疗。

第六，中毒者尽早进行高压氧舱治疗，减少后遗症。即使是轻度和中度中毒者，也应进行高压氧舱治疗。

第三节　沼气燃烧爆炸与沼气泄露防范措施

学习目标：掌握沼气的燃烧爆炸特性知识，并掌握沼气泄露防范措施。

沼气是有机质经过厌氧发酵后产生的一种混合气体，其中甲烷占 60％左右，是一种可燃气体。

一、沼气的燃烧爆炸特性

常压下，标准沼气与空气混合的比例在 8.8％～24.4％，纯甲烷在 5％～15％，相对封闭条件下，遇明火或 700℃以上的热源立即发生燃烧爆炸，像炸弹爆炸一样威力很大。当低于下限不能燃烧，当高于上限只是燃烧形成火灾不爆炸，这一范围称作爆炸极限范围。这也是甲烷（天然气）能用作内燃机动力燃料的依据，同时也是引起重大安全事故和火灾原因。

二、沼气泄露的危害

沼气站内有沼气管网，沼气用户也有沼气管网，这些管网有很多阀门、弯头、直接头、开关等，这些地方都有泄露沼气的可能，当泄露的沼气与空气的混合比例达到爆炸极限范围，遇明火或700℃以上的热源立即发生燃烧爆炸，或高于上限燃烧形成火灾。当甲烷与2倍以上的氧气混合时，遇明火或其燃点以上的热源时，即开始燃烧，易引起火灾。

三、沼气泄漏的处理

第一，迅速关闭气阀，切断气源，立即切断室外总电源，熄灭一切火种，打开门窗通风，让沼气自然散发出室外。

第二，应迅速疏散人员，阻止无关人员靠近。

第三，到户外拨打抢修电话，通知专业人员到现场处理。如事态严重应拨打"119"报警。

第四，切勿触动任何电器开关（如照明开关、门铃、排风扇等），切勿使用明火、电话，切勿开启任何燃具，直到漏气情况得到控制和室内无沼气为止。

四、沼气燃烧爆炸和火灾的防范

第一，绝对不能在已经产气的沼气站内使用油灯、蜡烛、火柴和打火机等，也不能吸烟。若需要照明，只能用防爆电灯、手电筒等。有时候，人入池后没有什么异常感觉，但不等于池内没有沼气。如果这些残存的沼气比例占到池内空气的8%～24%，一遇到火苗就会爆炸。

第二，绝对不能在已经产过沼气的发酵罐、储气柜等设施进行直接焊接维修。若一定要进行焊接维修，则必须采取鼓风机吹走沼气，吹的时间为根据鼓风机流量计算出置换时间的2倍，也可以采用水或氮气置换沼气。

第三，要经常检查开关、管道、接头等处是否漏气。

检查沼气泄露的方法：可用肥皂水刷接头检查，有沼气泄露会冒泡；也可用碱式醋酸铅试纸检查。试纸检查方法是：用清水把试纸浸湿，贴在要检查的部位，如果漏气，试纸和沼气中的硫化氢发生化学反应，使试纸变成黑色。千万不要用打火机、蜡烛等明火检查漏气。

第四，如果在关闭开关的情况下，闻有臭鸡蛋气味（硫化氢气味），则可以肯定沼气设备有漏气，要尽快打开门窗进行检查处理。

五、安全围栏与标识

沼气站要有高于1.2米以上的围栏和大门，形成封闭独立区域，并有"闲人免进，严禁烟火"或"易燃易爆，严禁烟火"等明显标识大字，如图6-1所示。

图 6-1 安全标识图

六、沼气烧伤事故的救护

一旦发生烧伤事故，要根据受伤者的烧伤程度来处理。

第一，迅速脱离热源，保护烧伤创面清洁，防止烧伤创面的感染。

第二，维护呼吸道通畅、镇静止痛、抗休克等。

第三，对于轻度烧伤的患者，主要是处理创面和防止局部感染，对于中、小面积Ⅱ度烧伤，应尽早施行冷疗，用冷水或冰水冲淋、浸泡或用冷敷料湿敷，以达到减轻组织损伤、止痛的作用。

第四，对于中度以上烧伤患者全身反应较大，容易引起并发症，需要局部治疗和全身治疗并重，要注意血容量不足性休克。

第五，严重的要立即送医院抢救。

第六，火灾事故发生时，头脑要冷静，首先要关掉气源，同时组织救火。

第四节 有限空间安全作业

学习目标：掌握在沼气施工和检修过程的安全作业规程。

一、有限空间基本知识

1. 有限空间 封闭或者部分封闭，与外界相对隔离，出入口较为狭窄，作业人员不能长时间在内工作，自然通风不良，易造成有毒有害、易燃易爆物质积聚或者氧含量不足的空间。

2. 有限空间作业 进入有限空间实施的作业活动称为有限空间作业。

3. 有限空间作业危害因素　有限空间作业场所一般多含有硫化氢、一氧化碳、二氧化碳、氨、甲烷（沼气）和氰化氢等气体，其中以硫化氢和一氧化碳为主的窒息性气体尤为突出。清理沼气池、沉淀池、酿酒池、沤粪池、下水道、蓄粪坑、地窖、反应塔或釜等均为常见的有限空间作业。

在这些有限空间场所作业，如果通风不良，加之窒息性气体浓度较高，会导致空气中氧含量下降。当空气中氧含量降到16%以下，人即可产生缺氧症状；氧含量降至10%以下，可出现不同程度意识障碍，甚至死亡；氧含量降至6%以下，可发生猝死。

4. 有限空间作业的危险特性

（1）作业环境情况复杂。有限空间狭小，通风不畅，不利于气体扩散，有毒有害气体容易积聚；照明、通信不畅，给正常作业和应急救援造成困难。

（2）危险性大，一旦发生事故往往造成严重后果。作业人员中毒、窒息往往发生在瞬间，有的有毒气体中毒后数分钟甚至数秒钟就会致人死亡。

（3）容易因盲目施救造成伤亡扩大。据统计，有限空间作业事故中，死亡人员有50%是救援人员，因为施救不当造成连续伤亡扩大。

二、有限空间作业要求

第一，实施有限空间作业前应当在醒目位置设置警示标志，警示作业人员，防止无关人员进入。

第二，严格遵守"先通风、再检测、后作业"的原则。在对有限空间采取通风措施后，对有限空间氧浓度、易燃易爆物质浓度、有毒有害气体浓度等指标进行检测。

第三，作业过程中采取通风措施，保持空气流通。同时要对作业场所中的危险有害因素进行定时检测或者连续监测。作业中断超过30分钟，应当重新通风、检测合格后方可再次进入。

第四，作业人员必须正确佩戴和使用劳动防护用品，并与监护人员保持联系。发现有限空间内氧含量浓度过低或者有毒有害气体浓度过高时，必须立即停止作业，撤离作业现场。

三、有限空间安全作业规程

有限空间作业安全管控9步法：作业前危险辨识、安全准入、安全隔离、安全置换、安全检测、安全防护、安全监护、安全作业、安全确认。

1. 作业前准备

（1）制定作业方案，明确人员职责。有限空间作业前，要对作业环境进行评估，分析存在的危险有害因素，提出消除、控制危害的措施，制定有限空间作业方案；明确作业现场负责人、监护人员、作业人员及其安全职责；严格履行有限空间作业审批手续。

（2）进行安全交底，检查设备安全。现场负责人应对实施作业的全体人员进行安全交底，告知作业方案、作业现场可能存在的危险有害因素、作业安全要求和应急处置方案等，并履行签字确认手续。

应对安全防护设备、个体防护设备、应急救援设备、作业设备进行安全检查，发现问题立即更换。

应封闭作业区域，在出入口周边显著位置设置安全警示标志和警示说明。

（3）自然通风，安全隔离。应在有限空间外上风侧开启进出口，进行自然通风。有限空间内可能存在爆炸危险的，应采取相应的防爆措施。

存在可能危及有限空间作业安全的设备设施、物料及能源时，应采取封闭、封堵、切断能源等可靠的隔离（隔断）措施，并上锁挂牌或设专人看管。

有限空间内盛装或残留的物料对作业存在危害时，作业人员应当在作业前对物料进行清洗、清空或者置换。

（4）气体检测，机械通风。作业前，应在有限空间外上风侧对有限空间的不同部位进行气体检测。气体检测"四项规定"：一是检测所有可能的危险气体；二是从通风孔处插入检测探枪；三是检测所有部位（顶部、底部、不规则形状）；四是如果检测到危险气体或蒸气，应进行通风和清洗，之后再次进行测试。

检测人员应当记录检测的时间、地点、气体种类、浓度等信息。检测记录 10 项内容：测定日期、测定时间、测定地点、测定方法、测定仪器、测定时的现场条件、测定次数、测定结果、测定人员和记录人员，并经检测人员签字后存档。

当气体检测浓度不合格时，必须对有限空间内进行机械通风。通风后，应再次检测，检测结果合格方可实施作业。

检测合格后，应根据危害程度正确选择佩戴有效的个体防护用品进行作业。

2. 作业与监护　在确认作业环境、作业程序、安全防护设备、个体防护装备及应急救援设备符合要求后，作业现场负责人方可安排作业人员进入有限空间作业。作业过程中还应做到实时监测和连续通风。

发现通风设备停止运转、有限空间内氧含量低于 19.5％或高于 23.5％、有毒有害气体浓度高于国家标准或者行业标准规定的限值时，必须立即停止有限空间作业，撤出并清点作业人员，暂时封闭作业现场的出入口，等待通风设备恢复正常运行。

3. 作业后清理　有限空间作业结束后，作业现场负责人和监护人员应协助作业人员安全撤离有限空间，清点人员和设备，确保有限空间内无人员和设备遗留后，关闭出入口。

现场清理接触作业区域封闭措施，撤离现场。

第五节　沼气工程安全运行管理规范

学习目标：掌握沼气工程安全运行管理的技术要求。

沼气工程安全运行管理必须坚持安全第一、预防为主、综合治理的方针，按照沼气工程安全管理的基本要求，制定安全运行管理规范，以确保沼气工程运行主体在沼气工程全生命周期内能明确安全管理责任、履行安全管理义务，本节主要介绍沼气工程在运行管理阶段的沼气站安全管理规则及相应技术要求。

一、沼气站安全运行管理规则

建设单位应委托具有沼气工程管理运营业绩的单位制订安全管理运营方案。

安全管理运营方案应以文字或图形的形式体现在沼气站内进行视觉传达的主要位置。安全管理运营方案应包括工艺流程、安全生产、消防避雷、安全防护、报警监控等主要技术方面的详细管理运营内容，并应对上述方面做出关于制度、人员、生产使用过程、有害因素、安全措施、安全标志、安全操作等方面明确具体的规定。

运营单位应建立健全安全管理机构，并应建立健全安全生产责任制、危险作业审批制度、职业安全健康管理体系和安全生产标准化体系，沼气工程的运营应全面实施制度化管理，并应建立健全安全生产管理制度、岗位安全操作规程、事故应急预案，并定期进行事故应急演练。应加强个体防护装备的佩戴演练，并应确保在紧急事态出现时可正常发挥作用。

运营单位应加强救援装备的管理，救援装备应包含救生衣（圈）、安全梯、三脚架、安全绳、安全带、正压式呼吸器具、呼吸面罩、防爆照明灯、防爆通信设备、氧气测定仪、有毒气体测定仪、灭火器材、防护围栏等。

应建立健全安全台账制度，凡是与安全有关的活动必须留有记录。持续改进安全教育培训及现场安全管理，建立健全经常性的安全教育制度，不断完善风险分级管控及隐患排查治理。

沼气站内超过设计施用年限的安全设施必须进行更换，运营单位应委托具有环保工程专业承包三级及以上资质并具备安全生产许可证、特种作业人员操作证、安全培训合格证等相关资格的施工单位进行安全设施的更换。

二、沼气站安全运行管理的技术要求

沼气站必须对新进站的人员进行系统的安全教育，并建立定期的安全学习制度。沼气站的运行管理人员和安全监督人员必须熟悉沼气站存在的各种危险、有害因素与不当操作的关系。

各岗位操作人员应穿戴整齐劳动保护用品，做好安全防范工作，并熟悉使用灭火装置。

沼气站应制定火警、易燃及有害气体泄漏、爆炸、自然灾害等意外突发事件的紧急预案，应在主要设施醒目位置设立禁火标志，严禁烟火；严禁违章明火作业，动火操作必须采取安全防护措施，并经过建设单位同意；禁止石器、铁器过激碰撞。

沼气工程中沼气生产装置、沼气储存装置及安装有沼气净化、沼气加压、调压等设备的封闭式设施的防火防爆应符合下列要求：建筑耐火等级应符合 GB 50016 的规定；建筑物门窗应向外开，建筑物顶部应设置换气天窗或自动换气风扇；沼气生产、净化、储存、利用区域应严禁明火，地面应采用不会产生火花的材料，建（构）筑物表面应涂写防火标志，操作人员在作业或巡查时，应穿戴工作服（防静电），鞋子不得带铁钉，严防产生静电或火花引起火灾甚至爆炸。

沼气站应在明显位置配备消防器材和防护救生器具及用品，其中应包括消防器材、保护性安全器具、呼吸设备、急救设施等。

应在存在危险因素、有害因素、有害物质的地方，按照 GB 2894 的要求设置安全标志；在不同设施上按 GB 2893 的要求涂安全色；在不同设备和管线，应按有关标准规定涂识别色、识别符号和安全标识。

严禁随便进入具有有毒、有害气体的沼气生产装置、沟渠、管道及地下井（室）；凡在这类构筑物或容器进行放空清理、维修和拆除时，必须制订详细的安全保障方案，保证易燃气体和有毒、有害气体含量控制在安全规定值以下，同时防止缺氧。

具有有毒有害气体、易燃气体、异味、粉尘和环境潮湿的地点，必须通风良好。

电源电压波幅大于额定电压 5 ％时，不宜启动电机。启动设备应在做好启动准备工作后进行。

操作电器开关，应按电工安全用电操作规程进行，严禁非岗位人员启闭本岗位的机电设备。

电器设备必须可靠接地，电气设备的金属外壳均应采取接地或接零保护，钢结构、排气管、排风管和铁栏等金属物应采用等电位连接。信号电源必须采用 36 伏安全电压以下。

公共建筑和生产用气设备应有防爆设施，生物质原料粉碎车间应通风良好，并应采取必要的除尘措施，操作人员进行生物质原料粉碎时，应佩戴防护面具，防止粉尘爆炸事故发生。

各种设备维修时必须断电，并应在开关处悬挂维修标牌后，方可操作。清理机电设备及周围环境卫生时，严禁开机擦拭设备运转，冲洗水不得溅到电缆头和电机带电部位及润滑部位。

沼气站内易发生沼气泄漏的进料间、净化间、锅炉房、发电机房、增压机房等建（构）筑物内应设置可燃气体及有毒气体报警装置和事故排风机，并应符合 GBZ/T 223 的规定。

沼气站内进料间、锅炉房、秸秆粉碎间、发电机房、增压机房应采用强制通风，净化间、泵房等宜采用自然通风。当自然通风不能满足要求时，可采用强制排风。

对产生、输送、储存沼气的设施应做好安全防护，严禁沼气泄漏或空气进入厌氧沼气池及沼气储气、配气系统；沼气储气装置输出管道上应设置安全水封或阻火器，大型用气设备应设置沼气放散管，但严禁在建筑物内放散沼气；储气柜蓄水池内的水严禁随意排放；冬季防冻，以防罐内产生负压损坏罐体；当水封的水 pH 小于 6 时及时换水；外表注意防锈。

厌氧沼气池溢流管必须保持通畅，应保证厌氧沼气池水封高度，冬季应每日检查。环境温度低于 0℃时，应防止水封池结冰。

凡在对具有有害气体或可燃气体的构筑物或容器进行放空清理和维修时，应打开人孔与顶盖，采用强制通风措施 48 小时，采用活体小动物进行有害气体检测无误后检修人员方可进入，活体小动物放入池内下（底）部 10 分钟以上，如动物活动正常，才能下池作业。大换料时沼气池周围设立警戒线或派人看护，不让其他人靠近沼气池，沼气池周围不能出现明火。在进入沼气池维修，特别是出沉渣时，不要用蜡烛等明火照明、抽烟等，要用手电或日光灯系入池中，以免发生烧伤、爆炸事故。

下池操作人员应穿着防静电工作服、戴好安全帽、系上安全带、配备符合标准要求的照明灯、使用隔离防护面具；池外必须有人监视，并保持密切联系，整个检修期间不得停止鼓风。

户用沼气池大换料必须请沼气专业人员现场指导出料全过程，不能自行大出料，否则易造成安全事故发生。必须有 3 人以上方可操作，一人进池，身系安全绳，头戴安全帽，二人在池上拉绳子和警戒线。一旦进池人员出现不舒服，应及时出池，如果出现窒息，池上人员应立即将下池人员拉出池外，抬到通风处，实施人工呼吸并及时拨打"120"求助，到附近医院进行救治。严禁无关人员在无安全保障设施的情况下盲目入池营救，以免造成更多人员伤亡。

如果发现池内有人昏倒，现场有关人员应当立即报警，一定不要莽撞下池抢救。同时以最快速度设法向池内鼓风换气，先让池内人员吸收到新鲜空气。如慌忙下池抢救，会发生多人连发事故。如果不能做到鼓风换气，救生员腰背上部系安全绳，绳的另一头叫池外人拉住，入池后要憋住气（最好口含胶管通气，胶管一端伸出池外），从受伤人员身后，拦腰抱住，拉出池外。如果一次救不出，须到池外换气后再救。

上下爬梯，在构筑物上及敞开池、井边巡视和操作时，应注意安全，防止滑倒或堕落，雨天或冰雪天气应特别注意防滑。

设备、设施维护保养按设备说明书进行，各种管道开关、闸阀、紧固设备连接件要定期维护保养；外观涂装如有破损，应当及时上漆，防止生锈腐蚀。每年检查一次储气柜气密性，输气管线路应当经常检查是否有漏气、漏水和堵塞现象，发现问题及时维修更换。对各种闸阀、汽水分离器、正负压保护器、脱硫塔罐、相关护栏、爬梯、管道、支架、盖板进行定期检查和维护保养，确保安全有效。

避雷针每年应在雷雨季节前保养一次。

沼气发电时间严格按现场调试获得的数据执行，不得超时发电。

三、终止拆除的安全要求

沼气站内超过设计使用年限的工艺设施必须终止运行并进行拆除；运营单位应委托具有环保工程专业承包三级及以上资质并具备安全生产许可证、特种作业人员操作证、安全培训合格证等相关资格的施工单位进行工艺设施的拆除。

沼气站严禁运营单位或自行运营的建设单位自行拆除。

思考与练习题

1. 沼气窒息是如何发生的？应如何急救？
2. 沼气中毒是如何发生的？应如何急救？
3. 怎样预防沼气引起的燃烧爆炸、烧伤和火灾的发生？
4. 有限空间作业有哪些危险特征？
5. 有限空间作业的基本要求有哪些？
6. 沼气站安全运行管理的技术要求有哪些？

参 考 文 献

白金明，2002. 沼气综合利用. 北京：中国农业科技出版社.

白廷弼，1990. 新型家用水压式沼气池. 兰州：甘肃科技出版社.

卞有生，2000. 生态农业中废弃物的处理与再生利用. 北京：化学工业出版社.

曹国强，1986. 沼气建池. 北京：北京师范学院出版社.

曹建华，曹琦，2010. 农村户用沼气池知识问答. 北京：中国农业出版社.

德莫因克 M，康斯坦得 M，等，1992. 欧洲沼气工程和沼气利用. 方国渊，等译. 成都：成都科技大学出版社.

顾树华，张希良，王革华，2001. 能源利用与农业可持续发展. 北京：北京出版社.

郭世英，蒲嘉禾，1988. 中国沼气早期发展历史. 重庆：科技文献出版社重庆分社.

胡海良，卢家翔，1998. 南方沼气池综合利用新技术. 南宁：广西科技出版社.

刘英，2002. 农村沼气实用新技术. 成都：农业部沼气科学研究所.

农业部，1987. 农村家用沼气管路设计规程：GB 7636—87. 北京：中国标准出版社.

农业部环保能源司，1990. 中国沼气十年. 北京：中国科学技术出版社.

农业部环保能源司，1995. 北方农村能源生态模式. 北京：中国农业出版社.

农业部环保能源司，中国农业出版社，2001. 生态家园进农家. 北京：中国农业出版社.

农业部环境能源司，中国农学会，2003. 农村沼气技术挂图. 北京：中国农业出版社.

农业部环境能源司，中国农学会，2003. 水稻生态栽培技术系列挂图. 北京：中国农业出版社.

农业部环境能源司，中国农业出版社，2003. 沼气用户手册，北京：中国农业出版社.

农业部科技教育司，2001. 户用农村能源生态工程 北方模式设计施工与使用规范：NY/T 466—2001. 北京：中国标准出版社.

农业部科技教育司，2001. 户用农村能源生态工程 南方模式设计施工与使用规范：NY/T 465—2001. 北京：中国标准出版社.

农业部沼气科学研究所，2001. 农村沼气生产与利用100问. 北京：中国农业科技出版社.

邱凌，2003. 农村庭园沼气技术. 杨凌：农业部沼气产品质检中心西北工作站.

邱凌，2014. 沼气技术手册. 北京：中国农业出版社.

邱凌，王飞，2012. 沼气物管员（高级工）. 北京：中国农业出版社.

邱凌，王久，2014. 沼气物管员（技师）. 北京：中国农业出版社.

邱凌，张衍林，2004. 沼气生产工（上册）. 北京：中国农业出版社.

邱凌，张衍林，2004. 沼气生产工（下册）. 北京：中国农业出版社.

全国沼气标准化技术委员会，2014. 户用沼气灯：NY/T 344—2014. 北京：中国标准出版社.

全国沼气标准化技术委员会，2016. 户用沼气池设计规范：GB/T 4750—2016. 北京：中国标准出版社.

全国沼气标准化技术委员会，2016. 户用沼气池施工操作规程：GB/T 4752—2016. 北京：中国标准出版社.

全国沼气标准化技术委员会，2016. 户用沼气池质量检查验收规范：GB/T 4751—2016. 北京：中国标准出版社.

沈其林，2012. 农村能源知识读本. 杭州：浙江科学技术出版社.

王久臣，邱凌，李惠斌，2020. 中国沼气应用模式研究与实践. 西安：西北农林科技大学出版社.

杨邦杰，2002. 农业生物环境与能源工程. 北京：中国科学技术出版社.

苑瑞华，2001. 沼气生态农业技术. 北京：中国农业出版社.

张百良，2009. 生物能源技术与工程化. 北京：科学出版社.

张无敌，2016. 沼气技术与工程. 北京：化学工业出版社.

张无敌，刘伟伟，尹芳，2016. 农村沼气工程技术. 北京：化学工业出版社.

赵立欣，张艳丽，2008. 我国沼气物业化管理服务体系建设研究. 北京：化学工业出版社.

郑平，冯孝善，2006. 废物生物处理理论和技术. 北京：高等教育出版社.

郑瑞澄，2018. 太阳能利用技术. 北京：中国电力出版社.

中国农村能源行业协会，2008. 户用沼气高效使用技术一点通. 北京：科学出版社.

中华人民共和国农业部，2009. 农村可再生能源100问. 北京：中国农业出版社.

周孟津，张榕林，蔺金印，2009. 沼气实用技术. 北京：化学工业出版社.

附录一 沼气工国家职业技能标准
（2019 年版）

1 职业概况

1.1 职业名称
沼气工。

1.2 职业编码
5－05－03－01。

1.3 职业定义
从事户用沼气池和沼气工程的建设、设备安装、运行维护、技术指导、生产经营等工作的人员。

1.4 职业技能等级
本职业共设五个等级，分别为：五级/初级工、四级/中级工、三级/高级工、二级/技师、一级/高级技师。

1.5 职业环境条件
室内外、设施内外、常温。

1.6 职业能力特征
具有一定的学习和计算能力；具有一定的观察、判断能力；具有一定的空间感和形体知觉；具有一定的操作能力，四肢灵活，动作协调。

1.7 普通受教育程度
初中毕业（或相当文化程度）。

1.8 职业技能鉴定要求

1.8.1 申报条件
具备以下条件之一者，可申报五级/初级工：

（1）累计从事本职业或相关职业①工作1年（含）以上。

（2）本职业或相关职业学徒期满。

具备以下条件之一者，可申报四级/中级工：

（1）取得本职业或相关职业五级/初级工职业资格证书（技能等级证书）

---

① 相关职业：污水处理工、水工混凝土维修工。

后，累计从事本职业或相关职业工作 4 年（含）以上。

（2）累计从事本职业或相关职业工作 6 年（含）以上。

（3）取得技工学校本专业或相关专业①毕业证书（含尚未取得毕业证书的在校应届毕业生）；或取得经评估论证、以中级技能为培养目标的中等及以上职业学校本专业或相关专业毕业证书（含尚未取得毕业证书的在校应届毕业生）。

具备以下条件之一者，可申报三级/高级工：

（1）取得本职业或相关职业四级/中级工职业资格证书（技能等级证书）后，累计从事本职业或相关职业工作 5 年（含）以上。

（2）取得本职业或相关职业四级/中级工职业资格证书（技能等级证书），并具有高级技工学校、技师学院毕业证书（含尚未取得毕业证书的在校应届毕业生）；或取得本职业或相关职业四级/中级工职业资格证书（技能等级证书），并具有经评估论证、以高级技能为培养目标的高等职业学校本专业或相关专业毕业证书（含尚未取得毕业证书的在校应届毕业生）。

（3）具有大专及以上本专业或相关专业毕业证书，并取得本职业或相关职业四级/中级工职业资格证书（技能等级证书）后，累计从事本职业或相关职业工作 2 年（含）以上。

具备以下条件之一者，可申报二级/技师：

（1）取得本职业或相关职业三级/高级工职业资格证书（技能等级证书）后，累计从事本职业或相关职业工作 4 年（含）以上。

（2）取得本职业或相关职业三级/高级工职业资格证书（技能等级证书）的高级技工学校、技师学院毕业生，累计从事本职业或相关职业工作 3 年（含）以上；或取得本职业或相关职业预备技师证书的技师学院毕业生，累计从事本职业或相关职业工作 2 年（含）以上。

具备以下条件者，可申报一级/高技师：

取得本职业或相关职业二级技师职业资格证书（技能等级证书）后，累计从事本职业或相关职业工作 4 年（含）以上。

1.8.2 鉴定方式

分为理论知识考试、技能考核以及综合评审。理论知识考试采用闭卷笔试方式，主要考核从业人员从事本职业应掌握的基本要求和相关知识要求；技能考核主要采用现场实际操作、模拟和口试等方式进行，主要考核从业人员从事

---

① 相关专业：技工学校相关专业包括农村能源开发与利用专业、建筑施工专业；中等职业学校相关专业包括环境治理技术专业、给排水工程施工与运行专业；高等职业学校（大专）相关专业包括农村新能源技术专业、环境工程技术专业。

本职业应具备的技能水平；综合评审主要针对技师和高级技师，通常采取审阅申报材料、答辩等方式进行全面评议和审查。

理论知识考试、技能考核和综合评审均实行百分制，成绩皆达 60 分（含）及以上者为合格。

1.8.3　监考人员、考评人员与考生配比

理论知识考试中的监考人员与考生配比不低于 1∶15，且每个考场不少于 2 名监考人员；技能考核中的考评人员与考生配比为 1∶10，且考评人员为 3 人（含）以上单数；综合评审委员为 5 人（含）以上单数。

1.8.4　鉴定时间

理论知识考试时间不少于 60 分钟；技能考核时间为：五级/初级工不少于 60 分钟，四级/中级工不少于 90 分钟，三级/高级工不少于 90 分钟，二级/技师不少于 60 分钟，一级/高级技师不少于 60 分钟；综合评审时间不少于 30 分钟。

1.8.5　鉴定场所设备

理论知识考试在标准教室进行；技能考核场所应具备户用沼气池、沼气工程或生物天然气工程提纯设施的模型或实物、相关设备，以及必要的分析、化验、试验及检验条件，并具有必要的考核鉴定条件。

2　基本要求

2.1　职业道德

2.1.1　职业道德基本知识

2.1.2　职业守则

（1）文明礼貌。

（2）爱岗敬业。

（3）诚实守信。

（4）团结互助。

（5）勤劳节俭。

（6）遵纪守法。

2.2 基础知识

2.2.1　专业基础知识

（1）常用建筑材料知识。

（2）建筑施工知识。

（3）沼气发酵基础知识。

（4）沼气常用设备知识。

（5）沼气相关技术标准。

2.2.2 安全知识

（1）沼气燃烧与爆炸知识。

（2）沼气致人窒息及急救知识。

（3）H_2S 的产生及危害。

（4）沼气工程防火防爆知识。

（5）安全用电知识。

（6）安全标识知识。

2.2.3 相关法律、法规知识

（1）《中华人民共和国劳动法》相关知识。

（2）《中华人民共和国劳动合同法》相关知识。

（3）《中华人民共和国节约能源法》相关知识。

（4）《中华人民共和国环境保护法》相关知识。

（5）《中华人民共和国可再生能源法》相关知识。

3 工作要求

本标准对五级/初级工、四级/中级工、三级/高级工、二级/技师、一级/高级技师的技能要求和相关知识要求依次递进，高级别涵盖低级别的要求。

3.1 五级/初级工

职业功能	工作内容	技能要求	相关知识
1. 主体工程施工	1.1 施工准备	1.1.1 能进行户用沼气池选址 1.1.2 能进行户用沼气池放线 1.1.3 能开挖户用沼气池池坑	1.1.1 户用沼气池选址原则与方法 1.1.2 户用沼气池放线方法 1.1.3 户用沼气池池坑开挖方法
	1.2 池体施工	1.2.1 能拌制砂浆和混凝土 1.2.2 能进行混凝土现浇施工 1.2.3 能进行混凝土模板支模和脱模 1.2.4 能进行混凝土养护 1.2.5 能进行回填土施工	1.2.1 水泥、砂、石基础知识 1.2.2 混凝土、砂浆基础知识 1.2.3 混凝土配比和坍落度测试知识 1.2.4 混凝土、砂浆施工知识 1.2.5 混凝土模板支模和脱模知识 1.2.6 混凝土养护知识 1.2.7 回填土操作相关知识
	1.3 密封层施工	1.3.1 能清理户用沼气池内壁基层 1.3.2 能进行户用沼气池密封层施工	1.3.1 户用沼气池内壁构造知识 1.3.2 户用沼气池密封层施工要求

（续）

职业功能	工作内容	技能要求	相关知识
2. 管路及沼气利用设备安装	2.1 沼气输配管路安装	2.1.1 能布设并安装户用沼气输气管路 2.1.2 能安装户用沼气输气管路配件	2.1.1 户用沼气池输气管路布设知识 2.1.2 输气管路材料知识 2.1.3 输气管路配件知识
	2.2 沼气利用设备安装	2.2.1 能安装沼气压力表 2.2.2 能安装沼气灶	2.2.1 沼气压力表安装知识 2.2.2 沼气灶安装、调节与使用知识
3. 工程启动	3.1 启动准备	3.1.1 能预处理户用沼气发酵原料 3.1.2 能采集接种物 3.1.3 能进行启动投料 3.1.4 能密封沼气池活动盖	3.1.1 户用沼气发酵原料特性 3.1.2 接种物来源及采集知识 3.1.3 启动投料顺序及操作要点 3.1.4 活动盖功能及密封方法
	3.2 启动调试	3.2.1 能采用 pH 试纸测定发酵料液酸碱度 3.2.2 能进行放气试火	3.2.1 pH 试纸使用方法 3.2.2 放气试火操作方法
4. 工程运行维护	4.1 进出料	4.1.1 能根据户用沼气池运行状况实施日常进出料 4.1.2 能根据气温变化调节户用沼气池发酵料液浓度	4.1.1 户用沼气池日常进出料知识 4.1.2 气温变化对户用沼气池产气效果的影响
	4.2 大换料	4.2.1 能确定大换料时间并进行备料 4.2.2 能进行大换料操作	4.2.1 户用沼气池大换料时间选择及备料知识 4.2.2 大出料及投料操作要点

3.2　四级/中级工

职业功能	工作内容	技能要求	相关知识
1. 主体工程施工	1.1 施工准备	1.1.1 能进行"圈舍—厕所—沼气池三结合"设施放线 1.1.2 能校正沼气池池坑	1.1.1 "圈舍—厕所—沼气池三结合"设施布局知识 1.1.2 沼气池池坑校正方法
	1.2 池体施工	1.2.1 能进行砖-混凝土池墙施工 1.2.2 能进行无模悬砌池顶施工 1.2.3 能装配手动出料器	1.2.1 砖-混凝土组合施工技术要点 1.2.2 无模悬砌池顶技术要点 1.2.3 手动出料器装配方法
	1.3 质量检验	1.3.1 能检验沼气池渗漏性 1.3.2 能检验沼气池气密性	1.3.1 渗漏性检验方法与操作要点 1.3.2 气密性检验方法与操作要点

（续）

职业功能	工作内容	技能要求	相关知识
2. 管路及沼气利用设备安装	2.1 沼气净化设备安装	2.1.1 能安装沼气脱硫器 2.1.2 能安装集水器	2.1.1 沼气脱硫器结构原理与安装知识 2.1.2 集水器安装知识
	2.2 沼气利用设备安装	2.2.1 能安装沼气灯 2.2.2 能安装沼气热水器	2.2.1 沼气灯安装知识 2.2.2 沼气热水器安装知识
3. 工程启动	3.1 启动准备	3.1.1 能根据碳氮比要求准备秸秆和粪便原料 3.1.2 能预处理接种物	3.1.1 发酵原料粪草比知识 3.1.2 接种物预处理方法
	3.2 启动调试	3.2.1 能进行沼气池启动投料 3.2.2 能处理沼气池启动常见问题	3.2.1 沼气池启动投料操作方法 3.2.2 沼气池启动常见问题解决方法
4. 工程运行维护	4.1 沼气输配装备运行维护	4.1.1 能维护户用沼气池输气管路并处理泄露故障 4.1.2 能更换并再生脱硫剂	4.1.1 户用沼气输气管维护方法 4.1.2 集水器输气管泄露故障处理方法 4.1.3 脱硫剂再生知识与更换方法
	4.2 沼气利用设备运行维护	4.2.1 能维护沼气灶 4.2.2 能维护沼气灯 4.2.3 能维护沼气热水器	4.2.1 沼气灶结构及维护知识 4.2.2 沼气灯结构及维护知识 4.2.3 沼气热水器结构及维护知识
	4.3 故障诊断与处理	4.3.1 能诊断户用沼气池运行故障 4.3.2 能排除户用沼气池运行故障	4.3.1 户用沼气池不产气故障诊断及排除方法 4.3.2 户用沼气池产气难点燃故障诊断及排除方法 4.3.3 户用沼气池泄露故障诊断及排除方法
5. 沼液沼渣利用	5.1 沼液利用	5.1.1 能进行农作物沼液浸种 5.1.2 能进行农作物和果树沼液喷施	5.1.1 沼液成分及其作用 5.1.2 沼液浸种知识 5.1.3 沼液喷施方法
	5.2 沼渣利用	5.2.1 能进行沼渣基肥施用 5.2.2 能进行沼渣追肥施用	5.2.1 沼渣营养知识 5.2.2 基肥和追肥施用知识

3.3 三级/高级工

职业功能	工作内容	技能要求	相关知识
1. 主体工程施工	1.1 施工准备	1.1.1 根据处理原料量确定中小型沼气发酵装置容积 1.1.2 能进行中小型沼气工程放线	1.1.1 中小型沼气工程系统组成 1.1.2 中小型沼气工程放线知识
	1.2 沼气发酵装置施工	1.2.1 能处理高水位地基 1.2.2 能进行预埋件施工	1.2.1 土力学基础知识 1.2.2 高水位地基处理知识 1.2.3 预埋件施工技术要点
	1.3 工程密封施工	1.3.1 能选择密封材料 1.3.2 能进行沼气发酵装置结构层缺陷处理	1.3.1 密封涂层施工工艺 1.3.2 沼气发酵装置结构层缺陷处理方法
	1.4 质量检验	1.4.1 能进行土方工程检验 1.4.2 能进行工程密封性检验 1.4.3 能进行中小型沼气工程竣工检验	1.4.1 土方工程检验知识 1.4.2 沼气发酵装置密封性要求及检验方法 1.4.3 中小型沼气工程竣工检验程序与方法
2. 附属设施安装	2.1 增温设施安装	2.1.1 能布设并安装中小型沼气工程增温管网 2.1.2 能安装温度调控装置	2.1.1 沼气工程增温系统知识 2.1.2 温度调控基础知识
	2.2 搅拌装置安装	2.2.1 能安装中小型沼气工程水力搅拌装置 2.2.2 能安装中小型沼气工程机械搅拌装置	2.2.1 水力搅拌装置类型及安装方法 2.2.2 机械搅拌装置类型及安装方法
	2.3 进料装备安装	2.3.1 能安装中小型沼气工程进料泵 2.3.2 能安装定时调控装置	2.3.1 中小型沼气工程进料泵安装方法 2.3.2 定时调控开关知识
3. 管路及沼气利用设备安装	3.1 工艺管道安装	3.1.1 能选择管材及管件 3.1.2 能布局并安装气、水管道	3.1.1 管材及管件选择方法 3.1.2 气、水管道布局及安装知识
	3.2 沼气净化设备安装	3.2.1 能安装凝水器 3.2.2 能安装并调试干式脱硫装置	3.2.1 凝水器结构与工作原理 3.2.2 干式脱硫装置结构与安装知识
	3.3 储气装置施工与检验	3.3.1 能进行湿式储气装置施工 3.3.2 能进行湿式储气装置气密性检验	3.3.1 湿式储气装置构造及工作原理 3.3.2 湿式储气装置施工方法 3.3.3 湿式储气装置气密性检验方法

（续）

职业功能	工作内容	技能要求	相关知识
3. 管路及沼气利用设备安装	3.4 沼气利用设备安装	3.4.1 能安装沼气采暖设备与系统 3.4.2 能安装常压沼气锅炉	3.4.1 沼气采暖设备系统组成与安装知识 3.4.2 常压沼气锅炉结构与工作原理
	3.5 监测仪表安装	3.5.1 能安装温度监测仪表 3.5.2 能安装流量监测仪表 3.5.3 能安装压力监测仪表	3.5.1 温度监测仪表安装知识 3.5.2 流量监测仪表安装知识 3.5.3 压力监测仪表安装知识
4. 工程启动	4.1 启动准备	4.1.1 能计算原料碳氮比 4.1.2 能预处理粪便类原料	4.1.1 常用发酵原料营养组分知识 4.1.2 粪便类原料预处理方法
	4.2 启动调试	4.2.1 能进行中小型沼气工程启动接种物投配 4.2.2 能调控启动负荷、温度与pH	4.2.1 中小型沼气工程启动接种物投配知识 4.2.2 启动负荷、温度与pH调控方法
5. 工程运行维护	5.1 沼气输配装备运行维护	5.1.1 能维护中小型沼气工程输气管道 5.1.2 能维护中小型沼气工程储气装置 5.1.3 能维护中小型沼气工程净化装置 5.1.4 能维护中小型沼气工程监控设备	5.1.1 中小型沼气工程输气管道维护知识 5.1.2 湿式储气装置运行维护知识 5.1.3 沼气脱硫、脱水装置运行维护知识 5.1.4 沼气工程监控系统组成及原理
	5.2 沼气利用设备运行维护	5.2.1 能维护常压沼气锅炉 5.2.2 能维护沼气采暖设备	5.2.1 常压沼气锅炉维修与保养知识 5.2.2 沼气采暖设备维修与保养知识
	5.3 附属设施运行维护	5.3.1 能维护加热装置 5.3.2 能维护搅拌装置 5.3.3 能维护进出料设备	5.3.1 加热装置维修与保养知识 5.3.2 搅拌装置维修与保养知识 5.3.3 进出料设备维修与保养知识
6. 沼液沼渣利用	6.1 沼液利用	6.1.1 能利用沼液进行无土栽培 6.1.2 能利用沼液进行农田灌溉	6.1.1 沼液利用无土栽培知识 6.1.2 沼液利用农田灌溉知识
	6.2 沼渣利用	6.2.1 能利用沼渣培养食用菌 6.2.2 能利用沼渣配制营养土	6.2.1 沼渣利用培养食用菌知识 6.2.2 沼渣利用制备营养土知识
7. 技术培训指导	7.1 技术培训	7.1.1 能进行户用沼气池施工技术培训 7.1.2 能进行户用沼气池维护管理培训	7.1.1 户用沼气池施工工艺 7.1.2 户用沼气池维护管理培训要点
	7.2 技术指导	7.2.1 能指导本级以下人员进行服务网点管理 7.2.2 能指导本级以下人员处理户用沼气池常见故障	7.2.1 沼气服务网点管理模式 7.2.2 经营管理基础知识

3.4 二级/技师

职业功能	工作内容	技能要求	相关知识
1. 主体工程施工	1.1 发酵装置施工	1.1.1 能进行钢结构主体工程施工 1.1.2 能进行搪瓷钢板拼装主体工程施工	1.1.1 钢结构容器知识 1.1.2 搪瓷钢板拼装知识
	1.2 工程防腐施工	1.2.1 能选择防腐材料 1.2.2 能进行结构层表面处理 1.2.3 能进行防腐工程施工	1.2.1 防腐材料知识 1.2.2 结构层表面处理方法 1.2.3 防腐工程施工方法
2. 附属设备安装	2.1 搅拌装置安装	2.1.1 能安装调试大型沼气工程机械搅拌装置 2.1.2 能安装机械搅拌调控装置	2.1.1 大型沼气工程机械搅拌装置结构及安装知识 2.1.2 机械搅拌调控装置知识
	2.2 进出料设备安装	2.2.1 能安装大型沼气工程机械格栅 2.2.2 能安装固液分离机	2.2.1 机械格栅结构与安装知识 2.2.2 固液分离机结构与安装知识
3. 管路及沼气利用设备安装	3.1 工艺管道安装	3.1.1 能安装大型沼气工程布料管 3.1.2 能布局并安装大型沼气工程输气管网	3.1.1 大型沼气工程布料知识 3.1.2 大型沼气工程输气管网布局与安装知识
	3.2 沼气净化设备安装	3.2.1 能安装生物脱硫装置 3.2.2 能调试生物脱硫装置	3.2.1 生物脱硫原理 3.2.2 生物脱硫装置结构知识 3.2.3 生物脱硫装置安装与调试方法
4. 工程启动	4.1 启动准备	4.1.1 能驯化启动菌种 4.1.2 能预处理秸秆及草类原料	4.1.1 菌种驯化知识 4.1.2 秸秆、草类原料特性及预处理方法
	4.2 启动调试	4.2.1 能启动原料酸化调节池 4.2.2 能启动两相发酵设施	4.2.1 原料酸化调节池工作原理 4.2.2 沼气两相发酵工艺
	4.3 启动故障处理	4.3.1 能处理启动不产气故障 4.3.2 能处理启动中断故障	4.3.1 启动不产气故障的原因 4.3.2 启动中断故障的原因
5. 工程运行维护	5.1 发酵装置运行维护	5.1.1 能调控发酵料液酸碱度 5.1.2 能调控原料营养平衡 5.1.3 能进行排泥操作	5.1.1 产酸与产甲烷平衡知识 5.1.2 原料营养平衡知识 5.1.3 排泥操作方法
	5.2 沼气输配装备运行维护	5.2.1 能维护柔性储气装置 5.2.2 能维护大型沼气工程工艺管道 5.2.3 能维护生物脱硫装置	5.2.1 柔性储气装置知识 5.2.2 大型沼气工程工艺管道维护知识

（续）

职业功能	工作内容	技能要求	相关知识要求
5. 工程运行维护	5.3 沼气利用设备运行维护	5.3.1 能维护沼气发电机组 5.3.2 能维护沼气供热装置	5.3.1 沼气发电机组维修与保养知识 5.3.2 沼气供热装置维修与保养知识
	5.4 工程附属设施运行维护	5.4.1 能维护大型沼气工程机械搅拌装置 5.4.2 能维护大型沼气工程进出料装置 5.4.3 能维护自动控制设备 5.4.4 能维护避雷设施	5.4.1 大型沼气工程机械搅拌装置维修与保养知识 5.4.2 大型沼气工程进出料装置维修与保养知识 5.4.3 自动控制设备维修与保养知识 5.4.4 避雷设施维修与保养知识
6. 沼液沼渣利用	6.1 沼液利用	6.1.1 能利用沼液初步加工叶面肥 6.1.2 能利用沼液防治病虫害	6.1.1 利用沼液加工叶面肥方法 6.1.2 利用沼液防治病虫害方法
	6.2 沼渣利用	6.2.1 能利用沼渣生产商品肥料 6.2.2 能深度处理沼渣	6.2.1 沼渣利用生产商品肥料工艺 6.2.2 沼渣利用深度处理方法
7. 技术培训指导	7.1 技术培训	7.1.1 能编写沼气工程技术培训教案 7.1.2 能编写户用沼气管理指南	7.1.1 培训教案编写基础知识 7.1.2 户用沼气管理指南
	7.2 技术指导	7.2.1 能指导本级以下人员进行中小型沼气工程建设、运行与维护 7.2.2 能指导本级以下人员处理中小型沼气工程常见故障	7.2.1 中小型沼气工程施工工艺 7.2.2 中小型沼气工程常见故障及其处理方法
8. 工程安全管理	8.1 工程安全施工	8.1.1 能进行高空作业防护、起重及其他施工机械设备防护 8.1.2 能进行临时用电防护	8.1.1 高空作业防护、起重及其他施工机械设备防护知识 8.1.2 临时用电防护知识
	8.2 工程安全运行	8.2.1 能维护沼气阻火器 8.2.2 能进行储气装置沼气置换 8.2.3 能维护正负压保护装置 8.2.4 能检修停运的沼气工程主体 8.2.5 能进行进出料池清淤 8.2.6 能进行大型沼气工程大换料	8.2.1 阻火器结构与工作原理 8.2.2 储气装置沼气安全置换知识 8.2.3 正负压保护装置维护知识 8.2.4 停运的沼气工程主体检修方法 8.2.5 进出料池清淤方法 8.2.6 大型沼气工程大换料方法
	8.3 工程安全报废	8.3.1 能拆解发酵装置 8.3.2 能拆解储气装置 8.3.3 能拆解工程附属设施	8.3.1 沼气工程安全动火操作知识 8.3.2 沼气工程安全报废程序 8.3.3 机械设备拆解知识

3.5 一级/高级技师

职业功能	工作内容	技能要求	相关知识
1. 主体工程施工	1.1 施工准备	1.1.1 能识读特大型沼气工程及生物天然气工程施工图 1.1.2 能编写特大型沼气工程及生物天然气工程施工组织方案	1.1.1 特大型沼气工程及生物天然气工程施工图识读知识 1.1.2 特大型沼气工程及生物天然气工程施工组织方案编写知识
	1.2 工程施工	1.2.1 能进行隐蔽工程施工 1.2.2 能进行特大型钢筋混凝土结构主体工程施工	1.2.1 隐蔽工程施工知识 1.2.2 特大型钢筋混凝土结构主体工程施工知识
2. 附属设施安装	2.1 余热利用设备安装	2.1.1 能安装沼气发电缸套余热利用装置 2.1.2 能安装沼气发电烟气余热利用装置	2.1.1 沼气发电缸套余热利用装置原理及安装方法 2.1.2 沼气发电烟气余热利用装置原理及安装方法
	2.2 沼气提纯装置安装	2.2.1 能安装加压水洗沼气提纯装置 2.2.2 能安装膜分离沼气提纯装置	2.2.1 加压水洗沼气提纯原理及提纯装置知识 2.2.2 膜分离沼气提纯原理及提纯装置知识
3. 管路及沼气利用设备安装	3.1 储气设备安装	3.1.1 能安装气体增压设备 3.1.2 能安装高压储气设备 3.1.3 能安装减压调压设备	3.1.1 气体增压设备知识 3.1.2 高压储气设备知识 3.1.3 减压调压设备知识
	3.2 安全及报警设备安装	3.2.1 能安装沼气应急燃烧器 3.2.2 能安装有害气体泄漏报警装置	3.2.1 沼气应急燃烧器结构与工作原理 3.2.2 有害气体泄漏报警装置安装方法
4. 工程启动	4.1 启动准备	4.1.1 能预处理餐厨垃圾 4.1.2 能编制特大型沼气工程及生物天然气工程启动方案	4.1.1 餐厨垃圾特性及其预处理方法 4.1.2 特大型沼气工程及生物天然气工程启动方案编制方法
	4.2 启动调试	4.2.1 能进行特大型沼气工程及生物天然气工程启动调试 4.2.2 能处理特大型沼气工程及生物天然气工程启动故障	4.2.1 特大型沼气工程及生物天然气工程启动要点 4.2.2 特大型沼气工程及生物天然气工程启动故障处理方法
5. 工程运行维护	5.1 沼气输配装备运行维护	5.1.1 能维护高压储气设备 5.1.2 能维护增压、减压调压设备 5.1.3 能维护特大型沼气供户管网	5.1.1 高压储气设备维护知识 5.1.2 增压、减压调压设备维护知识 5.1.3 特大型沼气供户管网维护知识

（续）

职业功能	工作内容	技能要求	相关知识
5. 工程运行维护	5.2 沼气利用设备运行维护	5.2.1 能维护沼气集中供热设施 5.2.2 能维护沼气提纯装置	5.2.1 沼气集中供热设施维修与保养知识 5.2.2 沼气提纯装置维修与保养知识
	5.3 工程附属设施运行维护	5.3.1 能维护在线监测设备 5.3.2 能维护后处理设施	5.3.1 在线监测设备运行维护知识 5.3.2 后处理设施维修与保养知识
6. 技术培训指导	6.1 技术培训	6.1.1 能编制沼气工程安全管理规程 6.1.2 能编制沼气工程事故应急处理方案 6.1.3 能制作培训课件并进行沼气及生物天然气工程施工、运行维护技术培训 6.1.4 能进行沼气及生物天然气工程安全管理培训	6.1.1 沼气及生物天然气工程安全管理知识 6.1.2 沼气工程事故应急处理方案编制知识 6.1.3 培训课件制作基本方法
	6.2 技术指导	6.2.1 能指导本级以下人员进行大型沼气工程施工、启动及运行维护 6.2.2 能指导本级以下人员处理大型沼气工程故障	6.2.1 大型沼气工程施工工艺 6.2.2 大型沼气工程常见故障及其处理方法
7. 工程安全管理	7.1 工程安全运行	7.1.1 能维护消防设施 7.1.2 能维护沼气应急燃烧器 7.1.3 能维护沼气泄漏报警装置 7.1.4 能编制发酵装置安全运行与维修方案	7.1.1 消防设施知识 7.1.2 发酵装置安全运行与维修知识
	7.2 工程安全报废	7.2.1 能编制沼气工程主体装置拆解方案 7.2.2 能编制沼气工程附属设施拆除方案	7.2.1 沼气工程主体装置拆解与报废知识 7.2.2 沼气工程附属设施拆除知识

4 权重表

4.1 理论知识权重表

	项目	五级/初级工（%）	四级/中级工（%）	三级/高级工（%）	二级/技师（%）	一级/高级技师（%）
基本要求	职业道德	5	5	5	5	5
	基础知识	30	20	20	20	20

（续）

	项目	五级/初级工（%）	四级/中级工（%）	三级/高级工（%）	二级/技师（%）	一级/高级技师（%）
相关知识	主体工程施工	35	30	15	15	15
	附属设施安装	—	—	10	5	5
	管路及沼气利用设备安装	15	15	10	10	10
	工程启动	5	10	10	15	15
	工程运行维护	10	10	20	15	15
	沼液沼渣利用	—	10	5	5	—
	技术培训指导	—	—	5	5	10
	工程安全管理	—	—	—	5	5
	合计	100	100	100	100	100

4.2 技能要求权重表

	项目	五级/初级工（%）	四级/中级工（%）	三级/高级工（%）	二级/技师（%）	一级/高级技师（%）
技能要求	主体工程施工	60	55	30	20	10
	附属设施安装	—	—	20	10	15
	管路及沼气利用设备安装	20	20	10	10	10
	工程启动	5	5	10	15	15
	工程运行维护	15	10	20	25	30
	沼液沼渣利用	—	10	5	5	—
	技术培训/指导	—	—	5	7	10
	工程安全管理	—	—	—	8	10
	合计	100	100	100	100	100

附录二　各种能源折算标准煤参考值表

能源种类	折算系数	能源种类	折算系数
煤炭	0.714	秸秆	0.464
焦炭	0.943	稻秆	0.429
石油	1.429	麦秆	0.500
天然气	1.214	玉米秆	0.500
液化石油气	1.714	高粱秆	0.500
城市煤气	0.571	大豆秆	0.529
汽油	1.471	薯类秆	0.429
煤油	1.571	杂粮秆	0.471
柴油	1.471	油料作物秆	0.500
重油	1.429	蔗叶秆	0.471
渣油	1.286	蔗渣	0.500
电	0.400	棉花秆	0.529
沼气	0.714	薪柴	0.571
粪便	0.429	青草	0.429
人粪	0.500	荒草、牧草	0.471
猪粪	0.429	树叶	0.471
牛粪	0.471	水生作物	0.429
骡、马粪	0.529	绿肥	0.429
羊粪	0.529	兔粪	0.529

附录三 国际单位制与工程单位制的单位换算表

表1 压力单位换算

帕 (Pa)	巴 (bar)	工程大气压 (at 或 kgf/cm²)	标准气压 (atm)	毫米汞柱 (mmHg)	毫米水柱 (mmH₂O)
1×10^5	1.000 0	1.019 7	$9.869\ 2\times10^{-1}$	$7.500\ 6\times10^2$	$1.019\ 7\times10^4$
1.000 0	$1.000\ 0\times10^{-5}$	$1.019\ 7\times10^{-5}$	$9.869\ 2\times10^{-6}$	$7.500\ 6\times10^{-3}$	$1.019\ 7\times10^{-1}$
$9.806\ 7\times10^4$	$9.806\ 7\times10^{-1}$	1.000 0	$9.678\ 4\times10^{-1}$	$7.355\ 6\times10^2$	$1.000\ 0\times10^4$
$1.013\ 3\times10^5$	1.013 3	1.013 2	1.000 0	$7.600\ 0\times10^2$	$1.033\ 2\times10^4$
$1.333\ 2\times10^2$	$1.333\ 2\times10^{-3}$	$1.359\ 5\times10^{-3}$	$1.315\ 8\times10^{-3}$	1.000 0	$1.359\ 5\times10^1$
9.806 7	$9.806\ 7\times10^{-5}$	$1.000\ 0\times10^{-4}$	$9.678\ 4\times10^{-5}$	$7.355\ 6\times10^{-2}$	1.000 0

表2 功、能量、热量单位换算

千焦 (kJ)	千克力·米 (kgf·m)	千卡 (kcal)	千瓦·时 (kW·h)	马力·时 (Hp·h)
1.000 0	$1.019\ 7\times10^2$	$2.388\ 5\times10^{-2}$	$2.777\ 8\times10^{-4}$	$3.776\ 7\times10^{-4}$
$9.806\ 7\times10^{-3}$	1.000 0	1.000 0	$2.724\ 1\times10^{-6}$	$3.703\ 7\times10^{-6}$
4.186 8	$4.269\ 4\times10^2$	$8.598\ 5\times10^2$	$1.163\ 0\times10^{-3}$	$1.581\ 2\times10^{-3}$
$3.600\ 7\times10^3$	$3.671\ 0\times10^5$	$8.598\ 5\times10^2$	1.000 0	1.359 6
$2.647\ 8\times10^3$	$2.700\ 5\times10^5$	$6.324\ 2\times10^2$	$7.355\ 0\times10^{-1}$	1.000 0

表3 功率单位换算

瓦 (W)	千卡/时 (kcal/h)	千克力·米/秒 (kgf·m/s)	马力 (Hp, hp)
1.000 0	$8.598\ 5\times10^{-1}$	$1.019\ 7\times10^{-1}$	$1.359\ 6\times10^{-3}$
1.163 0	1.000 0	$1.185\ 9\times10^{-1}$	$1.581\ 2\times10^{-3}$
9.806 5	8.432 2	1.000 0	$1.333\ 3\times10^{-2}$
$7.355\ 0\times10^2$	$6.324\ 2\times10^2$	75.000 0	1.000 0

附录四 某些物理量的符号、单位与量纲

常见物理量	符号	单位名称（简称）	单位符号	量纲
长度	L，l	米	m	L
时间	T，t	秒	s	T
质量	m	千克	kg	M
力、压力	F	牛顿（牛）	N	MLT^{-2}
体积	V	立方米，升	m^3，L	L^3
热力学温度	T	开尔文（开）	K	Θ
摄氏温度	t	摄氏度	℃	Θ
功，能，热量	W，E，Q	焦耳（焦）	J	ML^2T^{-2}
功率	P	瓦特（瓦）	W	ML^2T^{-3}
转速	n	转每分	r/min	T^{-1}
密度	ρ	千克每立方米	kg/m^3	ML^{-3}
比体积	V	立方米每千克	m^3/kg	L^3M^{-1}
体（膨）胀系数	α_V	负一次方开	K^{-1}	Θ^{-1}
体积模量	K	帕	Pa	$ML^{-1}T^{-2}$
气体常数	R_g	焦耳每千克开	$J/(kg \cdot K)$	
汽化压强	P_V	帕	Pa	$ML^{-1}T^{-2}$
单位质量力	a_m	米每二次方秒	m/s^2	LT^{-2}
压力体体积	V_F	立方米	m^3	L^3
汞柱高度	h	毫米	mm	L
水柱高度	h	米	m	L
体积流量	q_V	立方米每秒，升每分	m^3/s，L/min	L^3T^{-1}

附录五　常用计量单位表

表1　长度

符号	千米 （km）	米 （m）	分米 （dm）	厘米 （cm）	毫米 （mm）	丝米 （dmm）	忽米 （cmm）	微米 （μm）
等量	1 000 米	10 分米	10 厘米	10 毫米	10 丝米	10 忽米	10 微米	

表2　面积

符号	千米^2 （km^2）	米^2 （m^2）	分米^2 （dm^2）	厘米^2 （cm^2）	毫米^2 （mm^2）
等量	1 000 000 米^2	100 分米^2	100 厘米^2	100 毫米^2	

表3　体积

符号	米^3 （m^3）	分米^3 （dm^3）	厘米^3 （cm^3）	毫米^3 （mm^3）
等量	1 000 分米^3	1 000 厘米^3	1 000 毫米^3	

表4　重量

符号	吨 （t）	千克 （kg）	克 （g）	毫克 （mg）	微克 （μg）	纳克 （ng）	皮克 （pg）
等量	1 000 千克	1 000 克	1 000 毫克	1 000 微克	1 000 纳克	1 000 皮克	

附录六 常用计量单位比较

一、长度

1 千米（公里）＝2 市里＝0.621 英里＝0.540 海里

1 米（公尺）＝3 市尺＝3.281 英尺

1 市里＝0.500 公里＝0.311 英里＝0.270 海里

1 市尺＝0.333 米＝1.094 英尺

1 英里＝1.609 公里＝3.219 市里＝0.869 海里

1 英尺＝0.305 米＝0.914 市尺

1 海里＝1.852 公里＝3.704 市里＝1.151 英里

二、面积

1 公顷＝15 市亩＝2.471 英亩

1 市亩＝6.667 公亩＝0.165 英亩

1 市亩＝60 平方丈＝666.7 米^2

1 英亩＝0.405 公顷＝6.070 市亩

三、重量

1 千克＝2 市斤＝2.205 磅

四、容量

1 升（公制）＝1 市升＝0.220 加仑（英制）

1 加仑（英制）＝4.456 升＝4.456 市升

图书在版编目（CIP）数据

沼气工. 基础知识 / 艾平等主编；农业农村部农业
生态与资源保护总站组编. —北京：中国农业出版社，
2022.12

ISBN 978-7-109-30297-6

Ⅰ.①沼… Ⅱ.①艾… ②农… Ⅲ.①沼气工程－基
本知识 Ⅳ.①S216.4

中国版本图书馆 CIP 数据核字（2022）第 235069 号

中国农业出版社出版

地址：北京市朝阳区麦子店街 18 号楼
邮编：100125
责任编辑：闫保荣　　文字编辑：张田萌
责任校对：刘丽香
印刷：北京中兴印刷有限公司
版次：2022 年 12 月第 1 版
印次：2022 年 12 月北京第 1 次印刷
发行：新华书店北京发行所
开本：700mm×1000mm　1/16
印张：15.5
字数：300 千字
定价：78.00 元